システム同定の基礎

足立修一 著

$$A(q)y(k) = \frac{B(q)}{F(q)}u(k) + \frac{C(q)}{D(q)}w(k)$$

東京電機大学出版局

MATLAB は米国 The MathWorks, Inc. の米国ならびにその他の国における商標または登録商標です．本文中では，TM および Ⓡ マークは明記していません．

まえがき

　1996年秋に『MATLABによる制御のためのシステム同定』を発刊してから10年以上の月日が過ぎた．予想以上の多くの方にこの本を読んでいただいたことに深く感謝したい．この十数年間に，制御工学におけるシステム同定の地位が，理論と応用の両面において少しずつではあるが向上してきた．特に，前著のまえがきで述べた「モデルに基づいたアプローチ」という考え方が**モデルベースト制御**（MBC：Model-Based Control）という熟語に成長し，産業界で受け入れ始めていることは大きな変化である．前著がその一助になったとすれば，それは著者の大きな喜びである．

　前著が企画された経緯の一つに，その当時まだわが国では知名度が低かったMATLABを宣伝する目的があったのだが（おそらく前著はMATLABという名前がついた日本語での制御のテキストの第一号であろう），この十数年間にMATLABはもはや著者が宣伝する必要がないほど有名になり，制御系設計ソフトウェアのデファクトスタンダードになった．MATLABの躍進と歩調を合わせるように行われるMATLAB本体の度重なるバージョンアップに対応して，システム同定ツールボックス（System Identification Toolbox，SITBと略記する）も10年前とは大きく様変わりした．SITBの製作者のLjung教授のバイタリティはとどまることを知らず，システム同定の最新の研究成果がつぎつぎとSITBに組み入れられ，iddemoと呼ばれるシステム同定のデモプログラムもますます充実してきた．その反面，残念なことに十数年前とコマンド名が変わったものも少しある．そのため，SITBの進化に歩調を合わすために，前著を改訂する必要が生じてきた．

　2001年から慶應義塾大学物理情報工学科で，3年生向けに「モデリングと制御」という授業科目を担当しており，その教科書として前著を使用してきた．また，1996年頃から現在まで続いている（社）計測自動制御学会の「制御のためのシステム同定」という講習会のテキストとしても前著を利用してきた．前著はどちらかというと企

業の技術者向けに，システム同定というモデリングのツールを紹介し，MATLABを使って実問題にシステム同定を適用していただこう，というスタンスで書いたので，大学生向けのテキストとしては理論面で不足している部分があった．そこで，本書ではシステム同定理論の基礎について加筆した．また，システム同定理論の学習を手助けする演習問題も増強した．

そのため，たとえ手もとにMATLABのSystem Identification Toolbox（SITB）がなくても，本書を通してシステム同定の基礎を学ぶことができるような構成にした．なお，本書の構成については2.3節で述べる．さらに，コラムやミニ・チュートリアルといった記事を充実させて，理解の助けとした．ただし，演習問題で，MATLABの利用を前提とした問題には MATLAB のマークをつけた．

本書はシステム同定の教科書であるが，制御という太い幹にリンクしているさまざまな周辺領域（ディジタル信号処理，時系列解析，確率過程，統計，線形システム理論，古典制御，現代制御，ディジタル制御，最適化，そして，もちろんシステム同定など）を俯瞰することを目指して執筆した．古典制御あるいは現代制御を学習した後に，本書の内容を学習することにより，制御工学に対する大局観が得られるものと信じている．

10年前にはまだ珍しかったLaTeXによる組版も，いまでは当たり前のものになってしまった．日々の継続で見ると10年はあっという間に経ってしまうが，現在と10年前の2点で比較すると，いろいろなことが大きく変化している．

2009年7月

久喜にて　足立 修一

目次

第1章　システム同定とは　1

- 1.1　モデリングと制御 …………………………………………………… 1
- 1.2　モデルとは …………………………………………………………… 2
- 1.3　さまざまなモデリング法 …………………………………………… 4
- 1.4　第一原理モデリングの例——倒立振子 …………………………… 5
- 1.5　システム同定 ………………………………………………………… 9
- 1.6　制御のためのモデリングのポイント …………………………… 14
- 　　演習問題 ……………………………………………………………… 16

第2章　システム同定の手順　19

- 2.1　システム同定の基本的な手順 …………………………………… 19
- 2.2　ヘアドライヤーの例題 …………………………………………… 22
- 2.3　本書の構成 ………………………………………………………… 33
- 　　演習問題 ……………………………………………………………… 34

第3章　確率過程の基礎　36

- 3.1　確率と確率過程 …………………………………………………… 36
- 3.2　離散時間不規則信号の平均値と相関関数 ……………………… 43
- 3.3　連続時間不規則信号のフーリエ解析 …………………………… 49
- 3.4　離散時間不規則信号のスペクトル解析 ………………………… 54
- 　　演習問題 ……………………………………………………………… 55

第4章　線形システムの基礎　57

- 4.1　システムの分類 57
- 4.2　LTI システムの表現 59
- 4.3　スペクトル密度関数を用いた離散時間 LTI システムの表現............ 68
- 　　　演習問題 70

第5章　同定実験の設計と前処理　71

- 5.1　プリ同定 71
- 5.2　同定入力の選定 72
- 5.3　サンプリング周期の選定 85
- 5.4　入出力データの前処理 88
- 　　　演習問題 93

第6章　システム同定モデル　94

- 6.1　雑音を考慮した線形システムの一般的な表現 95
- 6.2　式誤差モデル 98
- 6.3　出力誤差モデル 109
- 6.4　雑音を考慮した状態空間モデル 111
- 　　　演習問題 112

第7章　ノンパラメトリックモデルの同定　115

- 7.1　相関解析法 115
- 7.2　周波数応答法 120
- 7.3　スペクトル解析法 124
- 　　　演習問題 129

第8章　パラメトリックモデルの同定　130

- 8.1　パラメータ推定のための評価関数 130
- 8.2　最小二乗推定値 131
- 8.3　可同定性条件 137

- 8.4 推定値の統計的性質 141
- 8.5 パラメトリックモデルのパラメータ推定 145
- 8.6 重みつき最小二乗法 148
- 8.7 最尤推定法 150
- 8.8 予測誤差法 151
- 8.9 状態空間モデルの同定——最小実現 159
- 8.10 データの前処理 164
- 演習問題 167
- ［付録］ インパルス応答から伝達関数への変換法 169

第9章 逐次同定法　170

- 9.1 逐次最小二乗法 170
- 9.2 適応同定法 174
- 9.3 システム同定と適応ディジタルフィルタリングの関係 180
- 演習問題 186

第10章 モデルの選定法　187

- 10.1 モデル構造の選定法 187
- 10.2 モデルの妥当性の検証 193
- 10.3 ヘアドライヤーの例題 195
- 演習問題 199

第11章 MATLABを用いたシステム同定の数値例　200

- 11.1 さまざまなシステム同定法の比較 200
- 11.2 逐次パラメータ推定 213
- 11.3 状態空間モデルを用いたシステム同定 217
- 演習問題 221

第12章 システム同定のシナリオ　222

- 12.1 システム同定のシナリオ 222
- 12.2 まとめ 227

付録A　SITBのiddemo一覧　229

付録B　便利なMATLABコマンド
　　　　——入出力データの連続時間モデルへのフィッティング　231

演習問題の略解　233

参考文献　239

索引　241

コラム

- ❏ ルドルフ・カルマン 13
- ❏ レナート・リュンク 25
- ❏ アンドレイ・コルモゴロフ 43
- ❏ ノーバート・ウィーナー 55
- ❏ ジョゼフ・フーリエ 62
- ❏ ガウス 150
- ❏ 赤池弘次 191

ミニ・チュートリアル

- ❏ 時系列モデル 100
- ❏ ARXモデルの名の由来 103
- ❏ 白色化フィルタ 105
- ❏ 2次関数の最小化問題 132
- ❏ 2次形式 134
- ❏ 最小二乗法 138
- ❏ 推定 144
- ❏ 確率密度関数の最尤推定 152

第1章 システム同定とは

本章では，まずモデリングの一般論を述べ，つぎにモデリングの一手法であるシステム同定を紹介し，本書の目的を明らかにする．最後に，制御のためのモデリングのポイントを与える．

1.1 モデリングと制御

対象とするシステムのふるまいを特徴づけるモデルを構築することを**モデリング** (modeling) という．モデリングは工学のさまざまな分野に登場する基本的な方法論である．分野によってモデリングの意味が若干異なっているが，複雑な物理，化学，あるいは社会現象などを**モデル**（model）という単純化された数学的表現に変換しようとする考え方は，ヨーロッパで誕生した近代科学の基礎をなしている．モデリングという過程には，本書で解説する方法論だけでなく，エンジニアの知恵と経験が大きく関与するところがあり，それが難しさでもあり面白さでもある．

さて，制御系設計法はつぎの二つに大別できる．

(1) モデルベースト制御[1]（MBC：Model-Based Control）
(2) モデルフリー制御（MFC：Model-Free Control）

MBCの代表が現代制御，ロバスト制御，モデル予測制御であり，MFCのそれはファジィ制御，ニューロ制御である．なお，大学学部で最初に学ぶ制御理論であり，現場で最もよく用いられる古典制御は，限りなくMFCに近いMBCである．本書では，もちろんMBCを対象とする．

---

[1] 自動車産業をはじめ一般的には，モデルベース開発（model-based development）のように「モデルベース〇〇〇」と呼ばれているが，本書では「モデルベース<u>ト</u>〇〇〇」と表記する．

MBCを考えた場合，制御対象，制御目的，そして使用する制御系設計法などに応じてさまざまなモデリング法が存在するが，本書では，微分方程式，差分方程式，伝達関数，あるいは状態方程式といった**数学モデル**を用いた方法を取り扱う．数学モデルはmathematical modelの訳語であり，数式モデル，あるいは数理モデルと呼ばれることもある．

図1.1に示したように，制御系設計や解析を行うためには，制御対象の数学モデルが必要になる．図より，モデルは現実世界と仮想世界を結ぶインターフェイスの役割を果たしていることがわかる．

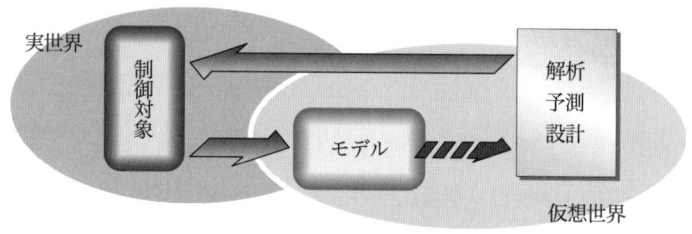

図1.1　モデルは制御の要

1.2　モデルとは

モデル[2]という単語を聞いたとき，何を連想するだろうか？　連想されるものはつぎのように分類できる[3]．

- **模型**——プラモデル，計量経済モデル，長岡=ラザフォードのモデル，など
- **模範**——モデルケース，モデルスクール，モデルハウス，など
- **型式**——最新モデル，モデルチェンジ，など
- ファッションモデル

---

[2]. モデル (model) の原義は「小さな尺度」(mode) であり，「尺度とするときの」という原義から「現代の」(modern) という単語が派生したという．このようにモデルとモダンが同じ語源をもつことは興味深い．

[3]. このほかに「ビジネスモデル」という用語も最近よく聞くが，原語はbusiness methodであり，modelという単語は入っていない．

この中で本書で対象とする「モデル」は，最初の「模型」という意味のものであり，一般につぎのように記述できる．

> ❖ Point 1.1 ❖　モデルとは
> 対象の本質的な部分に焦点を当て，特定の形式で表現したものである．

これは抽象的な表現なので，プラモデルを例にとって説明しよう．図1.2に示したようなレーシングカーのプラモデル（下図）は，本物（上図）と比べて，材質も大きさも動力源も違うだろう．違う点ばかりである．その一方で，プラモデルの形や色は本物と同じである．このように，プラモデルは本物がもつ特徴のうちで，形や色に焦点を当てたモデルである．重要な点は，モデルは本物のもつ特徴のうちで，ユーザ（モデリングを行う人）が着目する点のみ一致していればよいということであり，本物の完全なコピーを作ることが本書で考えているモデリングの目的ではない．このように，「モデル」と「近似」（approximation）は，ほぼ同義語として使われる場合が多く，モデルには必ず本物を記述していない部分があることを認識しておかなければならない．

図1.2　モデリングの例——プラモデル

1.3 さまざまなモデリング法

代表的なモデリング法をまとめておこう．

(1) 第一原理モデリング（first principle modeling）

対象を支配する第一原理（科学法則のことで，たとえば運動方程式，回路方程式，電磁界方程式，保存則，化学反応式など）に基づいてモデリングを行う方法である．対象が物理システムである場合には**物理モデリング**とも呼ばれる．制御のためのモデリングを行う場合，真っ先に検討すべきモデリングの王道である．この方法は対象の構造が完全に既知である場合に適用でき，**ホワイトボックスモデリング**（white-box modeling）とも呼ばれる．

第一原理モデルの利点と問題点をまとめておこう．

- **利点** 対象の第一原理に基づいているので，対象の挙動を忠実に再現できる．また，モノを生産する前に，計算機上でモデリングを行うことができる．
- **問題点** 一般に，非線形・偏微分方程式で記述される**詳細モデル**が得られる．詳細モデルを計算機上に実装すると**シミュレータ**（simulator）が得られる．詳細モデルを用いて対象の解析や予測を行うことができるが，モデルが複雑なので，通常，MBCによる制御系設計用にそのまま利用することは難しい．また，摩擦係数のように，実際に実験を行わなければ正確な値がわからない物理パラメータも存在する．

(2) システム同定（system identification）

実験データに基づくモデリング法であり，データベースモデリングと呼ばれることもある．これは対象をブラックボックスと見なして，その入出力データから統計的な手法でモデリングを行う方法で，**ブラックボックスモデリング**（black-box modeling）とも呼ばれる．線形システム同定に関しては，本書でその基礎を紹介するように，理論体系が完備している．

大量に計測されるデータの中から，いかにして意味のある情報を抽出するかは，現代工学における重要な課題の一つである．これについては発見科学のような学問領域で研究されており，システム同定もその範疇に入る．

システム同定の利点と問題点をまとめておこう．

利点 複雑なシステムに対しても，実験データから比較的簡潔なモデルを得ることができる．また，さまざまなシステム同定法が提案されており，それを実行するソフトウェアである System Identification Toolbox（以下では SITB と略記する）が MATLAB にも用意されている．

問題点 実験的なモデリング法なので，一般にモノがないとモデリングできない．すなわち，モノを生産する前にシステム同定を行うことはできない．また，システム同定理論をある程度勉強しておかないと，使いこなすことが難しい．

(3) グレーボックスモデリング（gray-box modeling）

ホワイトボックスモデリングとブラックボックスモデリングの中間に位置するモデリングで，白と黒を混ぜ合わせた灰色という意味でグレーボックスモデリングと呼ばれる．決してネガティブな意味ではない．対象の物理情報が部分的に利用できる場合のモデリング法で，実際の制御の現場で用いられているもののほとんどはこの範疇に含まれる．ただし，対象や実験環境などに大きく依存するため，残念ながらグレーボックスモデリングに関する一般理論は存在しない．

1.4　第一原理モデリングの例——倒立振子

図 1.3 に示した簡単な倒立振子を例にとって，第一原理モデリングについて説明しよう．ここでは，長さ l，質量 m の棒（振子）を制御対象とし，指を水平方向（x 方向）のみに動かすことによって鉛直方向（y 方向）に直立させる，すなわち，$\theta(t) = 0$ とすることを制御目的とする．いま，制御入力は指からの加速度 $u(t) = \ddot{x}(t)$ とし，鉛直方向からの棒の角度を $\theta(t)$ とする（時計回りを正とする）．また，指から棒に働く力を $F(t)$ とし，指と棒は摩擦がないフリージョイントで結合されているものと仮定する．

制御問題を整理しておこう．

- 制御目的：$\theta(t) = 0$

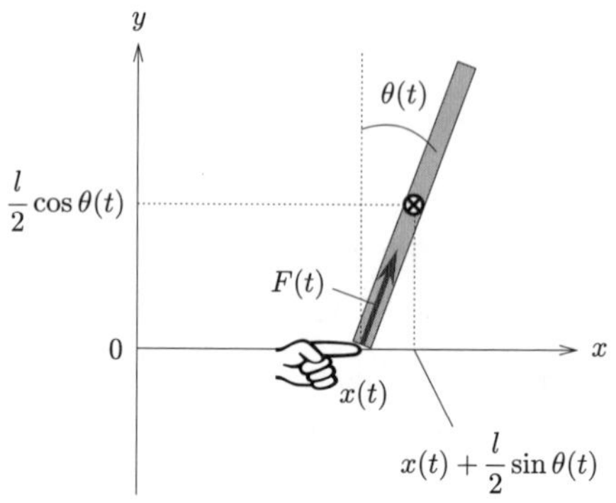

図1.3 指で棒を立てる

- センサ出力：角度 $\theta(t)$, 指の変位 $x(t)$
- 制御入力：指からの加速度 $u(t) = \ddot{x}(t)$

制御対象は物理的なシステムなので，運動方程式を立てることからモデリングを始めよう．まず，棒の重心の座標は

$$\left(x(t) + \frac{l}{2}\sin\theta(t),\ \frac{l}{2}\cos\theta(t)\right)$$

である．この重心の x 成分と y 成分に対するニュートンの運動方程式は，

$$x\text{成分：}\quad m\frac{\mathrm{d}^2}{\mathrm{d}t^2}\left(x + \frac{l}{2}\sin\theta\right) = F\sin\theta \tag{1.1}$$

$$y\text{成分：}\quad m\frac{\mathrm{d}^2}{\mathrm{d}t^2}\left(\frac{l}{2}\cos\theta\right) = F\cos\theta - mg \tag{1.2}$$

となる．ここで，時間を表す t は省略した．ここまでが物理学（力学）の世界である．
つぎに，物理の世界から数学（微分）の世界に移動しよう．式 (1.1)，(1.2) の左辺の微分を計算すると，

$$F\sin\theta = m\ddot{x} + \frac{ml}{2}\left(\ddot{\theta}\cos\theta - \dot{\theta}^2\sin\theta\right) = mu + \frac{ml}{2}\left(\ddot{\theta}\cos\theta - \dot{\theta}^2\sin\theta\right) \tag{1.3}$$

$$F\cos\theta - mg = -\frac{ml}{2}\left(\ddot{\theta}\sin\theta + \dot{\theta}^2\cos\theta\right) \tag{1.4}$$

が得られる．これらの式から F を消去すると，次式が得られる．

$$\frac{l}{2}\ddot{\theta} - g\sin\theta = -u\cos\theta \tag{1.5}$$

これが非線形微分方程式で記述される制御対象の第一原理モデル（物理モデル）である．式 (1.5) はここで考えている倒立振子の詳細モデルであるが，このままでは制御理論を適用することは難しい．そこで，式 (1.5) を**線形化**（linearization）することによって，詳細モデルから制御用の**公称モデル**（nominal model）を導出する．

$\sin\theta, \cos\theta$ を**平衡点**（equilibrium）である $\theta = 0$ で**テイラー級数展開**（Taylor series expansion）すると[4]，

$$\sin\theta = \theta - \frac{\theta^3}{3!} + \frac{\theta^5}{5!} - \cdots + \frac{(-1)^{n-1}\theta^{2n-1}}{(2n-1)!} + \cdots$$

$$\cos\theta = 1 - \frac{\theta^2}{2!} + \frac{\theta^4}{4!} - \cdots + \frac{(-1)^n\theta^{2n}}{(2n)!} + \cdots$$

が得られる．これらの式の右辺で 2 次以上の項を無視し，1 次（線形）までの項で近似すると，

$$\sin\theta \approx \theta, \quad \cos\theta \approx 1 \tag{1.6}$$

が得られる．このような操作を線形近似，あるいは線形化という．

式 (1.6) を式 (1.5) に代入すると，線形微分方程式

$$\frac{l}{2}\ddot{\theta} - g\theta = -u \tag{1.7}$$

が得られる．ようやく古典制御の教科書で扱われるような線形微分方程式モデルの形式に変形できた．さらに，制御工学の世界での表現に変換するために，初期値をゼロとして式 (1.7) を**ラプラス変換**（Laplace transform）すると，

$$\left(\frac{l}{2}s^2 - g\right)\theta(s) = -u(s) \tag{1.8}$$

が得られる．ただし，

$$\theta(s) = \mathcal{L}[\theta(t)], \quad u(s) = \mathcal{L}[u(t)]$$

とおいた．したがって，入力 u から出力 θ までの**伝達関数**（transfer function）は次式となる．

$$G(s) = \frac{\theta(s)}{u(s)} = \frac{-2/l}{s^2 - 2g/l} \tag{1.9}$$

---

[4] $\theta = 0$ なので，正確にはマクローリン級数展開と呼ばれる．

以上のように，物理の世界から数学の世界を経て制御の世界にたどり着き，第一原理モデリングによって倒立振子の伝達関数モデルが導出できた．

伝達関数が得られれば，図1.4に示したように，制御理論を使ってフィードバック制御系の設計を行うことができる．図のように，式(1.9)で表した伝達関数モデルは，実世界（ここでは物理の世界）の倒立振子の数学モデルである．これは仮想世界（紙の上，計算機の中の情報の世界）のものであり，その数学モデルに制御理論を適用することによって，フィードバックコントローラを設計することができる．物理の世界である実世界と，情報の世界である仮想世界を結びつけるものが「制御」であり，その際のインターフェイスが「数学モデル」である．

さて，伝達関数を導出する途中で線形近似を行ったが，制御工学において線形近似は非常に重要なので，ここでまとめておこう．

> **❖ Point 1.2 ❖ 線形近似**
>
> (1) 一般に，制御対象は非線形システムであるが，平衡点（あるいは**動作点**（operating point））近傍では，多くの場合，線形システムで近似できる．この倒立振子の例では，$\theta = 0$，すなわち振子が直立した状態が平衡点であるが，この近傍では，線形近似により動特性が精度よく記述できる．

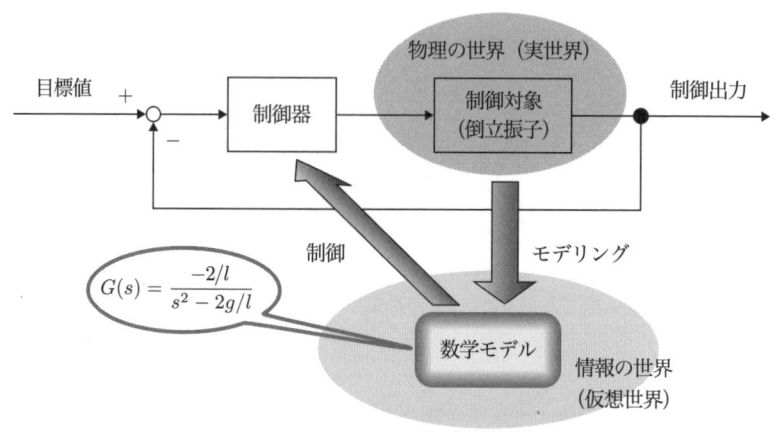

図1.4　倒立振子のモデリングと制御

(2) レギュレータ問題の目的は，制御出力を平衡点に一致させることである．すなわち，フィードバック制御系が適切に設計されていれば，制御出力は平衡点を大きく外れることはなく，線形近似の成立する範囲内に制御出力はとどまる．この倒立振子の例でも，フィードバック制御系が適切に設計されていれば，角度 θ が大きく（たとえば $\pm 10°$ 以上）ずれることはないだろう．

(3) 線形制御理論，線形システム同定理論の体系はほぼ確立されているが，非線形制御理論，非線形システム同定理論は，まだまだ研究途上である．理論体系が確立されている線形理論を用いるためには線形モデルが必要になる．

以上で述べた倒立振子の例を通して，第一原理モデリングについてまとめておこう．

- 物理的な制御対象をモデリングする際，まず，第一原理モデリングを行う．すなわち，モデリングの第一歩は第一原理モデリングである．
- ここで取り扱った倒立振子は，比較的簡単に第一原理モデルが導出でき，モデルに含まれる物理パラメータも棒の長さと重力加速度だけだった．
- しかし一般には，摩擦係数などのように，値が既知でない物理パラメータも含まれている．そのような場合には，実験データからそれらの値を推定する必要がある．
- この倒立振子は簡単な力学系であったが，複雑な制御対象では，第一原理モデルを求めることが困難な場合が多い．そのような場合には，実験データからモデリングを行うシステム同定法が必要になる．

1.5　システム同定

システム同定は system identification の訳語であり，**同定**（identification）という用語はいくつかの技術分野で用いられている．たとえば，生物の分類で同定とは種名を調べる行為であり，化学の分野で同定とは対象としている物質の種類を決定することである．

"identification" とは，「同一であることの証明，あるいは身分証明」という意味で

あり，日常生活の中でも「IDカード」（身分証明書）という言葉が一般的に用いられている．IDカードには本人に関する情報が書き込まれているが，同じIDカードでも「パスポート」と「学生証」では書き込まれている情報が違う．また，本人に関するすべての情報が含まれているわけでもないことに注意する．すなわち，IDカードは本人のモデルであると考えてもよい．

日常生活におけるシステム同定の一例を図1.5に示した．八百屋などでスイカを買うときに，手でポンポンとスイカをたたき，その音を聞いてスイカの良し悪しを判断することがあるだろう．ブラックボックスである中身がわからないスイカに外部から入力（この場合はインパルス入力）を与え，そのインパルス応答を耳で計測し，そのデータを脳でシステム同定することにより，スイカの中身を推理している．

本書で対象としている制御工学の分野におけるシステム同定は，つぎのように定義される．

> ❖ Point 1.3 ❖ システム同定とは
>
> 対象とする動的システムの入出力データの測定値から，ある**目的**のもとで，対象と**同一**であることを説明できるような，何らかの**数学モデル**を作成することをいう．

このとき，「目的，数学モデル，同一である」の三つの単語がキーワードになる．それらについてまとめておこう．

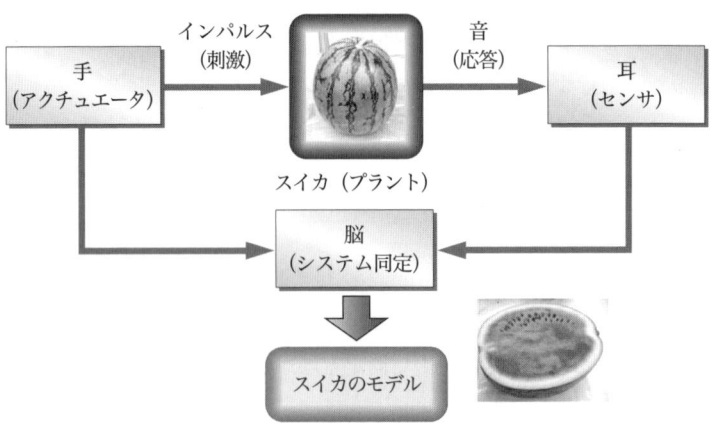

図1.5　スイカのシステム同定

❏ 目的

まず大切なことは，何のためにシステム同定を行うかという「目的」である．主だった目的を列挙すると，現代制御，ロバスト制御，適応制御，モデル予測制御といった制御系設計，異常診断や故障検出，モデルに基づいた計測（たとえば，カルマンフィルタを用いたソフトセンサ），適応信号処理，画像解析などがある．このように，システム同定は最終目的でないことに注意しなければならない．当然，目的に応じて利用するシステム同定法は異なったものになる．本書では，この中で制御系設計を目的とした「制御のためのシステム同定」を取り扱う．

たとえば初対面の人と話をする場合，その人がどのような人物であるのかは，いろいろと会話を交わしているうちにわかってくることが多い．これは，未知である相手の特徴を，会話という入出力信号を用いてシステム同定し，相手のモデルを構築していると考えることができる．このとき，相手が商売相手であり商談を成立させたい場合と，相手が異性であり彼女（彼）とデートをしたい場合とでは，当然会話の内容は異なってくる．このように，システム同定の目的によって，入力信号である「おしゃべり」の内容は異なり，また最終的に得られるモデルも異なってくる．

❏ 数学モデル

制御系設計で用いられる「数学モデル」の代表例には，伝達関数，周波数伝達関数，ステップ応答，あるいは状態方程式などがあり，どのような数学モデルを利用するかは，システム同定法と制御系設計法の双方に依存している．また，利用するモデルが決まれば，利用可能なシステム同定法もそれに応じて決定される．

❏ 同一であること

「同一であること」とはidentificationの名の由来であり，これはモデルの品質に関係する．本書で考えているシステム同定問題は，制御対象（プラント）のモデルを構築することを目的としているが，一般にプラントと同一のモデルを作成することは不可能であるし，たとえもし可能であったとしても，通常それはむだなことである．したがって，制御系を構成する上で重要な特性がモデルに含まれているとき，同一であると見なすことになる．このとき，モデルに含まれなかった特性はモデルの不確かさと呼ばれる．本書では，統計的な評価関数を用いてモデルがどの程度同一であるかを判断する．

制御系設計の発展とそれに必要とされるモデルの関係を表1.1にまとめた．ここではかなり大ざっぱな分類を行った．

まず，1960年以前をPhase 1として**古典制御の時代**と呼ぼう．**古典制御**（classical control）は，制御系の一巡伝達関数（開ループ特性）に基づく設計法であり，PID補償あるいは位相進み遅れ補償がその代表である．このとき，設計は周波数領域で行われるため，制御系設計用モデルとして周波数伝達関数が利用された．また，ジーグラー＝ニコルス法と呼ばれる設計法では，対象のステップ応答が利用された．いずれにしても，多数のデータによってモデルが構成されるノンパラメトリックモデルが利用されていた．

引き続く1960～80年をPhase 2として**現代制御の時代**と呼ぼう．1960年，カルマン（コラム1を参照）によって提案された状態空間法が**現代制御**（modern control）

表1.1 制御系設計とシステム同定モデルとの関係

	制御系設計法	システム同定モデル
Phase 1 古典制御の時代 （～1960）	古典制御（周波数領域） ◇図的設計（PID制御） ◇試行錯誤（ループ整形）	ノンパラメトリックモデル ◇周波数応答 ◇インパルス応答・ステップ応答
Phase 2 現代制御の時代 （1960～1980）	現代制御（時間領域） ◇状態空間法（最適制御） ◇代数的方法（多項式分解表現）	パラメトリックモデル ◇状態方程式 ◇入出力モデル（伝達関数）
Phase 3 ポスト現代制御の時代 （1980～2000）	ロバスト制御（時間＋周波数領域） ◇$\mathcal{H}_\infty$最適制御 ◇μ設計法	パラメトリックモデル ◇公称モデル ノンパラメトリックモデル ◇モデルの不確かさ
Phase 4 非線形制御の時代 （2000～）	さまざまな制御（時間領域） ◇モデル予測制御 ◇ハイブリッド制御 ◇…	パラメトリックモデル ◇非線形ARMAX (NARMAX)モデル ノンパラメトリックモデル ◇ニューラルネットワーク ◇サポートベクターマシン ハイブリッドモデル

> **コラム 1 —— ルドルフ・カルマン（Rudolf Emil Kalman, 1930〜）**
>
> カルマン教授はハンガリーのブタペストで生まれた．戦火を逃れるため，1944 年に米国に入国した後，1951 年に MIT に入学．1953 年に電気工学で学士号，1954 年に修士号を取得し，1957 年にコロンビア大学で博士号（PhD）を取得した．IBM 研究所を経て，1964 年スタンフォード大学教授，1971 年フロリダ大学において数学的システム論センターの教授と所長を兼任した．1973 年にはスイス連邦工科大学（ETH）の数学的システム論講座の教授を併任．1985 年には京都賞（先端技術部門賞）を受賞している．カルマンフィルタは 1960 年代米国で行われたアポロ計画で採用され，広く知られるようになった．

の口火を切った．状態空間法は時間領域における設計法であり，古典制御が不得意であった多変数系への拡張，そして最適制御と呼ばれる方法で補償器のパラメータを系統的に計算できることなど，さまざまな利点をもつことから活発に研究された．一方，モデルの観点から眺めてみると，この設計法を用いるためには状態方程式と呼ばれるモデルが必要であった．古典制御の場合と異なり，これは少数個のパラメータでモデルが記述されるパラメトリックモデルであった．

1980 年代に入ると，$\mathcal{H}_\infty$ 制御に代表される**ロバスト制御**（robust control）が制御系設計の主役に躍り出た．この時代を Phase 3 として**ポスト現代制御の時代**と呼ぼう．ロバスト制御とは，モデリングの不確かさや対象の変動に対して頑健な（ロバストな）制御系を構築しようとするものであり，制御理論の実システム応用に対して真正面から取り組んだ設計法である．ロバスト制御は古典制御と現代制御の長所を融合した設計法であるため，パラメトリックモデルとノンパラメトリックモデルの双方が必要となる．したがって，より高度なシステム同定法を利用して，対象のモデリングを行わなければならない．

ロバスト制御系設計法の登場によって，制御対象の数学モデルと設計仕様が与えられれば，設計者の能力に大きくは依存しない標準的な制御系設計法が構築できるようになってきた．このとき最も必要なものが高精度な数学モデルであり，そのためロバスト制御理論の発展に伴い，モデリングとシステム同定の重要性が再認識された．しかしながら，システム同定には多くのノウハウが必要であり，必ずしも標準的な方法が確立されているわけではない．すなわち，システム同定を行う技術者

のart（わざ）に頼る部分が残っているため，対象となるプラントやシステム同定の目的に応じて，さまざまなシステム同定法が存在する．

表1.1では，Phase 4 を「非線形制御の時代」としている．これは現在精力的に研究が行われているところであり，本書では非線形システムの同定についての解説は省略する．

以上のような背景のもとで，本書の最大の目的は，システム同定理論の基礎を解説するとともに，実システムのシステム同定を行うユーザが，できるだけ効率的に高精度なシステム同定結果を得られるようなガイドラインを提供することである．また，システム同定のそれぞれの手順に対する具体的な計算法を SITB によって与える．

1.6 制御のためのモデリングのポイント

これまで説明してきたように，モデリングはモデルベースト制御の重要な第一歩である．そのため，モデリングの「出来・不出来」が最終的に設計される制御系の性能を左右するといっても過言ではない．

図1.6に詳細モデルと公称モデルの関係を示した．図において，実システムをできるだけ忠実に再現する詳細モデルを構築しようとする立場をとるのが第一原理モデリングである．そのため，図中では詳細モデルの矢印は外側を向いている．一方，制御用公称モデルとしてはできるだけ簡単なものが望ましい．そのため，公称モデルの矢印は内側を向いている．なぜならば，モデルが複雑になるにつれて設計されるコントローラの次数が高くなり，実装化の観点から望ましくないからである．すな

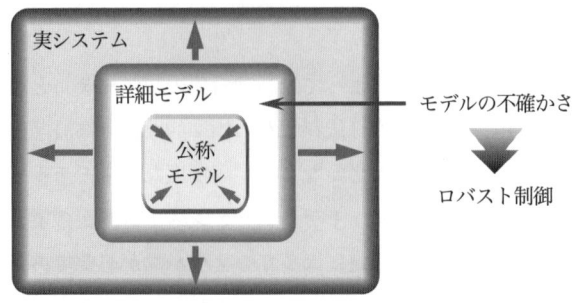

図1.6　詳細モデルと公称モデル

わち，対象とするシステムと同じ複雑さをもつ詳細モデルを構築することが制御のためのモデリングの目的なのではなく，対象の主要なダイナミクスをできるだけ簡単な公称モデルで表現することが望まれる．制御エンジニアの腕の見せどころは，複雑なふるまいをもつ制御対象を，できるだけポイントを抑えた簡潔なモデルで表現するところにある．

図1.6に示したように，詳細モデルの重要な部分を記述したものが**公称モデル**である．そのため，公称モデルを得る際に行われる近似によって，実システムのさまざまな情報が失われてしまう．これがモデルの不確かさの原因である．本来ならば，公称モデルと実システムの間がモデルの不確かさであるが，われわれが知りうる実システムに最も近いものは詳細モデルなので，詳細モデルと公称モデルの差をモデルの不確かさであると考えてよいだろう．もちろんこれ以外にもモデルの不確かさの要因はたくさん存在し，それを図1.7に示した．図には制御対象のモデリングからコントローラ設計，そして，コントローラの実装化までの流れを示した．

現代制御では，モデルの不確かさを陽に考慮していなかった．そのため，モデルの不確かさが少ない実問題においては成功例が報告されていたが[5]，モデルの不確かさが大きい場合には実問題への適用が難しかった．それに対して，1980年代から精力的に研究され，実問題に適用されてきたロバスト制御は，公称モデルとそのモデルの不確かさに基づいて制御系を設計する方法である．

図1.6に示したロバスト制御のためのモデリングにおいて，つぎの3点が重要になる．

(1) どれだけ詳細モデルを実システムに近づけられるか？
(2) 制御用公称モデルが詳細モデルの重要な部分をよく近似しているか？
(3) 近似しきれなかった部分を，モデルの不確かさとして定量的に評価できるか？

これらの点について，制御理論の世界では現在も引き続き研究が続けられている．重要な点は，制御対象のモデリングを行うことが最終目的なのではなく，制御系を設計することが最終目的だということである．したがって，モデリングの良し悪しは，最終的に構成される制御系の性能で判断される．

---

[5] 現代制御は宇宙開発において成果をあげてきたが，宇宙空間は摩擦などの非線形性の影響が少なく，実はモデルの不確かさが小さい対象である．

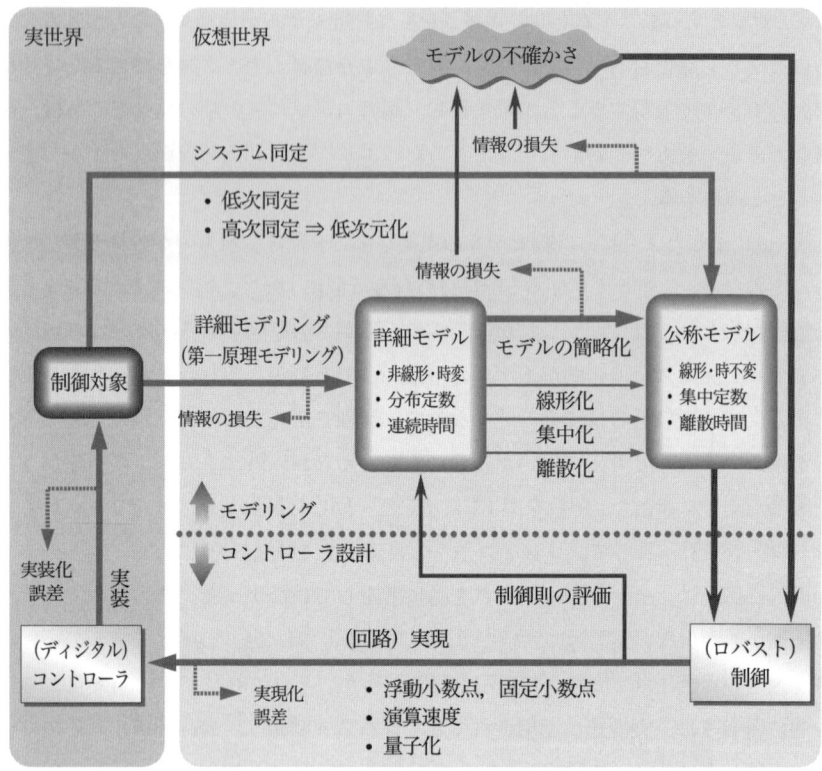

図1.7 モデリングから制御系設計までの流れ（実世界と仮想世界）

演習問題

1-1 式 (1.3)，(1.4) から式 (1.5) への変形を手計算で確認せよ．

1-2 式 (1.9) の伝達関数表現を状態空間表現

$$\frac{\mathrm{d}}{\mathrm{d}t}\boldsymbol{x}(t) = \boldsymbol{A}\boldsymbol{x}(t) + \boldsymbol{b}u(t)$$
$$y(t) = \boldsymbol{c}^T\boldsymbol{x}(t)$$

に変換せよ．ただし，

$$\boldsymbol{x}(t) = \begin{bmatrix} x_1(t) \\ x_2(t) \end{bmatrix} = \begin{bmatrix} \theta(t) \\ \dot{\theta}(t) \end{bmatrix} = \begin{bmatrix} 角度 \\ 角速度 \end{bmatrix}$$

とする．

1-3 式 (1.9) の伝達関数から導かれる倒立振子の性質について述べよ．

1-4 下図に示した倒立振子の第一原理モデルをつぎの手順で導出せよ．ただし，振子の長さと質量をそれぞれ $2l$，m とし，台車の質量を M とする．制御入力 $u(t)$ は水平方向に台車に加える力であり，計測される量は，振子の角度 $\theta(t)$ と台車の位置 $x(t)$ とする．すなわち，このシステムは1入力2出力である．制御目的は，振子を倒立させること，すなわち，$\theta(t) = 0$ とすることである．

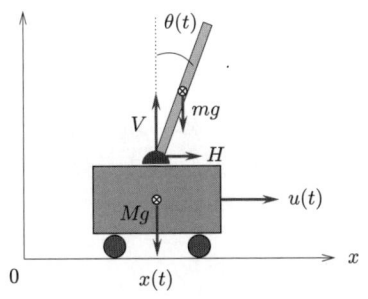

倒立振子

まず，振子と台車の運動方程式を立てると，次式が得られる．

- 振子の回転方向

$$J\frac{\mathrm{d}^2\theta(t)}{\mathrm{d}t^2} + C\frac{\mathrm{d}\theta(t)}{\mathrm{d}t} = V(t)l\sin\theta(t) - H(t)l\cos\theta(t) \tag{1.10}$$

- 振子の鉛直方向

$$m\frac{\mathrm{d}^2}{\mathrm{d}t^2}\left(l\cos\theta(t)\right) = V(t) - mg \tag{1.11}$$

- 振子の水平方向

$$m\frac{\mathrm{d}^2}{\mathrm{d}t^2}\left(x(t) + l\sin\theta(t)\right) = H(t) \tag{1.12}$$

- 台車の水平方向

$$M\frac{\mathrm{d}^2x(t)}{\mathrm{d}t^2} + D\frac{\mathrm{d}x(t)}{\mathrm{d}t} = u(t) - H(t) \tag{1.13}$$

ただし，J は振子の慣性モーメントであり，$J = ml^2/3$ で与えられる．C は振子の摩擦係数である．M, D はそれぞれ台車の質量，摩擦係数である．また，結合部の水平抗力と垂直抗力をそれぞれ $H(t), V(t)$ とした．このとき，以下の問いに答えよ．

(1) 平衡点近傍で線形化を行うことにより，θ と x に関する連立線形微分方程式を導け．

(2) 1入力2出力システムであるこの倒立振子の状態方程式を導出せよ．ただし，つぎの状態ベクトルを用いよ．

$$\bm{x}(t) = \begin{bmatrix} x(t) & \theta(t) & \dot{x}(t) & \dot{\theta}(t) \end{bmatrix}^T$$

1-5 モデリングの具体例をあげ，それについて簡潔に説明せよ．

1-6 日常生活の中でのシステム同定の例について，制御工学の専門用語を用いて工学的に説明せよ．ただし，スイカのシステム同定の例は除く．

第2章 システム同定の手順

本章では，ヘアドライヤーの例題と呼ばれる基本的な問題を通してシステム同定の手順を与える．また，本書の構成について最後にまとめる．

2.1 システム同定の基本的な手順

システム同定の基本的な手順を表2.1にまとめた．

表2.1 システム同定の基本的な手順

Step	項目	内容
0	プリ同定	同定対象の大まかな特性の把握（ステップ応答試験，周波数応答試験）
1	システム同定実験の設計	ハードウェア（プロセッサ，AD/DA 変換器），システム同定入力，サンプリング周期などの選定
2	システム同定実験	同定対象の入出力データの収集
3	入出力データの前処理	1. 時間領域：アウトライアの除去，状態のよいデータの切り出しなど 2. 周波数領域：フィルタリング，デシメーションなど
4	構造同定（モデル構造の選定）	1. モデルの形：ノンパラメトリックあるいはパラメトリック 2. パラメトリックモデル次数の決定
5	（線形・離散時間）システム同定	1. ノンパラメトリックモデル同定法 2. パラメトリックモデル同定法
6	モデルの妥当性の評価	1. 周波数領域，z 領域，あるいは s 領域，時間領域における検証 2. 同定残差の白色性検定 3. 同定モデルに基づいた補償器による閉ループシミュレーション

本格的なシステム同定実験を行う前に，Step 0 としてプリ同定を行う．これは，ステップ応答試験によって対象の大まかな時定数や定常ゲインを求めたり，周波数応答試験によって対象の周波数特性を取得することである．これにより，Step 1 のシステム同定実験の設計作業が容易になる．システム同定の設計には，センサ・アクチュエータ，AD/DA 変換器，計算機などのハードウェアの選定作業が含まれるが，これらはシステム同定の立場ではなく，コントローラ実装あるいは構造設計の立場であらかじめ決定されていることが多いので，本書では触れない．Step 1 におけるメインテーマは，システム同定を行う際の最も重要な設計項目の一つである同定入力の選定である．これには，入力がどの程度の周波数（正弦波）成分を含む必要があるかという周波数領域の検討と，入力の振幅をどの程度にしたらよいかという時間領域の検討が含まれる．また，ハードウェアの制約や，同定対象の主要な周波数帯域などを考慮してサンプリング周期を選定する．これらの作業が完了したら，Step 2 として実際にシステム同定実験を行い，入出力データを収集する．システム同定理論は統計的手法に基づいているので，できるだけ多数の入出力データを収集することが望ましい．

さて，同定実験より得られた生データを，システム同定アルゴリズムに通しただけで満足できるモデルが得られれば非常にうれしいのだが，そのようなことはほとんどない．そこで，Step 3 として，収集された入出力データの前処理を行う．これは，たとえば料理を作るときの下ごしらえと考えればよい．この手順にどれだけ労を惜しまないかが，料理のでき具合，すなわちシステム同定結果に大きく影響する．この手順は，大きく分けて時間領域における方法と周波数領域における方法がある．まず，時間領域における方法としては，アウトライアと呼ばれる異常値の除去，状態のよいデータを切り出す操作などがしばしば用いられる．一方，周波数領域におけるデータ調整の方法としては，フィルタリングによる方法が重要であり，低域阻止フィルタによる低周波外乱の除去，低域通過あるいは帯域通過フィルタによる中間周波数帯域（制御系設計にとって最も重要な帯域）の強調，さらに高域阻止フィルタによる高周波雑音の除去などがある．また，デシメーションと呼ばれる低域通過フィルタとデータの間引きとで構成するディジタル信号処理も有効な手段である．

ついで，Step 4 として同定モデルの構造を選定する，いわゆる構造同定を行う．モデルの形としてさまざまな分類を行うことができるが，本書では基本的に，線形・時

不変・1入出力・集中定数・離散時間系のモデルを扱う．そのような条件のもとで，モデルはノンパラメトリックモデルとパラメトリックモデルに分類できる．それぞれの例を以下に与える．

(1) ノンパラメトリックモデル：インパルス応答，周波数伝達関数など
(2) パラメトリックモデル：伝達関数，状態方程式など

パラメトリックモデルを採用した場合には，さらにモデル次数を決定しなければならないが，これはつぎのステップの同定結果を参考にしながら行う．

モデルが決定されると，いよいよ Step 5 としてシステム同定を行う．このステップは，Step 4 で決定されたモデルにより，つぎのように分類できる．

(1) ノンパラメトリックモデル同定法：相関解析法，スペクトル解析法など
(2) パラメトリックモデル同定法
　　a) パラメータ推定法：予測誤差法（最小二乗法など），補助変数法など
　　b) 実現法：部分空間法など

システム同定結果が得られれば，Step 6 として，得られたモデルの妥当性の検証を行う．たとえば，ボード線図を利用して周波数領域で同定結果を検討したり，z 平面上に極と零点をプロットして，極零相殺の有無を確認したり，同定モデルに基づいた時間応答シミュレーションを行って実際のデータと比較したりする．また，同定残差と呼ばれる量の統計性を検定することによっても，モデルの妥当性の検証を行える．さらに，本書では制御系設計のためのシステム同定法を考えているので，実際に同定結果に基づいて補償器を設計して，閉ループシミュレーションを行い，制御系の性能によって同定結果の妥当性を調べることも重要である．

以上の手順のうち Step 4〜6 は「狭義のシステム同定」と呼ばれる．これらに関しては非常に多くの研究がなされ，またすでに出版されているシステム同定の著書でも詳しく記述されている．しかしながら，実際にシステム同定を行う場合には，それ以外のステップも非常に重要であり，それぞれのステップの相互関連を大局的な観点から考慮して，システム同定を行わなくてはならない．そこで，本書ではそれぞれのステップについて実際的な観点から解説する．

2.2 ヘアドライヤーの例題

具体的な例題を通して，前節で与えたシステム同定の手順を見ていこう．なお，まだ定義していないシステム同定理論の専門用語が本節ではたくさん登場するが，それらについては次章以降で詳しく説明する．まず，システム同定の典型的な手順について感触を得ることが，本節の目的である．

図2.1に示すヘアドライヤーのような熱伝導装置を同定対象とする．このとき，入力は電熱線に加えられる電力であり，出力は送風口における温度である[1]．

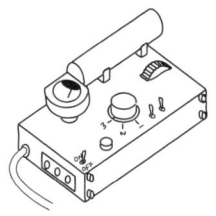

図2.1　同定対象（フィードバックプロセストレイナーPT326）

Step 1　同定実験の設計

同定実験条件は以下のとおりである．

1. 入力信号：3.5Wと6.5Wを不規則にとる2値信号
2. サンプリング周期：80ms

Step 2　システム同定実験

システム同定実験が行われ，1,000個の入出力データが収集された．なお，ここでは最初の300個（これは24秒間のデータに対応する）の入出力データを用いてシステム同定を行う．図2.2に16秒から24秒までの入出力信号（これは200〜300サンプルのデータに対応する）のグラフを示した．

---

[1]. この例題のプロセスは，Ljungの1999年のテキスト（L. Ljung : *System Identification — Theory for the User*, 2nd Edition, PTR Prentice Hall, 1999）の525ページに "Feedback's Process Trainer PT326" として紹介されており，またMATLABのSITBの中に，"iddemo1" として納められている．

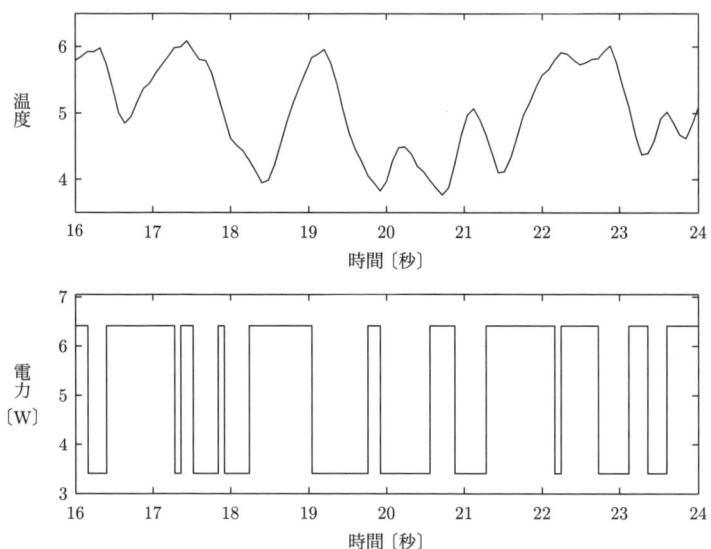

図2.2　システム同定実験より得られた入出力データ

Step 3　入出力データの前処理

図2.2より明らかなように，入出力データの平均値は0でなく，直流成分を有している．そこで，直流成分を除去，すなわちデータの平均値を0にする．その結果得られた入出力データを図2.3に示した．

Step 4　構造同定

まず，相関解析法と呼ばれるノンパラメトリックモデル同定法を用いて，**インパルス応答**（impulse response，$g(k)$とする）の推定値$\hat{g}(k)$を得る．その結果を図2.4に示した．図中の2本の一点鎖線の範囲は99%信頼区間を表しており，その範囲に入っていれば0と見なしてよいことを意味している．この図よりつぎのことがわかる．

(1) インパルス応答の先頭の3個の推定値は信頼区間の中に入っていて0なので，同定対象の**むだ時間**（dead time）は3である．用いたサンプリング周期が80msなので，厳密に言えば，この対象のむだ時間は160msから240msの間に存在する．

(2) $k \to \infty$のとき$\hat{g}(k) \to 0$なので，同定対象は**安定**（stable）である．

24　第2章　システム同定の手順

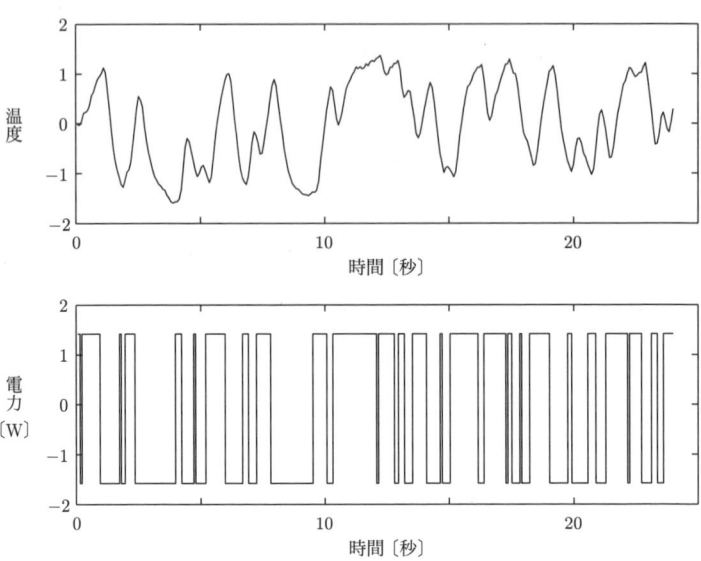

図2.3　直流成分を除去した入出力データ

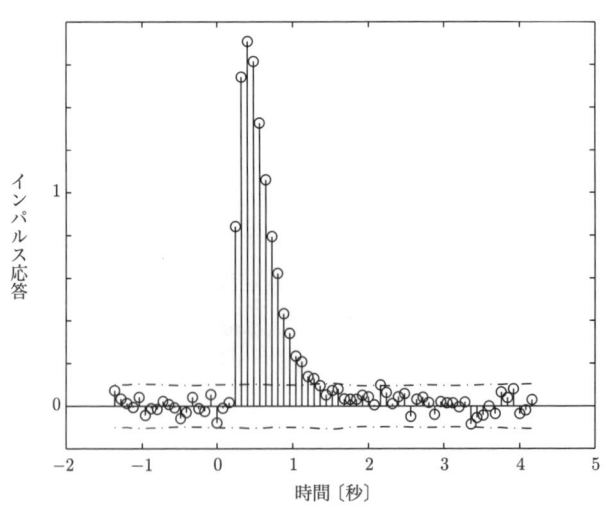

図2.4　相関解析法によるインパルス応答の推定結果

> **コラム 2 ── レナート・リュンク（Lennert Ljung, 1946〜）**
>
> リュンク教授は 1946 年スウェーデンのマルモに生まれ，1974 年ルンド工業大学（Lund Institute of Technology）で自動制御の PhD を取得した．指導教員はシステム同定理論の基礎を確立した一人であるオストローム（Åström）教授である．当時のオストローム教授の研究室には，リュンクをはじめとして T. Söderström などシステム同定や適応制御に関するそうそうたるメンバーが博士課程の学生として在籍していた．リュンクは 1976 年にリンコピン（Linkoping）大学の自動制御の主任教授となり，現在に至っている．1987 年に発行され，1999 年にその第 2 版が出版された *System Identification — Theory for the Users*（PTR Prentice Hall, 1999）は，システム同定理論のバイブルになっている．リュンク教授はシステム同定理論だけでなく，その理論を実行するソフトウェアである System Identification Toolbox（MATLAB）の製作者としても有名であり，システム同定の世界を 40 年にわたって牽引してきたトップランナーである．最近制御コミュニティでは 60 歳を祝う誕生会が流行っており，リュンク教授の場合は，2006 年 9 月に *Forever Ljung* というリュンク 60 歳記念のワークショップがリンコピンで開かれたそうである．
>
> なお，Åström 教授（Karl J. Åström, 1934〜）と P. Eykhoff 教授（オランダ）が書いたサーベイペーパー "System identification — a survey"（Automatica, Vol.7, pp.123–167, 1971）と P. Eykhoff 教授の著書 *System Identification — Parameter and State Estimation*（John Wiley & Sons, 1974）は，システム同定研究の創世記の名著である．

(3) $\hat{g}(k)$ は振動的でなく指数的に減衰しているので，同定対象は**遅れ系**（phase-lag system）である．

(4) $k < 0$ のとき $\hat{g}(k) = 0$ なので，同定対象は**因果システム**（causal system）である．

この例では特に (1) の観察，すなわち，同定対象は熱伝達系なのでむだ時間が存在するだろう[2]という対象の物理的な性質を，システム同定を行うエンジニアが理解しているかどうかが重要である．システム同定は，対象の入出力データのみに基づいてモデリングを行うブラックボックス的な方法なので，物理的に正しいかどうかが判断できないと指摘されることがある．しかしながら，システム同定を成功させるためには，この例のように同定対象に関する物理的な**事前情報**（*a priori* knowledge）

---

[2] 入口で電熱線を温めても，出口の温度はすぐには上がらず，むだ時間が存在する．

を有効に利用できることがポイントになる.

むだ時間を推定するだけでなく,構造同定の方法としてインパルス応答をまず調べることは,つぎのような意味でも重要である.

> ❖ Point 2.1 ❖ インパルス応答の重要性
>
> (1) 線形システムの場合,インパルス応答 $g(k)$ が既知であれば,任意の入力に対する出力は**たたみこみ和**(convolution)によって計算できる[3]. すなわち,
>
> $$y(k) = \sum_{i=0}^{\infty} g(i)u(k-i) = g(k) * u(k) \tag{2.1}$$
>
> (2) インパルス応答の総和を計算すると,**ステップ応答**(step response, $f(k)$ とおく)が得られる[4].
>
> $$f(k) = \sum_{i=0}^{k} g(i) \tag{2.2}$$
>
> ステップ応答より,対象の**定常ゲイン**(static gain,ステップ応答の定常値),**時定数**(time constant,ステップ応答の定常値の 63.2% に達する時間),**立ち上がり時間**(rise time,ステップ応答の定常値の 10% から 90% に達する時間)などといった重要な特性が得られる.第5章で説明するが,これらを用いることによりシステム同定のためのサンプリング周期を決定することができる.

さて,システム同定モデルとして入出力関係が差分方程式

$$y(k) + a_1 y(k-1) + a_2 y(k-2)$$
$$= b_1 u(k-3) + b_2 u(k-4) + e(k) \tag{2.3}$$

で記述される線形離散時間パラメトリックモデルを用いる.ただし,$y(k) = y(kT)$,$k = 1, 2, \ldots$($T = 0.08$〔s〕:サンプリング周期)とした.ここで,相関解析法より推定されたむだ時間3は,式 (2.3) 右辺第1項の $u(k-3)$ で用いた.式 (2.3) で記述さ

---

[3]. ここでは離散時間システムを考えているのでたたみこみ和であったが,連続時間システムの場合には,この操作はたたみこみ積分になる.
[4]. 連続時間システムの場合には,インパルス応答を積分するとステップ応答が計算できる.

れるモデルはARXモデルと呼ばれ，システム同定で用いられる最も重要なモデルである．ここでは，簡単のためにモデルの次数（ここでは2．これは式(2.3)左辺の最終項$y(k-2)$の2に対応する）は既知であると仮定した[5]．そのため，ARXモデルの次数選定の手順はスキップする．

Step 5　システム同定

Step 4でパラメトリックモデルを仮定したので，システム同定のステップは**パラメータ推定**（parameter estimation）を行うことと等価になる．式(2.3)のARXモデルに含まれる四つのパラメータ$\{a_1, a_2, b_1, b_2\}$を最小二乗法によって推定する．その結果得られた推定値＝（平均値）±（標準偏差）を以下に示す．

$$\widehat{a}_1 = -1.2737 \pm 0.0209 \quad \widehat{a}_2 = 0.3935 \pm 0.0191$$
$$\widehat{b}_1 = 0.0666 \pm 0.0021 \quad \widehat{b}_2 = 0.0445 \pm 0.0033$$

ここでは，平均値がパラメータ推定値の公称値であり，標準偏差はパラメータ推定値の確率的な不確かさを表している．ARXモデルのパラメータを最小二乗法により推定するシステム同定法は本書のメインテーマの一つであり，第8章で詳しく説明する．

Step 6　モデルの妥当性の評価

ここでは時間領域，z領域，周波数領域において，同定されたモデルの妥当性を検証しよう．

□ 時間領域における検証（シミュレーション）

実際の出力と同定モデルに基づく出力（モデル出力）を比較する．ここでは，システム同定に用いなかった700〜900サンプルのデータを利用する．この方法はクロスバリデーション法と呼ばれる．その結果を図2.5に示す．実際の出力（点線）にモデルの出力（実線）がよく一致していることがわかる．図中に"fit: 88.43%"と書かれているが，これは次式で定義される**適合率**の値である．

---

[5] なぜ次数が2に選定されたかについてはStep 6で明らかになる．

出力

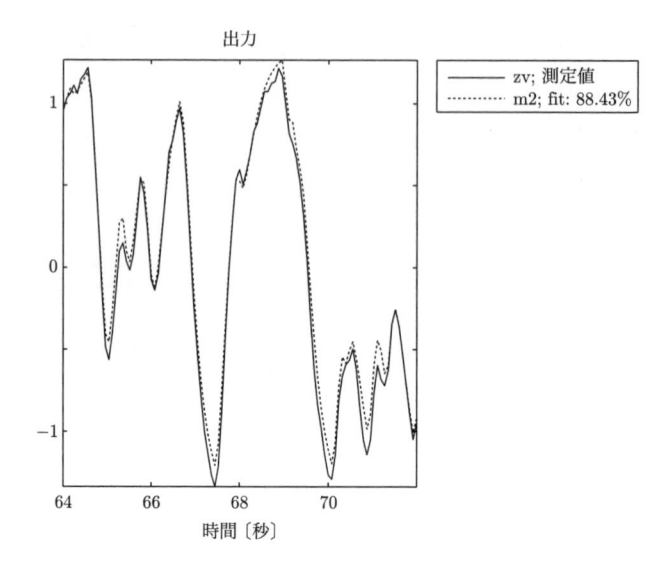

図2.5 シミュレーション（実線：モデル出力，点線：実際の出力）

$$\text{Fit} = \left(1 - \frac{\sqrt{\sum_{k=1}^{N}[\widehat{y}(k)-y(k)]^2}}{\sqrt{\sum_{k=1}^{N}[y(k)-\overline{y}]^2}}\right) \times 100 \quad [\%] \tag{2.4}$$

ただし，$y(k)$は実際の出力，$\widehat{y}(k)$はモデルの出力，そして，$\overline{y}$は実際の出力の平均値である．すべての時刻で$\widehat{y}(k) = y(k)$が成り立てば，適合率は最高の100%をとる．

◻ 時間領域における検証（ステップ応答）

同定されたモデルに基づいたステップ応答を図2.6に示した．図より，ARXモデル（実線）と相関解析法（点線）による結果はほぼ一致していることがわかる．ステップ応答の値は160ms（2サンプル）まで0であり，それ以降立ち上がっているので，当然であるが，3ステップのむだ時間が存在していることがわかる．図より，ステップ応答の定常値は約0.95であり，立ち上がり時間は約0.85秒であることが読み取れる．

◻ z領域における検証（モデルの極・零点）

得られたモデルの極（pとする）と零点（zとする）を計算すると，$z = -0.6677$,

$p = 0.7467, 0.5271$ となる．それらを z 平面上にプロットしたものを図 2.7 に示した．ただし，極は×で，零点は○で表示した．図より，極と零点はともに実軸上に存在することがわかる．

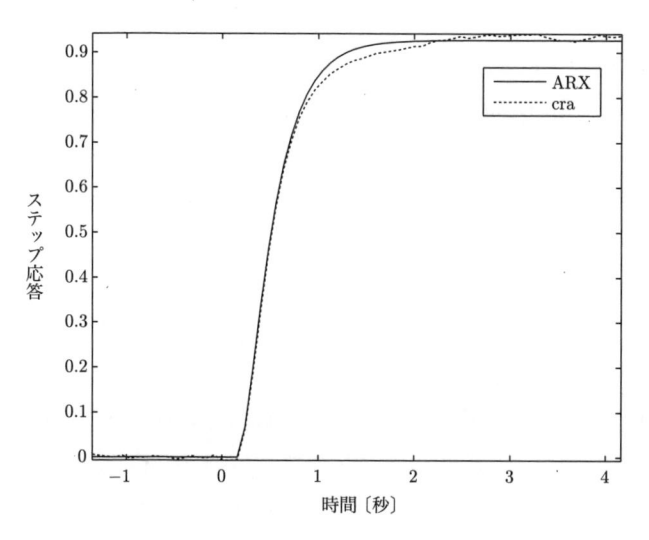

図 2.6 同定結果に基づくステップ応答（実線：ARXモデル，点線：相関解析法）

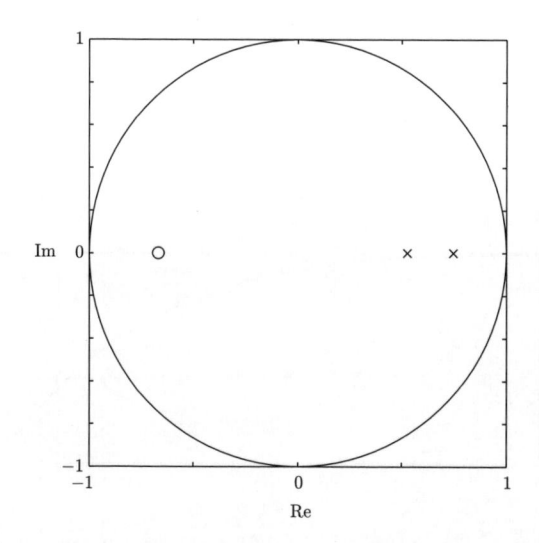

図 2.7 同定されたモデルの極（×印）と零点（○印）の配置

□ 周波数領域における検証（ボード線図）

得られた ARX モデルのボード線図を図 2.8 に示した．比較のために，ノンパラメトリックモデル同定法であるスペクトル解析法による結果を点線で示した．後述するが，スペクトル解析法は同定対象が線形であるという仮定以外は用いておらず，他の同定結果のリファレンス（比較資料）として利用されることが多い．図より，2 次の ARX モデルを用いた同定結果と，スペクトル解析法の同定結果は，周波数領域においてゲイン，位相特性ともほぼ一致している．したがって，2 次の ARX モデルによる同定結果の信頼性は高いと判断できる．

さて，古典制御を学ぶ制御工学の授業では，伝達関数が与えられたときに，たとえば折線近似法を用いてボード線図を描く方法を学習する．ここでは，その逆を行ってみよう．すなわち，図 2.8 の実線で示した ARX モデルの同定結果のゲイン特性から，伝達関数を求める問題を考えてみよう．

図 2.8 のゲイン特性（上図）の曲線を大ざっぱに 3 本の直線（0, -20, $-40\mathrm{dB/dec}$）で近似したものを図 2.9 に破線で示した．また，それぞれの直線が交わる周波数をそれぞれ $1/T_1$, $1/T_2$ とした．これは典型的な 2 次遅れ系のゲイン特性であり，連続時

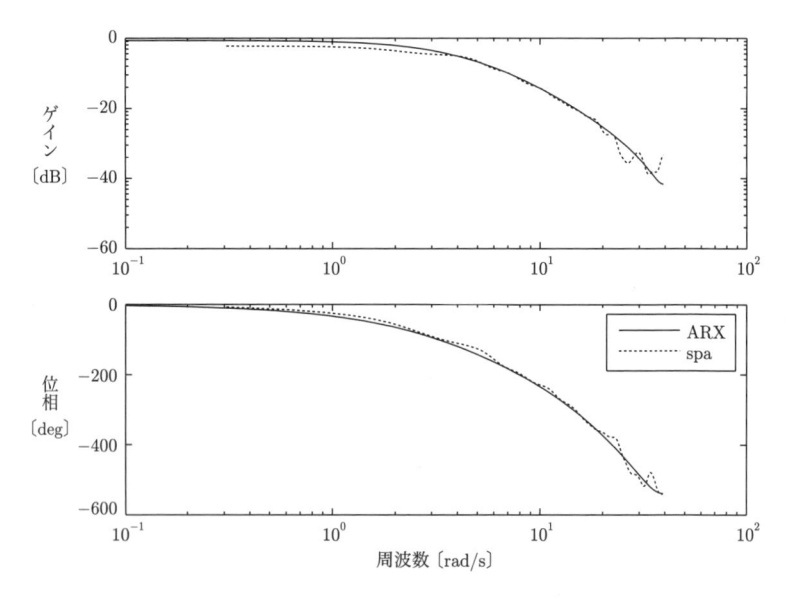

図 2.8 周波数領域における同定結果（実線：ARX モデル，点線：スペクトル解析法）

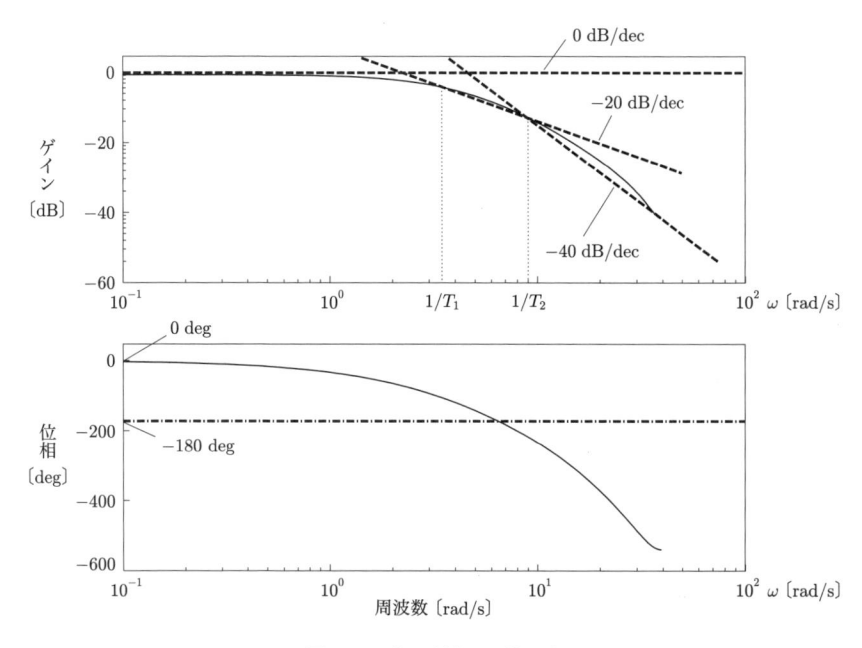

図 2.9 ボード線図の読み方

間伝達関数

$$G(s) = \frac{K}{(T_1 s + 1)(T_2 s + 1)} \tag{2.5}$$

に対応する．このように，ゲイン特性という曲線から伝達関数を求めることを**カーブフィッティング**（curve fitting，曲線適合）という．前述の Step 4 で ARX モデルの次数を2としたが[6]，このカーブフィッティングの結果からも，同定対象を2次系と見なすことは妥当であることがわかる．

さて，同定対象が式 (2.5) のような2次系であれば，古典制御理論の知識から位相遅れは最大でも 180deg であるはずだが，図 2.8 下図の位相特性を見ると，位相は 180deg 以上遅れている．したがって，この同定対象は**最小位相系**[7]（minimum phase

---

[6] ARXモデルは離散時間系であり，ここで用いた式 (2.5) は連続時間系であるが，システムの次数 (すなわち分母多項式の次数) は連続系の場合も離散系の場合も同じである．一方，分子多項式の次数は，連続系の場合と離散系の場合とで必ずしも一致しないことに注意する．

[7] 同じゲイン特性をもつ伝達関数の中で，位相遅れが最小のものを最小位相系という．

system) でなく**非最小位相系** (non-minimum phase system) であることがわかる. 不安定な零点が存在する場合に非最小位相系になることが知られているが, 実際の制御対象が非最小位相系になる最大の原因はむだ時間[8]である. ここでの同定対象は熱伝達系であるため, 前述したようにむだ時間が存在する. したがって, 同定対象の伝達関数は,

$$G(s) = \frac{K}{(T_1 s + 1)(T_2 s + 1)} e^{-Ls} \tag{2.6}$$

のように記述される. ここで, L は 160〜240 ms の範囲に存在するむだ時間であり, これは位相特性のグラフから試行錯誤的に求めることができる.

以上で与えた手順を MATLAB の SITB で具体的にプログラミングしたもの (iddemo1) を以下にまとめた. MATLAB が利用可能であれば, それぞれの手順を確認していただきたい.

ヘアドライヤーの例題 "iddemo1" の抜粋

```
Step 2  同定実験データの収集
  >> load dryer2;                % 入出力データの読込み
  >> dry = iddata(y2,u2,0.08);   % 入出力データのiddataオブジェクト化
                                 %  (サンプリング周期:0.08秒)
  >> ze = dry(1:300);            % モデル推定用データの構成
  >> plot(ze(200:300));          % 入出力データの表示
Step 3  入出力データの前処理
  >> ze = detrend(ze);           % 直流成分の除去
  >> plot(ze)                    % データ前処理後の表示
Step 4  構造同定
  >> impulse(ze,'sd',3);         % インパルス応答の推定
Step 5  パラメータ推定
  >> m2 = arx(ze,[2 2 3])        % ARXモデルを用いた最小二乗推定して推定され
                                 % たパラメータを表示 (次数=2, むだ時間=3)
Step 6  モデルの妥当性
```

---

[8]. むだ時間は, ゲイン特性が0dBで, 位相だけ遅らせる要素である.

```
>> zv = dry(800:900);          % 検証用データの構成
>> zv = detrend(zv);           % 検証用データの直流成分の除去
>> compare(zv,m2,':');         % 推定パラメータに基づくシミュレーション結果の
                               % 表示（実線：実際の出力, 点線：ARXモデル出力）
>> step(m2,'-',ze,':');        % ステップ応答の表示
                               % （実線：ARXモデル, 点線：相関解析法）
>> legend('ARX','cra');        % 凡例の表示
>> pzmap(m2,'-','sd',3);       % 極と零点の表示
>> gs = spa(ze);               % スペクトル解析法による周波数伝達関数の推定
>> bode(m2,'-',gs,':');        % ボード線図の表示
                               % （実線：ARXモデル, 点線：スペクトル解析法）
>> legend('ARX','spa');        % 凡例の表示
```

2.3　本書の構成

　次章以降は，表2.1にまとめたシステム同定の基本的な手順にそって構成されている．

　まず，第3章と第4章では，システム同定を行うための数学的準備として，確率過程の基礎と線形システムの基礎をそれぞれ簡単にまとめる．これらに詳しい読者や，すぐにシステム同定を行いたい読者は，これらの章をスキップして読むとよい．

　第5章では，表2.1でStep 1とした「同定実験の設計」について，同定入力とサンプリング周期の選定法について述べる．また，Step 3の「入出力データの前処理」について，時間領域・周波数領域における手法をそれぞれ紹介する．第6章では，Step 4の「構造同定」において重要となる「モデル」について述べる．まず，モデルをパラメトリックモデルとノンパラメトリックモデルに大分類し，さらにパラメトリックモデルをブラックボックスモデルと呼ばれる伝達関数型のモデルと，状態空間型のモデルに分類して，それぞれについて解説する．

　引き続く第7章と第8章において，具体的なシステム同定法を与える．まず，第7章ではインパルス応答や周波数伝達関数などのノンパラメトリックモデルを同定する方法を紹介する．そして，第8章ではパラメトリックモデルの同定法を与える．予

測誤差法の立場で一般的なブラックボックスモデル同定法を与え，まず，一括処理形式の同定法について説明する．また，状態空間モデルに対しては部分空間法と呼ばれる同定法を紹介する．第9章では，オンラインにシステム同定を行う逐次同定法のアルゴリズムを与える．

第10章では，モデルの選定法と妥当性の検証法を，さまざまな角度から与える．そして，第10章までに説明してきたさまざまなシステム同定法について，第11章ではMATLABを用い簡単な数値例を通して理解を深める．最後に，第12章において本書を総括する意味で再び同定実験の手順を考え，一般的なシステム同定のシナリオを与える．

演習問題

2-1 具体的な同定対象を想定し，それに対してシステム同定の手順をシミュレートせよ．

2-2 下図のボード線図で表される周波数特性をもつLTIシステムの伝達関数を求めよ．可能な限り，数値を用いた形式で表すこと．

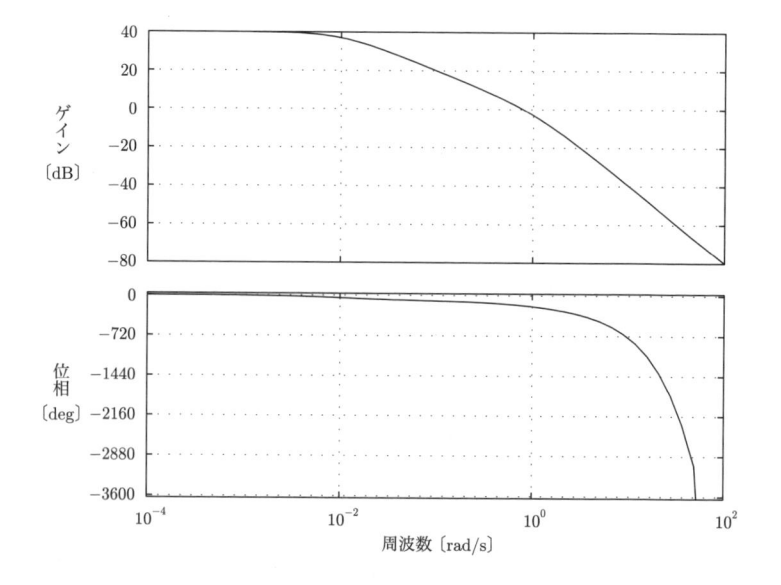

2-3 **MATLAB** [9] 2.2節で与えた例題において，システム同定に利用する入出力データを50個として2.2節と同様の手順でシステム同定を行い，その結果について考察せよ．

---

[9] この演習問題のようにMATLABの利用を前提とした演習問題には **MATLAB** のマークをつけた．以下の演習問題でも同様である．

第3章 確率過程の基礎

本章では，システム同定理論を理解する上で重要な基礎の一つである確率過程について簡単にまとめる．確率過程というと非常に難しい内容のように思えてしまうかもしれないが，確率・統計の基本的な部分のみを解説したので，拒否反応を起こさずに読んでいただきたい．

3.1 確率と確率過程

確率（probability）というと，おそらくサイコロを振ったり，ルーレットをまわしたりという状況を想像するだろう．このような確率的な現象は確率論の枠組みで取り扱われるが，そこには時間という要素は入っていない．それに対して，本書でこれから考えていくような現実の測定データは，時間とともに不規則に変動する．このように，時刻をパラメータとする確率変数の集合を**確率過程**（stochastic process），あるいは**不規則過程**（random process）という．

まず，時間 t が連続的に変化する場合に対する確率過程

$$\{x(\omega, t);\ -\infty < t < \infty, \omega \in \Omega\}$$

について考えていこう．ここで，Ω は**標本空間**（sample space）あるいは**見本空間**と呼ばれ，その要素である ω は**標本点**（sample point）あるいは**見本点**と呼ばれる．

いま，時刻 t を固定すると，

$$x(\omega, t) = x(\omega)$$

となり，確率論の枠組みになる．ここで，$x(\omega)$ を**確率変数**（random variable[1]）とい

---

[1] random variable はそのままランダム変数と訳されることもあるが，通常，確率変数あるいは不規則変数と訳される．

う．一方，ω を固定すると，

$$\{x(t);\ -\infty < t < \infty\}$$

のように時間関数になり，これを標本関数という．以下では，ω を省略して，確率過程 $x(\omega, t)$ を単に $x(t)$ を書くことにする[2]．

不規則信号の代表である白色雑音の一例を図3.1（上段）に示した．白色雑音については後述するが，ここでは図に示したように時間に対して不規則に変動する**時系列**（time series）であると思えばよい．図では白色雑音の一例を示したが，再び白色雑音を観測するという**試行**（trial）を行えば，異なった波形が得られるだろう．このように，確率的信号の場合，試行を何回か繰り返して行うと，そのたびごとに収集される波形は異なったものになる．これは**確定的信号**（deterministic signal）の場合に

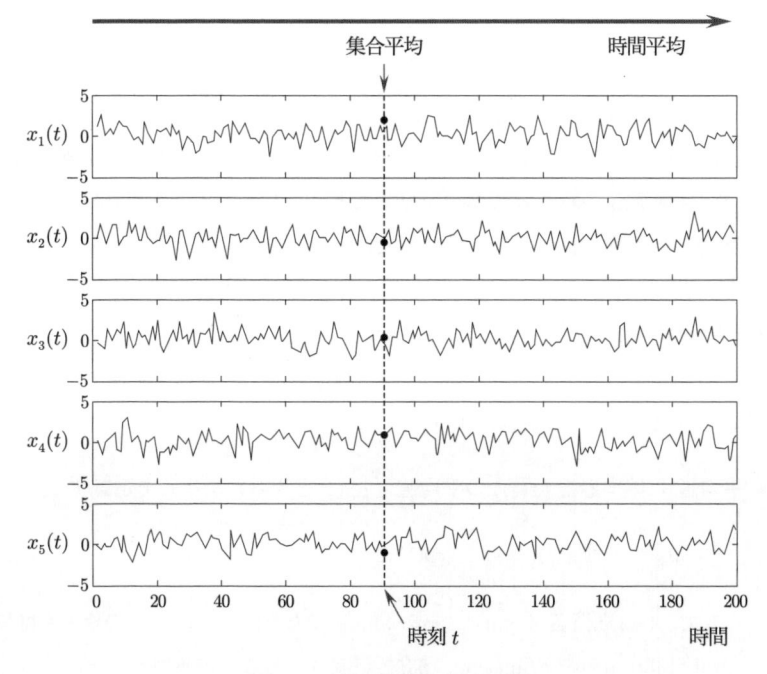

図3.1 不規則信号の標本過程

---

[2]. 本書では ω は，通常，周波数を表すので，同じ記号で標本空間や標本点を表すため紛らわしいが，以降では標本空間や標本点の議論は一切登場しない．

は起こらなかった現象であり，その様子を図3.1に示した．ここで図の一つひとつの波形を**標本過程**（sample process）という（図では，$x_1(t) \sim x_5(t)$ の5個の標本過程を示した）．一つひとつの標本過程は，確率過程の一つの物理的実現値であるが，それぞれの波形自身には意味がないことに注意する．なぜならば，それらには再現性がないからである．言葉を換えていうと，確定的信号の場合は信号の一つの実現値に意味があったが，確率過程の場合は標本過程の**集合**を考えることによってその性質を規定することができる．そのため，**統計**（statistics）の考え方が必要になる．

一般に，一つの標本過程からその確率過程の統計的性質を記述することはできない．しかしながら，対象とする確率過程に定常性とエルゴード性が仮定できれば，一つの標本過程から確率過程の統計的性質を導くことができる．そこで，連続時間確率過程の定常性とエルゴード性を導入しよう．

3.1.1　定常性

定常は強定常と弱定常に分類できる．

まず，確率過程 $\{x(t)\}$ の**確率分布**（probability distribution）が時間に無関係なとき，$\{x(t)\}$ は**強定常**（strongly stationary）であるといわれる．確率分布とは，ある確率変数がどのような値をとる可能性が大きいか，あるいは小さいかを，実現値と確率の間の関数として表現したものであり，確率分布の代表的なものに累積分布関数と確率密度関数がある．

つぎに，弱定常について説明するために，確率過程 $\{x(t)\}$ の平均値と自己相関関数をそれぞれ以下のように定義しよう．

- 平均値：確率過程 $\{x(t)\}$ の平均値（$\mu_x(t)$ とする）を次式で定義する．

$$\mu_x(t) = \mathrm{E}[x(t)] = \int_{-\infty}^{\infty} x p(x) \mathrm{d}x \tag{3.1}$$

ここで，E は**期待値**（expectation value）であり，$p(x)$ は $x(t)$ の**確率密度関数**（probability density function, *pdf* と略記されることが多い）である．

式 (3.1) で定義した平均値を**集合平均**（ensemble mean）と呼ぶ．なぜならば，集合平均 $\mu_x(t)$ は，図3.1に示すように，ある時刻 t におけるそれぞれの標本過程の値の

平均値を計算したものだからである．簡単にいうと，集合平均とは図3.1において縦軸の平均値であると考えられる．

- **自己相関関数**（auto-correlation function）：確率過程 $\{x(t)\}$ の自己相関関数を次式で定義する．

$$\phi_x(t, t+\tau) = \mathrm{E}[x(t)x(t+\tau)] = \int_{-\infty}^{\infty}\int_{-\infty}^{\infty} x_1 x_2 p(x_1, x_2) \mathrm{d}x_1 \mathrm{d}x_2 \quad (3.2)$$

ここで，$x_1 = x(t)$, $x_2 = x(t+\tau)$ とおいた．$p(x_1, x_2)$ は x_1 と x_2 の**結合確率密度関数**[3]（joint probability density function）であり，τ は**ラグ**（lag, 遅れ）と呼ばれる．

以上で定義した平均値と自己相関関数がともに時刻 t に依存しないとき，すなわち，

$$\mu_x(t) = \mu_x = 一定 \quad (3.3)$$
$$\phi_x(t, t+\tau) = \phi_x(\tau) \quad (3.4)$$

が成り立つとき，確率過程 $\{x(t)\}$ は**弱定常**（weakly stationary）あるいは**2次定常**と呼ばれる．強定常過程であれば弱定常過程となるが，その逆は一般に真でない．しかしながら，後述する正規過程の場合には，強定常と弱定常とは等価となる．通常，弱定常のことを定常と呼ぶ．

さて，ラグが0のときの自己相関関数

$$\phi_x(0) = \mathrm{E}[x^2(t)] = \sigma_x^2 \quad (3.5)$$

を**分散**（variance）と呼び，分散の平方根 σ_x を**標準偏差**（standard deviation）と呼ぶ．
一般に，確率密度関数が $p(x)$ である確率過程の平均値を

$$\mu_x = \int_{-\infty}^{\infty} x p(x) \mathrm{d}x$$

とするとき，

$$\mu_x^{(r)} = \int_{-\infty}^{\infty} (x - \mu_x)^r p(x) \mathrm{d}x \quad (3.6)$$

---

[3] 同時確率密度関数とも呼ばれる．

をこの確率過程の平均値周りの r 次モーメント（moment，積率）と呼ぶ．これより，平均値は1次モーメント，分散は2次モーメントとも呼ばれる．

3.1.2　エルゴード性

以上で定義した平均値は集合平均であったため，すべての標本過程を用いて計算しなければならなかった．しかしながら，このような操作は非現実的であり，1個の標本過程からその確率過程の性質を調べられれば，非常にうれしい．そこで，次式のようにある一つの標本過程 $x_i(t)$ の**時間平均**（time average）を定義しよう．

$$\mu_{x_i} = \lim_{T \to \infty} \frac{1}{T} \int_{-\frac{T}{2}}^{\frac{T}{2}} x_i(t) \mathrm{d}t \tag{3.7}$$

これは，図3.1においては横軸に対する平均操作であると考えられる．

同様にして，標本過程 $x_i(t)$ の自己相関関数を次式のように定義する．

$$\phi_{x_i}(\tau) = \lim_{T \to \infty} \frac{1}{T} \int_{-\frac{T}{2}}^{\frac{T}{2}} x_i(t) x_i(t+\tau) \mathrm{d}t \tag{3.8}$$

以上の準備のもとで，異なる標本過程に対して計算した μ_{x_i} と $\phi_{x_i}(\tau)$ の値がそれぞれ同じであるとき，確率過程 $\{x(t)\}$ は**エルゴード性**（ergodic）であると呼ばれる．

このとき，つぎの Point 3.1 を得る．

✥ Point 3.1 ✥　定常エルゴード過程

確率過程 $\{x(t)\}$ がエルゴード性の定常確率過程であれば，

$$\text{(集合平均)} = \text{(時間平均)} \tag{3.9}$$

が成り立つので，平均値と自己相関関数はそれぞれ次式より計算できる．

- 平均値

$$\mu_x = \int_{-\infty}^{\infty} x p(x) \mathrm{d}x = \lim_{T \to \infty} \frac{1}{T} \int_{-\frac{T}{2}}^{\frac{T}{2}} x(t) \mathrm{d}t \tag{3.10}$$

- 自己相関関数

$$\phi_x(\tau) = \int_{-\infty}^{\infty} \int_{-\infty}^{\infty} x_1 x_2 p(x_1, x_2) \mathrm{d}x_1 \mathrm{d}x_2$$

$$= \lim_{T \to \infty} \frac{1}{T} \int_{-\frac{T}{2}}^{\frac{T}{2}} x(t) x(t+\tau) \mathrm{d}t \tag{3.11}$$

多くの場合，確率過程を定常エルゴード過程と見なすことができるので，本書では定常エルゴード過程を仮定して議論を行う．

さて，二つの定常エルゴード過程 $x(t)$ と $y(t)$ の間の相関関数を**相互相関関数** (cross-correlation function) と呼び，つぎのように定義する．

- **相互相関関数**

$$\phi_{xy}(\tau) = \mathrm{E}[x(t)y(t+\tau)] = \lim_{T\to\infty} \frac{1}{T} \int_{-\frac{T}{2}}^{\frac{T}{2}} x(t)y(t+\tau) \mathrm{d}t \tag{3.12}$$

相関関数の性質をつぎの Point 3.2 でまとめておこう．

❖ **Point 3.2** ❖　　**相関関数の性質**

□ 自己相関関数

(1) $\phi_x(0) = \mathrm{E}[x^2(t)] = \sigma_x^2$ （$\mu_x = 0$ のとき）　　【分散】

(2) $\phi_x(\tau) = \phi_x(-\tau)$　　【偶関数】

(3) $x(t) = x(t+T)$ のとき，$\phi_x(\tau) = \phi_x(\tau+T)$　　【周期性の検出】

(4) $\displaystyle\lim_{T\to\infty} \frac{1}{T} \int_{-\frac{T}{2}}^{\frac{T}{2}} \phi_x(\tau) \mathrm{d}\tau = 0 \Longrightarrow \mu_x = 0$　　【平均値 0 のための条件】

□ 相互相関関数

(5) $\phi_{xy}(\tau) = \phi_{yx}(-\tau)$

(6) $|\phi_{xy}(\tau)| \leq \sqrt{\phi_x(0)\phi_y(0)}$

(7) $2|\phi_{xy}(\tau)| \leq \phi_x(0) + \phi_y(0)$

相関関数と関連深い量に分散・共分散関数がある．それらをつぎにまとめておこう．

- **分散関数** (variance function)

$$C_x(\tau) = \mathrm{E}\left[\{x(t)-\mu_x\}\{x(t+\tau)-\mu_x\}\right] = \phi_x(\tau) - \mu_x^2 \tag{3.13}$$

- **共分散関数** (covariance function)

$$C_{xy}(\tau) = \mathrm{E}\left[\{x(t)-\mu_x\}\{y(t+\tau)-\mu_y\}\right] = \phi_{xy}(\tau) - \mu_x\mu_y \tag{3.14}$$

確率過程の平均値が 0 の場合には，分散関数は自己相関関数に，共分散関数は相互相関関数にそれぞれ一致するので，両者を厳密に区別していない文献などがあることに注意する．

また，次式のように正規化された共分散関数のことを**相関係数**という．

- 相関係数（correlation coefficient）

$$\rho_{xy}(\tau) = \frac{C_{xy}(\tau)}{\sqrt{C_x(0)C_y(0)}} \tag{3.15}$$

ここで，$|\rho_{xy}(\tau)| \leq 1$ であることに注意する．また，$x(t)$ と $y(t)$ の平均値がともに 0 であれば，相関係数は次式で記述できる．

$$\rho_{xy}(\tau) = \frac{\phi_{xy}(\tau)}{\sqrt{\phi_x(0)\phi_y(0)}} \tag{3.16}$$

以上の準備のもとで，すべての τ に対して，

$$\rho_{xy}(\tau) = 0 \tag{3.17}$$

すなわち，$\phi_{xy}(\tau) = 0$ のとき，$x(t)$ と $y(t)$ は**無相関**（uncorrelated）であるという．また，確率過程 $x(t)$ の自己相関関数が，

$$\phi_x(\tau) = \begin{cases} \sigma_x^2, & \tau = 0 \\ 0, & \tau \neq 0 \end{cases} \tag{3.18}$$

を満たすとき，$x(t)$ は無相関であると呼ばれる．

無相関より強い概念に**独立**（independent）がある[4]．無相関と独立はともに関連がないという意味であるが，無相関は式 (3.17) の定義より明らかなように，平均的な性質である．一方，独立は基礎となる確率分布そのものに関する性質であるため，無相関より強い概念である．

つぎの例題を通して自己相関関数の計算法を見ていこう．

例題 3.1

正弦波 $x(t) = \sin \omega_0 t$ の自己相関関数を求めよ．

---

[4]. これは，独立であれば無相関になるが，無相関であっても必ずしも独立にはならないという意味である．

> **コラム3 ── アンドレイ・コルモゴロフ** (Andrey N. Kolmogorov, 1903〜1987)
>
> コルモゴロフはロシアが生んだ20世紀を代表する数学者である．彼は確率論，位相幾何学，直観論理学，乱流，計算複雑性，アルゴリズム情報理論など，さまざまな分野の研究を行った．1931年に28歳の若さでモスクワ大学教授に就任し，36歳のときにはソ連科学アカデミーの会員となった．公理を起点として確率論を確立したコルモゴロフの業績のおかげで，われわれはツールとして確率論を安心して用いることができる．なお，制御理論，システム同定理論の研究者を目指す学生にとって，コルモゴロフとフォミーンによる『函数解析の基礎（上・下）』（岩波書店）は必読の書である．
>
> A. N. Kolmogorov

解答 時間平均を用いて自己相関関数を計算する．

$$\begin{aligned}
\phi_x(\tau) &= \lim_{T\to\infty} \frac{1}{T} \int_{-\frac{T}{2}}^{\frac{T}{2}} \sin\omega_0 t \cdot \sin\omega_0(t+\tau) dt \\
&= \lim_{T\to\infty} \frac{1}{T} \int_{-\frac{T}{2}}^{\frac{T}{2}} \left(-\frac{1}{2}\right)[\cos\omega_0(2t+\tau) - \cos\omega_0(-\tau)] dt \\
&= \frac{1}{2}\cos\omega_0\tau
\end{aligned}$$

ここで，三角関数の公式

$$\sin\alpha \cdot \sin\beta = -\frac{1}{2}[\cos(\alpha+\beta) - \cos(\alpha-\beta)]$$

と，$T = 2\pi/\omega_0$ を利用した． ∎

3.2 離散時間不規則信号の平均値と相関関数

前節では，連続時間信号である確率過程に対する平均値と自己相関関数を導出した．しかしながら，実測データから平均値や相関関数などを計算する場合，通常，観測されたデータはディジタル信号なので離散時間形式をとり，しかも有限個である．離散時間確率過程は，離散時間不規則信号や時系列データと呼ばれることもある．つぎのPoint 3.3で離散時間信号の平均値や相関関数などをまとめておこう．

✣ Point 3.3 ✣　離散時間不規則信号の平均値と相関関数

定常エルゴード過程である離散時間不規則信号 $\{x(k); k = 1, 2, \ldots, N\}$ と $\{y(k); k = 1, 2, \ldots, N\}$ に対して以下の量を定義する．

- 平均値

$$\mu_x = \mathrm{E}[x(k)] = \frac{1}{N}\sum_{k=1}^{N} x(k) \tag{3.19}$$

- 自己相関関数

$$\phi_x(\tau) = \mathrm{E}[x(k)x(k+\tau)]$$
$$= \begin{cases} \dfrac{1}{N}\sum_{k=1}^{N} x(k)x(k+\tau), & \tau \geq 0 \\ \phi_x(-\tau), & \tau < 0 \end{cases} \tag{3.20}$$

- 相互相関関数

$$\phi_{xy}(\tau) = \mathrm{E}[x(k)y(k+\tau)]$$
$$= \begin{cases} \dfrac{1}{N}\sum_{k=1}^{N} x(k)y(k+\tau), & \tau \geq 0 \\ \phi_{xy}(-\tau), & \tau < 0 \end{cases} \tag{3.21}$$

- 分散関数

$$C_x(\tau) = \mathrm{E}[\{x(k)-\mu_x\}\{x(k+\tau)-\mu_x\}] \tag{3.22}$$

- 共分散関数

$$C_{xy}(\tau) = \mathrm{E}[\{x(k)-\mu_x\}\{y(k+\tau)-\mu_y\}] = \phi_{xy}(\tau) - \mu_x\mu_y \tag{3.23}$$

自己相関関数や相互相関関数を計算する際，ラグ τ が増加するに従って，総和をとるデータ数が減少していくので，相関関数の精度は劣化（すなわち，推定誤差の分散が増加）してしまうことに注意する．

3.2.1 白色雑音

図3.1に示した白色雑音の定義を以下に与えよう.

> ✤ Point 3.4 ✤ 白色雑音
>
> 不規則過程 $x(k)$ の自己相関関数が,
>
> $$\phi_x(\tau) = \begin{cases} \sigma_x^2, & \tau = 0 \\ 0, & \tau \neq 0 \end{cases} \tag{3.24}$$
>
> を満たすとき, $x(k)$ は**白色雑音**(white noise)であるといわれる.

定義より明らかなように,白色雑音とはラグが0のとき以外は自己相関関数が0となる,すなわち,無相関な不規則過程のことをいう.また,式(3.24)の性質をもつ信号を白色性信号と呼ぶことがある.

3.2.2 正規分布

正規分布の定義は以下のとおりである.

> ✤ Point 3.5 ✤ 正規分布
>
> 確率密度関数が,
>
> $$p(x) = \frac{1}{\sqrt{2\pi\sigma^2}} \exp\left\{-\frac{(x-\mu)^2}{2\sigma^2}\right\}, \quad -\infty < x < \infty \tag{3.25}$$
>
> で与えられる確率変数を**正規分布**(normal distribution)という.ここで,μは平均値であり,σ^2は分散である.このような正規分布を $N(\mu, \sigma^2)$ と表記する.正規分布は**ガウス分布**あるいは**ガウシアン**(Gaussian)とも呼ばれる[5].また,$N(0, 1)$ を**標準正規分布**(standard normal distribution)という.

式(3.25)を用いて正規分布に従う確率変数の期待値と分散を計算すると,

---

[5] 統計学では正規分布と呼び,物理学ではガウシアンと呼ぶようである.

$$
\begin{align}
\mathrm{E}[x] &= \int_{-\infty}^{\infty} x p(x) \mathrm{d}x \\
&= \int_{-\infty}^{\infty} x \frac{1}{\sqrt{2\pi\sigma^2}} \exp\left\{-\frac{(x-\mu)^2}{2\sigma^2}\right\} \mathrm{d}x = \mu \tag{3.26}
\end{align}
$$

$$
\begin{align}
\mathrm{E}\left[(x-\mu)^2\right] &= \int_{-\infty}^{\infty} (x-\mu)^2 p(x) \mathrm{d}x \\
&= \int_{-\infty}^{\infty} (x-\mu)^2 \frac{1}{\sqrt{2\pi\sigma^2}} \exp\left\{-\frac{(x-\mu)^2}{2\sigma^2}\right\} \mathrm{d}x = \sigma^2 \tag{3.27}
\end{align}
$$

となることが確かめられる.

また,式 (3.25) 中の定数項 $1/\sqrt{2\pi\sigma^2}$ は,

$$
\int_{-\infty}^{\infty} \exp\left\{-\frac{(x-\mu)^2}{2\sigma^2}\right\} \mathrm{d}x = \sqrt{2\pi\sigma^2}
$$

より,

$$
\int_{-\infty}^{\infty} p(x) \mathrm{d}x = 1
$$

とするための正規化定数である.

正規分布の形を図 3.2 に示した. 図において, $[\mu - 3\sigma, \mu + 3\sigma]$ を **3 シグマ範囲** という. 3 シグマ範囲には全体の 99.7%(すなわち 1,000 回のうち例外は 3 回だけ)入るため,「事実上すべての」という意味で 3 シグマ範囲という言葉を用いる.

正規分布の代表的な性質を列挙しておこう.

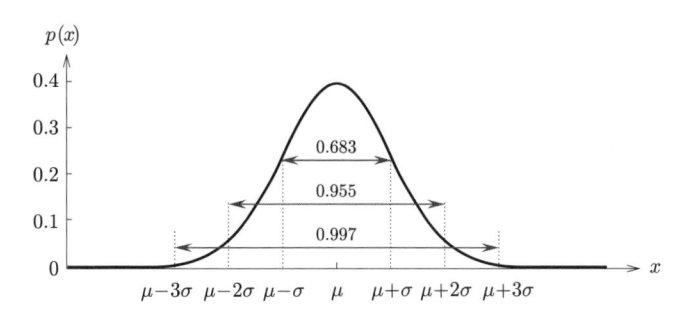

図 3.2 正規分布の確率密度関数

❖ Point 3.6 ❖　正規分布の性質

(1) 1次モーメント（平均値）と2次モーメント（分散）を与えることにより，それが従う確率法則を完全に確定できる．言い換えると，正規分布の確率変数の高次モーメントは，1次モーメントと2次モーメントから一意的に決定できる．これより，正規分布の場合，独立と無相関は等価になる．
(2) 確率変数 X が正規分布 $N(\mu, \sigma^2)$ に従うとき，その線形変換 $Y = aX + b$ は $N(a\mu + b, a^2\sigma^2)$ に従う．特に，$Z = (X - \mu)/\sigma$ は標準正規分布 $N(0, 1)$ に従う．これより，どのような正規分布の確率変数も標準正規分布に変換することができる．
(3) 後述する中心極限定理に基づいて，多くの確率変数を正規分布で近似できる．

性質 (1) で登場した高次モーメントである3次，4次モーメントを以下にまとめておこう．

- 3次モーメント——歪度（skewness）

$$\alpha_3 = \mathrm{E}\left[(x - \mu)^3/\sigma^3\right]$$

ここで，正規分布は対称なので $\alpha_3 = 0$ であり，$\alpha_3 > 0$ のときは分布の右のすそが長く，$\alpha_3 < 0$ のときは分布の左のすそが長い．

- 4次モーメント——尖度（kurtosis）

$$\alpha_4 = \mathrm{E}\left[(x - \mu)^4/\sigma^4\right]$$

α_4 は分布の中心の部分の尖り具合を定量化したものである．正規分布の場合，$\alpha_4 = 3$ なので，それと比較して $\alpha_4 - 3$ を尖度という．$\alpha_4 - 3 > 0$ のときは正規分布より尖っており，$\alpha_4 - 3 < 0$ のときは正規分布より丸まっている．

中心極限定理をつぎにまとめておこう．

❖ Point 3.7 ❖ 　中心極限定理 (central limit theorem)

正数 M が十分大きいとき，独立で同一の分布に従う確率変数 $x_1, x_2, \ldots, x_M$ の期待値が μ，標準偏差が σ であれば，これらの確率変数の総和として与えられる確率変数

$$y_M \equiv x_1 + x_2 + \cdots + x_M = \sum_{i=1}^{M} x_i$$

は，期待値が μM，標準偏差が $\sigma\sqrt{M}$ の正規確率変数で近似できる．

ここで，**独立で同一の分布に従っている**は英語では independent and identically distributed なので，*i.i.d.* と略記されることが多い．独立であれば自動的に無相関であるので，*i.i.d.* の代表例としては白色雑音をイメージすればよい．なお，*i.i.d.* は正規分布に限られていないことに注意する．

中心極限定理は，「多くの互いに独立な確率変数の和として与えられる確率変数は，これらの独立な確率変数が多くなればなるほど，性質のよくわかった正規確率変数に近づいていく」ことを意味している．中心極限定理と密接な関係にある大数の法則についてもつぎにまとめておこう．

❖ Point 3.8 ❖ 　大数の法則 (law of large numbers)

同一の期待値 μ と分散 σ^2 をもつ N 個の確率変数 $x_1, x_2, \ldots, x_N$ と正の実数 λ に対して，次式が成り立つ．

$$P\left\{\left|\frac{x_1 + x_2 + \cdots + x_N}{N} - \mu\right| \geq \lambda\right\} \leq \frac{\sigma^2}{\lambda^2 N} \tag{3.28}$$

大数の法則は，「期待値が未知の確率変数に対して，数多くの独立な試行を繰り返して実現値を得れば得るほど，その実現値の算術平均は確率変数の期待値に近づいていく」ことを意味している．

最後に，確率過程 $\{x(k)\}$ の大きさの度数分布が正規分布に従うとき，**正規過程** (normal process) であるという．

3.3 連続時間不規則信号のフーリエ解析

3.3.1 パワースペクトル密度関数

確定的な信号を解析する場合，それが周期信号であればフーリエ級数を，非周期信号であればフーリエ変換を適用することによりフーリエ解析を行うことができる．しかしながら，不規則信号の場合には，確定的信号と同じようにフーリエ解析を適用することはできない．まず，連続時間不規則信号に対するフーリエ解析を導入しよう．

図3.3に連続時間不規則信号の一例 $x(t)$ を示した．ここで，$x(t)$ は無限に継続する連続時間信号だとすると，この信号のエネルギーは無限大になるため，一般にフーリエ変換を適用できない．

そこで，図3.3に示したように $t = 0$ を中心とする有限区間 T をとり，つぎのような打ち切られた信号

$$x_T(t) = \begin{cases} x(t), & |t| \leq T/2 \\ 0, & |t| > T/2 \end{cases} \tag{3.29}$$

を導入すると，

$$\int_{-\infty}^{\infty} |x_T(t)| \mathrm{d}t = \int_{-\frac{T}{2}}^{\frac{T}{2}} |x(t)| \mathrm{d}t < \infty \tag{3.30}$$

が成立する．すると，$x_T(t)$ の**フーリエ変換**（Fourier transform）$X_T(\omega)$ は存在し，

$$X_T(\omega) = \int_{-\infty}^{\infty} x_T(t) e^{-j\omega t} \mathrm{d}t = \int_{-\frac{T}{2}}^{\frac{T}{2}} x(t) e^{-j\omega t} \mathrm{d}t \tag{3.31}$$

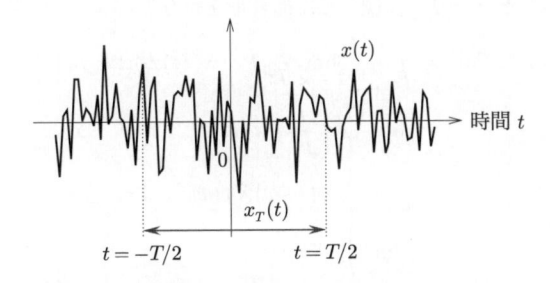

図3.3　不規則信号の一例

で与えられる．

いま，**パーセバルの定理**（Parseval's theorem）より，

$$\int_{-\infty}^{\infty} x_T^2(t) dt = \frac{1}{2\pi} \int_{-\infty}^{\infty} |X_T(\omega)|^2 d\omega \tag{3.32}$$

あるいは，

$$\int_{-\frac{T}{2}}^{\frac{T}{2}} x^2(t) dt = \frac{1}{2\pi} \int_{-\infty}^{\infty} |X_T(\omega)|^2 d\omega \tag{3.33}$$

が得られる．式 (3.33) の両辺を T で割って，$T \to \infty$ とすると

$$\lim_{T \to \infty} \frac{1}{T} \int_{-\frac{T}{2}}^{\frac{T}{2}} x^2(t) dt = \frac{1}{2\pi} \lim_{T \to \infty} \int_{-\infty}^{\infty} \frac{|X_T(\omega)|^2}{T} d\omega \tag{3.34}$$

が得られる．式 (3.34) において，左辺は単位時間あたりの**エネルギー**（energy），すなわち**パワー**（power）であり，これを $\bar{x}^2$ とおく．

さらに，式 (3.34) において，積分と極限の順序を逆にすると，

$$\bar{x}^2 = \frac{1}{2\pi} \int_{-\infty}^{\infty} \lim_{T \to \infty} \frac{|X_T(\omega)|^2}{T} d\omega \tag{3.35}$$

が得られる．これより，

$$S_x(\omega) = \lim_{T \to \infty} \frac{|X_T(\omega)|^2}{T} \tag{3.36}$$

は，不規則信号の $x(t)$ のそれぞれの周波数 ω におけるパワーの分布状態，すなわち**パワースペクトル密度関数**（power spectral density function，psd と略記されることもある）を表している．

さて，$x(t)$ の自己相関関数を

$$\phi_x(\tau) = \lim_{T \to \infty} \frac{1}{T} \int_{-\frac{T}{2}}^{\frac{T}{2}} x_T(t) x_T(t+\tau) dt \tag{3.37}$$

とする．式 (3.37) をフーリエ変換して，式変形を行うと

$$\begin{aligned}
\int_{-\infty}^{\infty} \phi_x(\tau) e^{-j\omega\tau} d\tau &= \int_{-\infty}^{\infty} \left\{ \lim_{T \to \infty} \frac{1}{T} \int_{-\infty}^{\infty} x_T(t) x_T(t+\tau) dt \right\} e^{-j\omega\tau} d\tau \\
&= \lim_{T \to \infty} \frac{1}{T} \left\{ \int_{-\infty}^{\infty} x_T(t) e^{j\omega t} dt \cdot \int_{-\infty}^{\infty} x_T(t+\tau) e^{-j\omega(t+\tau)} d\tau \right\} \\
&= \lim_{T \to \infty} \frac{1}{T} X_T(-\omega) X_T(\omega) = \lim_{T \to \infty} \frac{1}{T} X_T^*(\omega) X_T(\omega) \\
&= \lim_{T \to \infty} \frac{1}{T} |X_T(\omega)|^2 \\
&= S_x(\omega) \tag{3.38}
\end{aligned}$$

が得られる．ただし，$*$は複素共役である．

これよりつぎの定理が得られる．

> ❖ Point 3.9 ❖ ウィーナー＝ヒンチンの定理（Wiener-Khintchin's theorem）
>
> 連続時間不規則信号$x(t)$の自己相関関数$\phi_x(\tau)$とパワースペクトル密度関数$S_x(\omega)$とは，フーリエ変換対である．すなわち，
>
> $$S_x(\omega) = \int_{-\infty}^{\infty} \phi_x(\tau) e^{-j\omega\tau} d\tau \tag{3.39}$$
>
> $$\phi_x(\tau) = \frac{1}{2\pi} \int_{-\infty}^{\infty} S_x(\omega) e^{j\omega\tau} d\omega \tag{3.40}$$

不規則信号の場合，このウィーナー＝ヒンチンの定理に基づいてフーリエ解析を行うことができる．また，この定理より，信号のパワースペクトル密度関数と自己相関関数とは，数学的には同一の情報を有していることがわかる．すなわち，どちらか一方が既知であれば，もう一方はフーリエ変換を用いて計算可能である．

代表的な信号の相関関数とパワースペクトル密度関数を表3.1にまとめた．表より，白色雑音はパワースペクトル密度が平坦なものであることがわかる．すなわち，すべての周波数成分を含んでいる不規則信号を白色雑音という[6]．しかしながら，無限に高い周波数まですべての周波数成分を含んでいる信号を実現することは，物理的に不可能である．そこで，通常，対象としている周波数帯域より，ある程度高い周波数まで平坦なパワースペクトル密度関数をもつものを白色雑音と呼ぶ．一方，パワースペクトル密度関数が平坦でない形状をしているものは，**有色性雑音**（colored noise）と呼ばれる．

3.3.2 相互スペクトル密度関数

以上の議論と同様に，二つの連続時間信号$x(t)$と$y(t)$の相互相関関数$\phi_{xy}(\tau)$をフーリエ変換することによって，**相互スペクトル密度関数**（cross-spectral density function）を得ることができる．すなわち，

---

[6] この名前は，白色光（太陽の光）が可視域のすべての波長の電磁波をほぼ同じ割合で含んでいることに由来する．

表3.1 代表的な信号の波形と相関関数とパワースペクトル密度関数

信号	波形	自己相関関数	パワースペクトル密度関数
一定値 (直流成分)	$x(t) = a$	$r_x(\tau) = a^2$	$S_x(\omega) = a^2\delta(\omega)$
正弦波	$x(t) = a\sin\omega_0 t$	$r_x(\tau) = \dfrac{a^2}{2}\cos\omega_0\tau$	$S_x(\omega) = \dfrac{a^2}{4}[\delta(\omega-\omega_0) + \delta(\omega+\omega_0)]$
白色雑音		$r_x(\tau) = a\delta(\tau)$	$S_x(\omega) = a$

$$S_{xy}(\omega) = \int_{-\infty}^{\infty} \phi_{xy}(\tau)e^{-j\omega\tau}d\tau \tag{3.41}$$

$$\phi_{xy}(\tau) = \frac{1}{2\pi}\int_{-\infty}^{\infty} S_{xy}(\omega)e^{j\omega\tau}d\omega \tag{3.42}$$

である．ここで，相互スペクトル密度関数は，一般には複素数値をとることに注意する．

スペクトル密度関数 $S_x(\omega)$ の性質を簡単にまとめておこう．

> ❖ **Point 3.10** ❖ スペクトル密度関数の性質
>
> (1) 信号 $x(t)$ のパワースペクトル密度関数 $S_x(\omega)$ は，実関数で，偶関数である．
> $$S_x(\omega) = S_x(-\omega) \tag{3.43}$$
> (2) 信号 $x(t)$ と $y(t)$ の間の相互スペクトル密度関数 $S_{xy}(\omega)$ は，次式を満たす．
> $$S_{xy}(\omega) = S_{yx}(-\omega) \tag{3.44}$$
> (3) $S_x(\omega)$, $S_y(\omega)$, $S_{xy}(\omega)$ の大きさは，つぎの不等式を満たす．
> $$|S_{xy}(\omega)|^2 \leq |S_x(\omega)||S_y(\omega)| \tag{3.45}$$

また，相互スペクトル密度関数を正規化した量として，**コヒーレンス関数**（coherence function）$\gamma_{xy}^2(\omega)$ を次式のように定義する．

$$\gamma_{xy}^2(\omega) = \frac{|S_{xy}(\omega)|^2}{S_x(\omega)S_y(\omega)} \tag{3.46}$$

コヒーレンス関数は関連度関数とも呼ばれる．ここで，$S_{xy}(\omega)$ は二つの信号 $x(t)$ と $y(t)$ の相互相関関数のフーリエ変換なので，コヒーレンス関数は各周波数における相互相関関数と見なすことができる．

式 (3.46) より，

$$0 \leq \gamma_{xy}^2(\omega) \leq 1 \tag{3.47}$$

であり，つぎのような場合，コヒーレンス関数は1より小さい値をとる．

(1) x と y が線形関係にないとき
(2) y が x 以外の信号の影響を受けているとき
(3) y に雑音が混入しているとき

(1) より，$x(t)$ と $y(t)$ が完全に線形関係にあるとき，コヒーレンス関数は最大値1をとり，逆に完全に無相関のとき最小値0をとることがわかる．したがって，線形性の検出にコヒーレンス関数を利用することもできる．

3.4 離散時間不規則信号のスペクトル解析

スペクトル解析（spectral analysis）とは，有限個のデータに基づいて，離散時間不規則信号の周波数成分を記述するもの，すなわちスペクトルを見つけることである．ここで，現実には無限個のデータではなく，有限個のデータからスペクトルを見つけなければならないので，**スペクトル推定**（spectral estimation）とも呼ばれる．

離散時間不規則信号 $x(k)$ のパワースペクトル密度 $S_x(e^{j\omega})$ は，連続時間の場合と同様に，$x(k)$ の自己相関関数 $\phi_x(\tau)$ の離散時間フーリエ変換で定義される．すなわち，

$$S_x(e^{j\omega}) = \sum_{\tau=-\infty}^{\infty} \phi_x(\tau) e^{-j\omega\tau} \tag{3.48}$$

である．同様にして，二つの離散時間不規則信号 $x(k)$ と $y(k)$ の間の**相互スペクトル密度**（cross spectral density，csd と略記することもある）は，両者の間の相互相関関数 $\phi_{xy}(\tau)$ を用いて，次式のように定義される．

$$S_{xy}(e^{j\omega}) = \sum_{\tau=-\infty}^{\infty} \phi_{xy}(\tau) e^{-j\omega\tau} \tag{3.49}$$

離散時間不規則信号が与えられたとき，それに基づいてスペクトル密度関数を推定する方法は直接法と間接法に大別できる．それを図3.4に示した．$x(k)$ より自己相関関数を計算し，それに式 (3.48) のフーリエ変換を適用することによってパワースペクトル密度関数を求める手順は間接法と呼ばれる．これはウィーナー＝ヒンチンの定理に基づく方法である．それに対して，ここでは詳細に述べないが，$x(k)$ よりペリオドグラムという量を計算し，それに基づいてパワースペクトル密度関数を求める方法があり，これは直接法と呼ばれている．

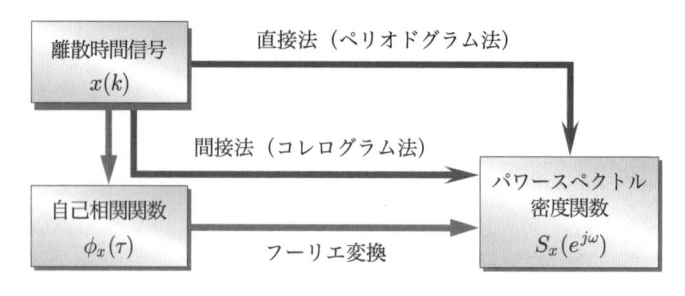

図3.4　信号系列からスペクトル密度関数を求める方法

コラム4 —— ノーバート・ウィーナー (Norbert Wiener, 1894～1964)

ウィーナーは神童として知られ，18歳のときにハーバード大学から数理論理学に関する論文により PhD を授与された．その後，英国のケンブリッジ大学に留学し，バートランド・ラッセルのもとで学ぶ．制御の分野では，$\mathcal{H}_\infty$ ノルムのハーディ空間で知られる数学者ハーディの数学の講義に感銘を受けたといわれている．1919年，24歳のときにマサチューセッツ工科大学（MIT）数学科の講師の職を得る．1931年に「一般化調和解析」（generalized harmonic analysis）という理論を提案した．特に，ウィーナー＝ヒンチンの定理は有名である．第二次世界大戦中は，ベル研究所が行った，航空機の位置を予測するプロジェクトのメンバーになった．彼が得た結論は，「完全な予測を行うことは不可能であり，できうる最善のことは最小二乗の意味での近似のような統計的な予測だけだ」というものであった．その延長線上に「ウィーナーフィルタ」と呼ばれる雑音を除去するフィルタがある（さらに，その延長線上にカルマンフィルタがある）．1948年，彼は「サイバネティックス（動物と機械における通信と制御に関する理論）」（Cybernetics: Control and communication in the animal and the machine）を著した．

N. Wiener

掲載写真：Konrad Jacobs (http://owpdb.mfo.de/detail?photo_id=4520)
Creative Commons に基づき掲載した．

演習問題

3-1 式 (3.26), (3.27) を導出せよ．

3-2 離散時間正弦波信号 (sinusoidal signal)

$$u(k) = A\cos\omega_0 k, \quad k = 1, 2, \ldots, N \tag{3.50}$$

について以下の問いに答えよ．ただし，

$$\omega_0 = \frac{2\pi}{N_0}$$

である．ここで，N_0 は1より大きな整数であり，$N = \ell N_0$ とする（ℓ は整数）．

(1) $u(k)$ の DFT（離散フーリエ変換）を次式のように定義するとき，$U_N(e^{j\omega})$ を計算せよ．

$$U_N(e^{j\omega}) = \frac{1}{\sqrt{N}} \sum_{k=1}^{N} u(k) e^{-j\omega k}, \quad \omega = \frac{2\pi m}{N}, \quad m = 1, 2, \ldots, N \tag{3.51}$$

(2) $|U_N(e^{j\omega})|^2$ は信号 $u(k)$ のペリオドグラムと呼ばれるが，これを計算せよ．

(3) この信号 $u(k)$ に対して，パーセバルの関係式

$$\sum_{m=1}^{N} \left| U_N\left(e^{j\frac{2\pi m}{N}}\right) \right|^2 = \sum_{k=1}^{N} u^2(k) \quad (= N\sigma_u^2) \tag{3.52}$$

が成り立っていることを確認せよ．ただし，σ_u^2 は $u(k)$ の分散である．

(4) $u(k)$ の自己相関関数 $\phi_u(\tau)$ を計算せよ．

(5) $u(k)$ パワースペクトル密度関数 $S_u(e^{j\omega})$ を計算せよ．

【類題】$u(k) = A\sin\omega_0 k$ のとき，上記 (1)～(5) について答えよ．

3-3 理想的な白色雑音を実現することが物理的に不可能である理由を簡単に説明せよ．

3-4 日常生活の中で正規分布の例をあげ，それについて簡単に説明せよ．

3-5 フーリエ変換とラプラス変換の関係について，数式や図面を用いてわかりやすく説明せよ．

3-6 z 変換とラプラス変換の関係について，数式や図面を用いてわかりやすく説明せよ．

3-7 式 (3.38) の導出を確認せよ．

3-8 白色雑音はその定義から全周波数帯域にパワーをもつ．しかしながら，白色雑音は高周波雑音と呼ばれることがある．その理由を説明せよ．

第4章 線形システムの基礎

本章では,システム同定理論を理解する上でもう一つの重要な基礎である線形システムについて簡単にまとめる.連続時間システムについては制御工学の基本として学ぶので,本章では特に離散時間システムの理解を深めていただきたい.また,本章はラプラス変換,フーリエ変換,z変換などについて復習するよい機会にもなるだろう.

4.1 システムの分類

表4.1は,同定対象である**システム**(system)をいろいろな観点から分類したものである.本章ではこれらについて簡単に説明することにより,システムに関する重要な用語の復習をしておこう[1].

まず,(a)の線形システムとは,時間領域においては**重ね合わせの理**を,また周

表4.1 システムの分類

(a)	**線形システム**	非線形システム
(b)	静的システム	**動的システム**
(c)	**時不変システム**	時変システム
(d)	確定システム	**確率システム**
(e)	**1入出力システム**	多入出力システム
(f)	**集中定数システム**	分布定数システム
(g)	連続時間システム	**離散時間システム**

(本書で取り扱う頻度の高いほうを太文字で示した)

---

[1] 詳細については足立修一著:信号とダイナミカルシステム(コロナ社,1999),足立修一著:MATLABによるディジタル信号とシステム(東京電機大学出版局,2002)などを参照のこと.

波数領域においては周波数応答の原理を満たすシステムのことである．線形でないシステムを非線形システムという．ここで，線形と非線形は相反する概念ではなく，線形システムは非線形システムの特殊な場合であると考えるのが自然である．

つぎに，(b) の**静的システム** (static system) とは，ある時刻の出力がその時刻の入力のみに依存するシステムのことであり，**無記憶システム** (memoryless system) と呼ばれることもある．たとえば，抵抗 R に電流 $i(t)$ を入力したときに発生する電圧を出力 $v(t)$ とすると，オームの法則より

$$v(t) = Ri(t) \tag{4.1}$$

が得られ，これは静的システムである．式 (4.1) のように，静的システムは代数方程式で記述される．

一方，ある時刻の出力が，その時刻以前の入力によって決定されるものを**動的システム** (dynamical system)，あるいは**記憶システム** (memory system) という．たとえば，抵抗 R とキャパシタンス C よりなる直列回路に電流 $i(t)$ を入力したとき，回路の両端に発生する電圧 $v(t)$ は，

$$v(t) = Ri(t) + \frac{1}{C}\int i(t)dt \tag{4.2}$$

で与えられる．この方程式には積分操作が含まれるため，電圧は過去の電流に依存する．したがって，これは動的システムである．このように，動的システムは連続時間では微分方程式あるいは積分方程式によって記述され，離散時間では差分方程式あるいは和分方程式によって記述される．以上より，静的システムは動的システムの特殊な場合と考えられる．

(c) の**時不変システム** (time-invariant system) とは，その特性が時刻に依存しないシステムのことである．システムの特性が時刻に依存する場合は**時変システム** (time-varying system) と呼ばれる．たとえば，$y(t) = 5u(t)$ で記述されるシステムは時不変であるが，$y(t) = tu(t)$ で記述されるシステムは時変である．

(d) の確定システムと確率システムは，システムの入出力信号が確定的であるか，確率的であるかにより分類される．システム内の信号として，不規則雑音のような確率変数で記述されるものを含むシステムを**確率システム** (stochastic system) という．また，システムパラメータが不規則に変動するシステムも確率システムである．

それに対して，入力信号と初期状態が与えられれば出力信号が一意的に決定できるシステムを，**確定システム**（deterministic system）という．

つぎに，(e)はシステムの入出力信号が単一であるか複数であるかにより分類したものであり，前者を**1入出力システム**（SISO：Single-Input Single-Output system），後者を**多入出力システム**（MIMO：Multi-Input Multi-Output system）という．

(f)の**集中定数システム**（lumped-parameter system）とは，システムが常微分方程式で記述されるものをいい，それに対して，システムが偏微分方程式で記述されるとき，**分布定数システム**（distributed-parameter system）といわれる．たとえば，熱伝導システムや柔軟な梁などは，分布定数システムである．当然，分布定数システムは取り扱いが難しいので，何らかの集中化を行うことによって集中定数システムに近似して取り扱うことが多い．

最後に，(g)の**連続時間システム**（continuous-time system）とは，内部の入出力信号が連続時間信号であるシステムのことであり，現実に存在するシステムの多くは連続時間システムである．それに対して，システムの入出力信号が時間的に離散的な値をもつ離散時間信号である場合には，**離散時間システム**（discrete-time system）と呼ばれる．

以下では，システムが動的，確率，1入出力，集中定数であることを暗黙のうちに仮定する．線形・時不変システムを，英語の頭文字をとって**LTI**（Linear Time-Invariant）システムと呼ぶ．本書では，連続時間LTIシステムを同定対象とし，多くの場合，離散時間LTIシステムを同定モデルとして利用する．

4.2　LTIシステムの表現

線形システム理論において，確定的なLTIシステムは詳細に研究されている．本節ではその中でシステム同定理論を学ぶにあたって重要となる項目のみについて復習しよう．

4.2.1　連続時間LTIシステム

まず，連続時間LTIシステムの場合を考える．システムへの入力信号を$u(t)$，出力信号を$y(t)$とすると，

が成り立つ．ただし，$g(t)$ はシステムの**インパルス応答**である．式 (4.3) は**たたみこみ積分**と呼ばれ，$*$ の記号で略記する．式 (4.3) で重要な点をつぎにまとめる．

$$y(t) = \int_0^t g(\tau)u(t-\tau)\mathrm{d}\tau = g(t) * u(t) \tag{4.3}$$

❖ **Point 4.1** ❖　線形システムの記述

任意の線形システムの入出力関係は，システムのインパルス応答によって一意的に規定される．

また，インパルス応答を初期値を 0 として積分したものが**ステップ応答**であり，インパルス応答とステップ応答は微分・積分の関係で結ばれる．

つぎに，式 (4.3) の「時間領域における入出力関係」を**ラプラス変換**することにより，「s 領域 (ラプラス領域とも呼ばれる) における入出力関係」は次式のようになる．

$$y(s) = G(s)u(s) \tag{4.4}$$

ただし，$u(s)$，$y(s)$ はそれぞれ $u(t)$，$y(t)$ のラプラス変換であり，

$$u(s) = \int_0^\infty u(t)e^{-st}\mathrm{d}t, \quad y(s) = \int_0^\infty y(t)e^{-st}\mathrm{d}t \tag{4.5}$$

で与えられる．また，$G(s)$ はインパルス応答 $g(t)$ のラプラス変換

$$G(s) = \int_0^\infty g(t)e^{-st}\mathrm{d}t \tag{4.6}$$

であり，**伝達関数**と呼ばれる．

一般に，LTI システムは線形定係数常微分方程式

$$\begin{aligned}\frac{\mathrm{d}^n y(t)}{\mathrm{d}t^n} &+ a_{n-1}\frac{\mathrm{d}^{n-1} y(t)}{\mathrm{d}t^{n-1}} + \cdots + a_1\frac{\mathrm{d}y(t)}{\mathrm{d}t} + a_0 y(t) \\ &= b_m \frac{\mathrm{d}^m u(t)}{\mathrm{d}t^m} + b_{m-1}\frac{\mathrm{d}^{m-1} u(t)}{\mathrm{d}t^{m-1}} + \cdots + b_1 \frac{\mathrm{d}u(t)}{\mathrm{d}t} + b_0 u(t)\end{aligned} \tag{4.7}$$

によって記述できる．式 (4.7) の両辺を初期値を 0 としてラプラス変換すると，

$$\begin{aligned}(s^n + a_{n-1}s^{n-1} &+ \cdots + a_1 s + a_0)y(s) \\ &= (b_m s^m + b_{m-1}s^{m-1} + \cdots + b_1 s + b_0)u(s)\end{aligned} \tag{4.8}$$

が得られる．これより，

$$G(s) = \frac{y(s)}{u(s)} = \frac{b_m s^m + b_{m-1} s^{m-1} + \cdots + b_1 s + b_0}{s^n + a_{n-1} s^{n-1} + \cdots + a_1 s + a_0} \tag{4.9}$$

が得られる．このように，伝達関数は入出力信号のラプラス変換の比でもある．

ここで，ヘビサイドの演算子（オペレータ）法では，

$$p = \frac{\mathrm{d}}{\mathrm{d}t} \tag{4.10}$$

のように微分オペレータ p を定義することによって[2]，式 (4.7) をつぎのように変形することを思い出そう．

$$(p^n + a_{n-1} p^{n-1} + \cdots + a_1 p + a_0) y(t)$$
$$= (b_m p^m + b_{m-1} p^{m-1} + \cdots + b_1 p + b_0) u(t) \tag{4.11}$$

いま，二つの p の多項式

$$A(p) = p^n + a_{n-1} p^{n-1} + \cdots + a_1 p + a_0 \tag{4.12}$$
$$B(p) = b_m p^m + b_{m-1} p^{m-1} + \cdots + b_1 p + b_0 \tag{4.13}$$

を定義すると，式 (4.11) はつぎのように書くことができる．

$$A(p) y(t) = B(p) u(t) \tag{4.14}$$

さて，式 (4.3) の両辺を**フーリエ変換**すると，

$$y(j\omega) = G(j\omega) u(j\omega) \tag{4.15}$$

となる．式 (4.15) は「周波数領域における入出力関係」であり，

$$G(j\omega) = \frac{y(j\omega)}{u(j\omega)} \tag{4.16}$$

を**周波数伝達関数**（frequency transfer function），あるいは**周波数応答**（frequency response）という．

以上では，システムの入出力関係に着目したいわゆる「外部記述表現」を与えたが，つぎに**状態**（state）という内部変数を導入した「内部記述表現」を与えよう．内部記述表現の代表例である**状態空間**（state space）表現は，

---

[2] 微分・積分の教科書では，p ではなく D を用いていることもある．

コラム5 ── ジョゼフ・フーリエ（Joseph Fourier, 1768〜1830）

フーリエは22歳の若さでエコール・ポリテクニク（フランス国立理工科大学）の教授になり，1798年にはナポレオンのエジプト遠征に従軍した．1807年に「任意の関数は三角関数によって級数展開できる」という「フーリエ級数」に関する論文を提出した．その論文の審査員は一流の数学者であるラグランジェやラプラスだったが，あまりにも斬新な考え方であったため，そして数学的に不完全な部分があったために，その論文は採録されなかった．1822年に「熱の理論解析」という本を出版することで，提案から15年後にようやくフーリエ級数は世に出た．フーリエ級数を数学的に完全なものにしたのは，フーリエの弟子であるディレクレであった．フーリエが提案したフーリエ解析は，今日では物理学，電気電子工学，情報工学などをはじめとするさまざまな分野で利用されている．フーリエ自伝によると，「エジプト遠征以来，全身を真綿でくるみ，さらに包帯でぐるぐる巻きにして，真夏でも閉めきった部屋の中で思索した」そうで，風変わりな人だったようだ．

J. Fourier

$$\frac{d}{dt}\boldsymbol{x}(t) = \boldsymbol{A}\boldsymbol{x}(t) + \boldsymbol{b}u(t) \tag{4.17}$$

$$y(t) = \boldsymbol{c}^T \boldsymbol{x}(t) + du(t) \tag{4.18}$$

によって与えられる．ただし，n次元ベクトル$\boldsymbol{x}(t)$は状態と呼ばれる．また，$\boldsymbol{A}$は$n \times n$行列，$\boldsymbol{b}, \boldsymbol{c}$は$n$次元ベクトル，$d$はスカラである．

これ以上詳細に状態空間表現について触れないが，状態空間表現と伝達関数表現の関係式を導いておこう．初期値を0として，式 (4.17), (4.18) をラプラス変換すると，

$$s\boldsymbol{x}(s) = \boldsymbol{A}\boldsymbol{x}(s) + \boldsymbol{b}u(s)$$
$$y(s) = \boldsymbol{c}^T \boldsymbol{x}(s) + du(s)$$

が得られる．ただし，$u(s), y(s), \boldsymbol{x}(s)$はそれぞれ$u(t), y(t), \boldsymbol{x}(t)$のラプラス変換である．また，$\boldsymbol{x}(0) = 0$とした．簡単な式変形より，次式が得られる．

$$G(s) = \frac{y(s)}{u(s)} = \boldsymbol{c}^T (s\boldsymbol{I} - \boldsymbol{A})^{-1} \boldsymbol{b} + d \tag{4.19}$$

このように，状態空間表現が与えられれば，伝達関数表現は一意的に決定される．一方，その逆は成り立たないことに注意する．

4.2.2 連続時間から離散時間へ

図 4.1 に連続時間と離散時間の複素平面における関係を示した．左が s 平面で表された連続時間の世界で，右が z 平面で表された離散時間の世界である．s 平面の虚軸（$j\omega$ 軸）が周波数軸であり，z 平面の単位円（原点を中心とする半径 1 の円）が周波数軸である．それぞれの周波数軸を境に，s 平面では左半平面が連続時間の安定領域であり，z 平面では単位円内が離散時間の安定領域である．図より明らかなように，連続時間では周波数軸が $-\infty < \omega < \infty$ であるが，離散時間では $0 \leq \omega < 2\pi$（あるいは，$-\pi \leq \omega < \pi$）である．したがって，本質的に離散時間は周期 2π の周期性を有する．そのため，離散時間では $\omega = 0 \sim 2\pi$ の部分だけを考えればよいのだが，$\omega = 0 \sim \pi$ の部分と $\omega = \pi \sim 2\pi$ の部分は $\omega = \pi$ に関して鏡像の関係があるので，通常 $\omega = 0 \sim \pi$ の部分のみを扱うことになる．さらに，$\omega = 0 \sim \pi$ を $0 \sim 1$ に対応づけて表すことがあり，これを**規格化周波数**（normalized frequency）と呼ぶ．

連続時間を離散時間に変換するためには，**サンプリング周期**（sampling period）T

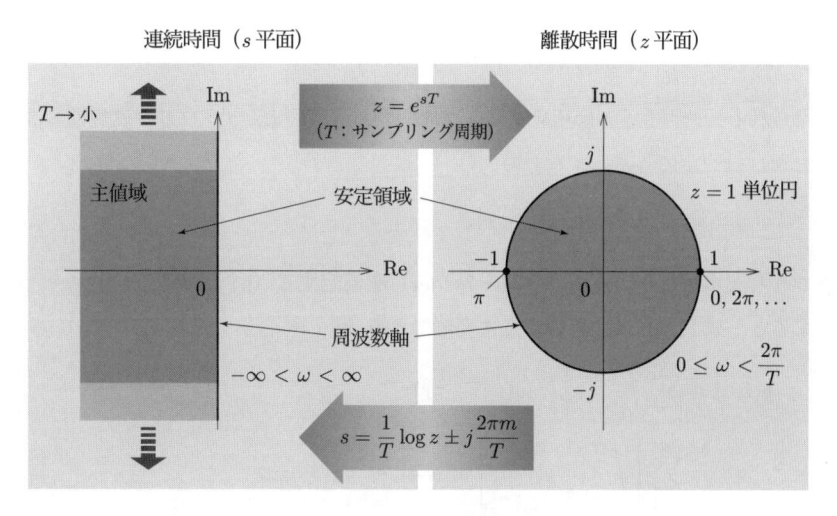

図 4.1 連続時間と離散時間の関係

に対して，
$$z = e^{sT} \tag{4.20}$$
を計算すればよい．一方，離散時間から連続時間に変換するためには，複素関数論を用いると，
$$s = \frac{1}{T}\log z \pm j\frac{2\pi m}{T}, \quad m = 0, 1, 2, \ldots \tag{4.21}$$
が得られるが，通常は図示したように $m=0$ とおいた主値域を用いる．図と式 (4.21) より，サンプリング周期 T を小さくすればするほど，主値域は広がっていることがわかる．

連続時間の場合におけるラプラス変換が，離散時間の場合には z 変換に対応することに注意する．

4.2.3　離散時間LTIシステム

(1) インパルス応答を用いた時間領域における入出力関係

式 (4.3) で与えたたたみこみ積分による連続時間システムの入出力関係の表現を時刻 $t = kT$（k：整数）でサンプリングすると，
$$y(kT) = \int_0^\infty g(\tau)u(kT-\tau)\mathrm{d}\tau = g(t) * u(t) \tag{4.22}$$
が得られる．ただし，T はサンプリング周期である．いま，サンプリング周期の間は入力 $u(t)$ は一定である，すなわち，
$$u(t) = u_k, \quad kT \le t < (k+1)T \tag{4.23}$$
という**零次ホールダ**（zero-th order holder）を仮定する（図 4.2 参照）．

すると，式 (4.22) はつぎのように変形できる．
$$\begin{aligned}y(kT) &= \sum_{\ell=1}^\infty \int_{(\ell-1)T}^{\ell T} g(\tau)u(kT-\tau)\mathrm{d}\tau \\ &= \sum_{\ell=1}^\infty \left[\int_{(\ell-1)T}^{\ell T} g(\tau)\mathrm{d}\tau\right] u_{k-\ell} = \sum_{\ell=1}^\infty g_T(\ell)u_{k-\ell} \\ &= \sum_{\ell=1}^\infty g_T(\ell)u((k-\ell)T)\end{aligned} \tag{4.24}$$

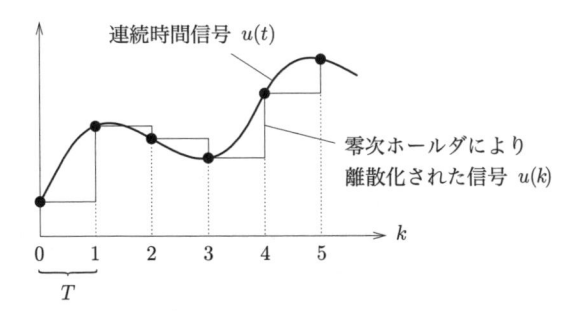

図4.2 零次ホールダ

ただし,

$$g_T(\ell) = \int_{(\ell-1)T}^{\ell T} g(\tau)d\tau \tag{4.25}$$

は離散時間システムのインパルス応答である.いま,$g_T(\ell)$ を $g(\ell)$ と書き直す.また,$y(kT)$ を $y(k)$,$u((k-\ell)T)$ を $u(k-\ell)$ と書き直すと,式 (4.24) はつぎのようになる.

$$y(k) = \sum_{\ell=1}^{\infty} g(\ell)u(k-\ell) \tag{4.26}$$

これが,離散時間の時間領域におけるたたみこみ和(コンボリューション)による入出力関係の記述である.

(2) z 領域における入出力関係

式 (4.26) を z 変換すると,次式が得られる.

$$y(z) = G(z)u(z) \tag{4.27}$$

ただし,$u(z)$,$y(z)$ はそれぞれ $u(k)$,$y(k)$ の z 変換であり,

$$u(z) = \sum_{k=0}^{\infty} u(k)z^{-k}, \quad y(z) = \sum_{k=0}^{\infty} y(k)z^{-k} \tag{4.28}$$

で与えられる.また,$G(z)$ は $g(k)$ の z 変換

$$G(z) = \sum_{k=0}^{\infty} g(k)z^{-k} \tag{4.29}$$

であり，離散時間LTIシステムの伝達関数と呼ばれる[3]．

一般に，離散時間LTIシステムは線形定係数差分方程式

$$y(k) + a_1 y(k-1) + \cdots + a_n y(k-n)$$
$$= b_1 u(k-1) + b_2 u(k-2) + \cdots + b_m u(k-m) \tag{4.30}$$

によって記述できる．式 (4.30) の両辺を初期値を 0 として z 変換すると，

$$(1 + a_1 z^{-1} + \cdots + a_n z^{-n}) y(z)$$
$$= (b_1 z^{-1} + b_2 z^{-2} + \cdots + b_m z^{-m}) u(z) \tag{4.31}$$

が得られる．これより，

$$G(z) = \frac{y(z)}{u(z)} = \frac{b_1 z^{-1} + b_2 z^{-2} + \cdots + b_m z^{-m}}{1 + a_1 z^{-1} + \cdots + a_n z^{-n}} \tag{4.32}$$

が得られる．このように，離散時間伝達関数は入出力信号の z 変換の比でもある．

さて，次式の性質をもつ**シフトオペレータ** q を導入しよう[4]．

$$qy(k) = y(k+1), \quad q^{-1} y(k) = y(k-1) \tag{4.33}$$

すると，式 (4.30) は

$$y(k) = \frac{B(q)}{A(q)} u(k) = G(q) u(k) \tag{4.34}$$

のように書き直せる．ただし，

$$G(q) = \frac{B(q)}{A(q)} \tag{4.35}$$

であり，

$$A(q) = 1 + a_1 q^{-1} + \cdots + a_n q^{-n} \tag{4.36}$$
$$B(q) = b_1 q^{-1} + b_2 q^{-2} + \cdots + b_m q^{-m} \tag{4.37}$$

とおいた．

---

[3] パルス伝達関数，システム関数と呼ばれることもある．
[4] 微分オペレータ p に対応づけて q を用いた．シフトオペレータ q と z 変換の z は，ともに時間シフトオペレータとして同じ意味で使われることが多い．しかし，z 変換を用いると $u(k)$ が $u(z)$ に変換されるように，信号も z 領域で表現されてしまう．それに対して，オペレータ（演算子）q を用いると，$u(k)$ のまま時間領域で表すことができるので，システム同定の世界では，z ではなく q が用いられることが多く，本書でもそれに従う．

一方，シフトオペレータを用いると，式 (4.26) は

$$y(k) = \sum_{\ell=1}^{\infty} g(\ell) \left[q^{-\ell} u(k) \right] = \left[\sum_{\ell=1}^{\infty} g(\ell) q^{-\ell} \right] u(k) \tag{4.38}$$

となる．これより，次式が得られる．

$$G(q) = \sum_{\ell=1}^{\infty} g(\ell) q^{-\ell} \tag{4.39}$$

(3) 周波数領域における入出力関係

式 (4.26) を離散時間フーリエ変換すると，

$$y(e^{j\omega}) = G(e^{j\omega}) u(e^{j\omega}) \tag{4.40}$$

が得られる．ただし，$u(e^{j\omega})$, $y(e^{j\omega})$ はそれぞれ $u(k)$, $y(k)$ の離散時間フーリエ変換である．すなわち，

$$u(e^{j\omega}) = \sum_{k=-\infty}^{\infty} u(k) e^{-j\omega k}, \quad y(e^{j\omega}) = \sum_{k=-\infty}^{\infty} y(k) e^{-j\omega k} \tag{4.41}$$

である．そして，$G(e^{j\omega})$ は離散時間 LTI システムの周波数伝達関数である．

$$G(e^{j\omega}) = \frac{y(e^{j\omega})}{u(e^{j\omega})} = \sum_{k=-\infty}^{\infty} g(k) e^{-j\omega k} \tag{4.42}$$

(4) 状態空間表現

連続時間システムの状態方程式 (4.17) に，たとえば前進差分近似

$$\frac{\mathrm{d}}{\mathrm{d}t} = \frac{q-1}{T} \tag{4.43}$$

を代入して離散化する．すると，

$$\frac{q-1}{T} \bm{x}(k) = \bm{A}\bm{x}(k) + \bm{b}u(k)$$

$$\bm{x}(k+1) - \bm{x}(k) = T\bm{A}\bm{x}(k) + T\bm{b}u(k)$$

$$\bm{x}(k+1) = (\bm{I} + T\bm{A})\bm{x}(k) + T\bm{b}u(k)$$

が得られる．$\bm{I} + T\bm{A}$ を $\bm{A}$，$T\bm{b}$ を $\bm{b}$ と書き直すと，離散時間 LTI システムの状態方程式は，

$$\bm{x}(k+1) = \bm{A}\bm{x}(k) + \bm{b}u(k) \tag{4.44}$$

となる．一方，式 (4.18) は次式となる．

$$y(k) = \boldsymbol{c}^T \boldsymbol{x}(k) + du(k) \tag{4.45}$$

このとき，離散時間状態方程式と伝達関数の間には，つぎの関係式が成り立つ．

$$G(z) = \boldsymbol{c}^T (z\boldsymbol{I} - \boldsymbol{A})^{-1} \boldsymbol{b} + d \tag{4.46}$$

4.3　スペクトル密度関数を用いた離散時間LTIシステムの表現

　図 4.3 に示すように，インパルス応答が $g(k)$ の離散時間LTIシステムに，不規則信号 $u(k)$ を印加すると，出力 $y(k)$ も不規則信号になる．ただし，本節ではサンプリング周期を $T = 1$ と規格化する．

　このとき，出力信号 $y(k)$ の自己相関関数は，

$$\phi_y(\tau) = \mathrm{E}[y(k) y(k - \tau)] \tag{4.47}$$

で定義されるが，これは次式のようになる（導出過程は省略）．

$$\phi_y(\tau) = \sum_{m=0}^{\infty} \sum_{\ell=0}^{\infty} g(m) g(\ell) \phi_u(\tau + \ell - m) \tag{4.48}$$

ウィーナー＝ヒンチンの定理より，この式をフーリエ変換すると，$y(k)$ のパワースペクトル密度関数 $S_y(e^{j\omega})$ は次式のようになる．

$$\begin{aligned} S_y(e^{j\omega}) &= \sum_{\tau=-\infty}^{\infty} \left(\sum_{m=0}^{\infty} \sum_{\ell=0}^{\infty} g(m) g(\ell) \phi_u(\tau + \ell - m) \right) e^{-j\tau\omega} \\ &= \sum_{\tau=-\infty}^{\infty} \sum_{m=0}^{\infty} g(m) \sum_{\ell=0}^{\infty} g(\ell) \phi_u(\tau + \ell - m) e^{-j(\tau + \ell - m)\omega} \cdot e^{j\ell\omega} e^{-jm\omega} \end{aligned} \tag{4.49}$$

ここで，$s = \tau + \ell - m$ と変数変換すると，

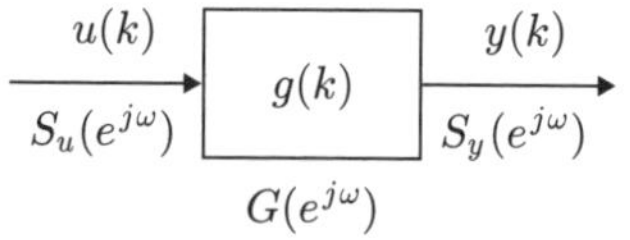

図 4.3　離散時間LTIシステム

$$S_y(e^{j\omega}) = \sum_{m=0}^{\infty} g(m)e^{-jm\omega} \sum_{s=-\infty}^{\infty} \phi_u(s)e^{-js\omega} \sum_{\ell=0}^{\infty} g(\ell)e^{j\ell\omega}$$
$$= G(e^{j\omega})S_u(e^{j\omega})G(e^{-j\omega}) = \left|G(e^{j\omega})\right|^2 S_u(e^{j\omega}) \tag{4.50}$$

が得られる．ただし，$G(e^{j\omega})$ は LTI システムの周波数伝達関数である．

つぎに，入力信号 $u(k)$ と出力信号 $y(k)$ の相互相関関数は，

$$\phi_{uy}(\tau) = \mathrm{E}[u(k)y(k+\tau)] \tag{4.51}$$

で定義されるが，これは次式のようになる（導出過程は省略）．

$$\phi_{uy}(\tau) = \sum_{k=1}^{\infty} g(k)\phi_u(k-\tau) \tag{4.52}$$

この式をフーリエ変換すると，

$$S_{uy}(e^{j\omega}) = G(e^{j\omega})S_u(e^{j\omega}) \tag{4.53}$$

が得られる．以上の結果を次にまとめておく．

❖ **Point 4.2** ❖　スペクトル密度関数を用いた離散時間 LTI システムの入出力関係

図 4.3 に示すシステムに対して，つぎの関係式が成り立つ．

$$S_y(e^{j\omega}) = \left|G(e^{j\omega})\right|^2 S_u(e^{j\omega})$$
$$S_{uy}(e^{j\omega}) = G(e^{j\omega})S_u(e^{j\omega})$$

これらの式は，第 6 章で説明するスペクトル解析法と呼ばれるノンパラメトリックモデル同定法において重要となる．

これまでは不規則信号，すなわち定常確率過程を考えてきたが，フィードバック制御システムでは，確定的な信号に確率的な雑音が重畳されたものが測定される場合が多い．このような場合，確定的な部分は予測可能であるが，確率的な部分は不規則に変動する．このような信号を**準定常過程**（quasi-stationary process）と呼び，その自己相関関数を次式で定義する．

$$\phi_u(\tau) = \lim_{N \to \infty} \frac{1}{N} \sum_{k=1}^{N} \mathrm{E}[u(k)u(k-\tau)] \tag{4.54}$$

なお，Point 4.2 でまとめた結果は準定常過程に対しても成り立つ．

演習問題

4-1 重ね合わせの理について説明せよ．

4-2 周波数応答の原理について説明せよ．

4-3 式 (4.44)，(4.45) から式 (4.46) を導出せよ．

4-4 式 (4.48) を導出せよ．

4-5 式 (4.52) を導出せよ．

4-6 連続時間から離散時間に変換するさまざまな方法が提案されているが，その中でも次式で与えられる**双1次変換**（Tustin 変換とも呼ばれる）が有名である．

$$s = \frac{2}{T}\frac{z-1}{z+1} \tag{4.55}$$

この変換を用いて，つぎの連続時間伝達関数を離散時間伝達関数に変換せよ．

$$G(s) = \frac{1}{Is^2}$$

また，他の変換法と比較することにより，双1次変換の特徴について記述せよ．

第5章 同定実験の設計と前処理

　システム同定実験を行う前に，ハードウェア，同定入力，サンプリング周期などを選定しなければならない．すなわち，システム同定の基本的な手順における Step 1「システム同定実験の設計」を行う必要がある．ここでハードウェアとは，使用する計算機（プロセッサ），AD/DA 変換器，センサ/アクチュエータなどのことであるが，これらはシステム同定を行う段階ではすでに決定されている場合が多いので，本書ではそれらの説明は省略する．本章では，まず予備的なシステム同定実験である Step 0「プリ同定」について簡単に述べる．その後，Step 1 の中の同定入力の選定とサンプリング周期の選定について詳しく解説する．最後に，Step 2 のシステム同定実験で収集されたデータに対して行われる Step 3「入出力データの前処理」についてまとめる．

5.1 プリ同定

　本格的なシステム同定実験を行う前に，Step 0 としてプリ同定を行うことが望ましい．これによって，対象の支配的な時定数，バンド幅，非線形性，そして加わる外乱の性質などの情報を得ることができ，引き続き同定実験の設計においてそれらの情報を利用することができる．以下では，二つのプリ同定実験について説明する．

(1) ステップ応答実験

　この実験では，開ループにおいて，対象の整定時間よりも長いステップ信号を対象に印加する．ステップ応答実験は，システム同定の適用が難しいプロセス制御の分野においても比較的行いやすい実験であり，これにより対象の支配的な時定数や定常ゲインなどの情報を得ることができる．

　図 5.1 に示したような，ステップ信号の振幅を複数個含む階段関数を対象に印加す

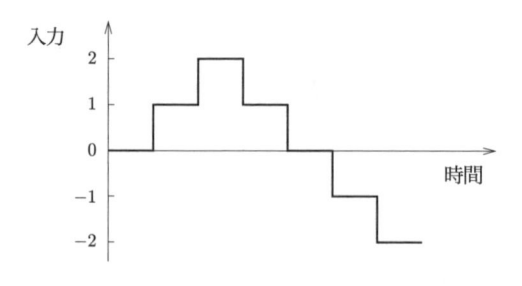

図5.1 階段関数

る実験も有効である．この関数は階段実験と呼ばれ，この実験により対象の線形性の範囲と定常ゲインを調べることができる．このとき，それぞれのステップ信号の長さを対象の整定時間よりも長くする必要があるため，応答が遅いプロセス制御系などではその適用が難しい場合もある．

(2) ランダム加振実験

この実験では，対象に白色雑音を入力し，出力信号を測定する．そして，第7章で解説するノンパラメトリック同定法である，相関解析法やスペクトル解析法を適用する．相関解析法により対象のインパルス応答を推定することができるため，その波形からむだ時間を読み取ることができる．また，インパルス応答を積分するとステップ応答が得られるので，それより時定数，定常ゲインなどが得られる．一方，スペクトル解析法を適用することにより対象の周波数伝達関数を推定できるので，それより対象のバンド幅を得ることができる．なお，ランダム加振実験は，プリ同定というよりは本格的な同定実験に近いため，この手順は通常省略されるか，あるいは，システム同定実験により得られた入出力データにノンパラメトリック同定法を適用することにより行われる．

5.2　同定入力の選定

本節と次節では，Step 1の中の同定入力の選定とサンプリング周期の選定について説明する．同定入力はシステム同定精度に大きく影響するため，その選定作業は特に慎重に行わなければならない．同定入力を選定する場合，その周波数特性と振

幅特性（つまり波形）を考慮しなければならないため，以下ではそれぞれについて考えていく．

5.2.1　同定入力の周波数特性

制御系設計の立場では，レギュレーションに代表されるように，制御系内を流れる信号の変動をできるだけ抑制したいので，対象に印加する入力信号は穏やかな動きをすることが望ましい．一方，システム同定の立場では，プラントの動特性を詳しく調べたいため，言い換えると，対象のもつすべてのモードを励起させたいため，できるだけ変動する信号を印加したい．これを工学的に表現すると，入力信号は多数の周波数成分を含んでいる必要がある[1]．これは，つぎの **PE性**（persistently exciting, 持続的励振）の次数によって特徴づけられる．

♣ Point 5.1 ♣　PE性の次数

$u(k)$ を準定常信号とし，その自己相関関数 $\phi_u(\tau)$ から構成される $n \times n$ 自己相関行列 R_n を

$$R_n = \begin{bmatrix} \phi_u(0) & \phi_u(1) & \cdots & \phi_u(n-1) \\ \phi_u(1) & \phi_u(0) & \cdots & \phi_u(n-2) \\ \vdots & \vdots & \ddots & \vdots \\ \phi_u(n-1) & \phi_u(n-2) & \cdots & \phi_u(0) \end{bmatrix} \tag{5.1}$$

とおく．R_n が正則で，R_{n+1} が特異になるような n が存在するとき，$u(k)$ は次数 n の PE 性信号と呼ばれる．

注意　式 (5.1) の行列 R_n は規則的な配列をしている．すなわち，ij 要素が $R_n^{ij} = \phi_u(|i-j|)$ となっている．このような行列を**トエプリッツ行列**[2]（Toeplitz matrix）という．このような引き算ではなく足し算で決定される行列，すなわち，$H_{ij} = g(i+j-1)$ が成り立つような行列を**ハンケル行列**（Hankel

---

[1]. 制御とシステム同定とでは，入力に対する要求が正反対であることに注意する．
[2]. 原語に近い読み方をすると，Toeplitz = Töplitz なので「テプリッツ行列」になる．

matrix）という．ハンケル行列は，システム同定では第8章で述べる部分空間法で登場する．トエプリッツ行列とハンケル行列は，システム理論，信号処理，制御理論などにおいて重要な行列である．

例題を用いてPE性について理解を深めよう．

例題 5.1

(1) 一定値信号 (2) 正弦波信号 (3) 白色雑音のPE性の次数を計算せよ．

解答

(1) 一定値入力 $u(k) = \bar{u}$ の場合：表3.1 (p.52) より，自己相関関数は $\phi_u(\tau) = \bar{u}^2$ ($\tau = 0, 1, 2, \ldots$) であるので，

$$\det \boldsymbol{R}_1 = \bar{u}^2 \neq 0, \quad \det \boldsymbol{R}_2 = \det \begin{bmatrix} \bar{u}^2 & \bar{u}^2 \\ \bar{u}^2 & \bar{u}^2 \end{bmatrix} = 0$$

となる．したがって，$\bar{u}$ は次数1のPE性信号である．

(2) 正弦波入力 $u(k) = \sin \omega k$ の場合：演習問題3.5の結果より，自己相関関数は

$$\phi_u(\tau) = \frac{1}{2} \cos \omega \tau \tag{5.2}$$

であるので，

$$\det \boldsymbol{R}_1 = 0.5 \neq 0, \quad \det \boldsymbol{R}_2 = 0.5^2 \det \begin{bmatrix} 1 & \cos \omega \\ \cos \omega & 1 \end{bmatrix} \neq 0 \tag{5.3}$$

$$\det \boldsymbol{R}_3 = 0.5^3 \det \begin{bmatrix} 1 & \cos \omega & \cos 2\omega \\ \cos \omega & 1 & \cos \omega \\ \cos 2\omega & \cos \omega & 1 \end{bmatrix} = 0 \tag{5.4}$$

となる．したがって，つぎが成り立つ．

❖ Point 5.2 ❖　正弦波のPE性の次数

単一の周波数をもつ正弦波は，次数2のPE性信号である．

これより，二つの周波数をもつ正弦波の和，

$$u(k) = a_1 \sin \omega_1 k + a_2 \sin \omega_2 k, \quad \omega_1 \neq \omega_2$$

のPE性の次数は$2 \times 2 = 4$となる．

(3) 白色雑音の場合： 白色雑音とはすべての周波数成分をもつ正弦波の和なので，

$$u(k) = \sum_{i=1}^{\infty} a_i \sin \omega_i k$$

と記述できる．これより，白色雑音のPE性の次数は無限大となり，理想的な同定入力信号であることがわかる．白色雑音はすべての周波数成分を含んでいるからである．しかしながら，一般には理想的な白色雑音は物理的に実現できない（無限大のパワーをもつ信号を生成することはできない）ので，実際には有限な次数をもつPE信号を利用することになる． ∎

PE性の次数の直観的な解釈を行うために，図5.2にs平面上における連続時間信号の極を図示した．図のように，不安定信号の極は右半平面に存在し，安定信号（時間の経過とともに0に向かう信号であり，過渡的な信号とも呼ばれる）の極は左半平面に存在する．そして，一定値信号や正弦波信号といった定常信号（持続的な信号）の極は虚軸（周波数軸）上に存在する．たとえば，一定値信号としてステップ信号を考えると，このラプラス変換は$1/s$になるので，この信号の極は$s = 0$に一つ存在する．つぎに，正弦波信号$\sin \omega t$を考えると，このラプラス変換は，

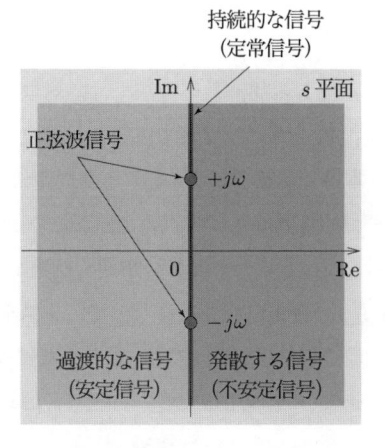

図5.2 安定信号と不安定信号

$$\mathcal{L}[\sin\omega t] = \frac{\omega}{s^2 + \omega^2}$$

なので，$s = \pm j\omega$ に二つの極をもつ．さらに，2個の正弦波の和の場合には，虚軸上に4個の極が存在する．このように，虚軸上（離散時間の場合には単位円上）の極の個数がPE性の次数に対応する．言い換えると，n次のPE性とは，周波数軸上で少なくともn個の周波数成分のスペクトルが0ではないということである．

入力信号のPE性の次数と対象が同定できるかどうか（これを**可同定性**（identifiability）という）についてつぎにまとめておこう．

✤ Point 5.3 ✤　PE性の次数と可同定性

第8章で説明する最小二乗法のようなパラメトリック同定法を用いてn次系を同定するためには，入力信号は次数$2n$のPE性信号でなければならない．言い換えると，入力信号として最低n個の正弦波の和を用いなければならない．

この結果を用いると，つぎのことが言える．

- 一定値信号（PE性の次数 1）　$\longrightarrow$　直流成分しか同定できない
- 正弦波信号（PE性の次数 2）　$\longrightarrow$　1次系しか同定できない
- 2個の正弦波の和（PE性の次数 4）　$\longrightarrow$　2次系まで同定できる
- 白色雑音（PE性の次数 ∞）　$\longrightarrow$　任意の次数のシステムを同定できる

古典的なシステム同定法である周波数応答法では，対象の周波数伝達関数を同定するために，着目する周波数帯域にわたって多数の正弦波を印加しなければならなかった．それに対して，本書で述べるパラメトリック同定法では，たとえば1次系を同定するのであれば，一つの正弦波だけでよいということが理論的に導かれている．これはシステム同定実験を行う立場から非常に重要な結果である．

しかしながら，Point 5.3の結果は必要条件なので，システム同定実験を行う立場からは，たとえ1次系を同定するのであっても，できるだけ多数の周波数成分をもつ入力信号を用いるべきである．その意味から，白色雑音はシステム同定のための望ましい入力の一つである．

5.2.2 同定入力の振幅特性

同定入力の最大振幅，あるいは波形を決定する場合，さまざまなトレードオフが存在する．そのいくつかを以下に列挙してみよう．

(1) たとえば力学系の静止摩擦のように，小さな振幅の信号では動作しない**不感帯**（dead zone）と呼ばれる**非線形性**が存在する．一方，たとえばプロセス制御系におけるバルブ特性の**飽和**（saturation）のように，大きな振幅の信号に対しては飽和してしまう非線形性も存在する（図 5.3 参照）．このように，入力の振幅はアクチュエータなどの非線形性に大きく影響を受ける．

(2) 出力信号の測定値には一般に雑音が混入しているため，入力信号が小さすぎると出力端における SN 比（signal-to-noise ratio）を劣化させてしまう．SN 比が悪いとシステム同定精度も劣化するので，雑音対策の立場からは入力のレベルは大きければ大きいほどよい．

(3) 同定アルゴリズムは，通常ディジタル計算機を用いて演算されるが，一般にそのような装置は有限語長である．したがって，入力のレベルが小さすぎると，出力に対する計算機の演算誤差が大きくなってしまう．

このように，入力信号のレベルは対象の非線形性，観測雑音，そして数値演算などいろいろな要因に関係しているが，一般には動作範囲が線形の領域内であるという条件のもとで，可能な限り大きいものを選ぶべきである．

この観点に立つと，与えられた信号パワーが同一であるという制約のもとでは，最大振幅が小さいもののほうが望ましい．そこで，振幅特性の良さを表す指標として，電気回路で用いられる**波高率**（crest factor）が利用されることがある．ここで，あ

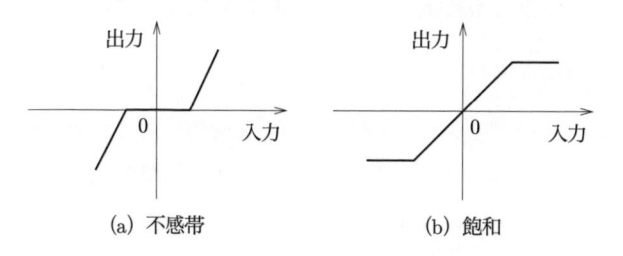

図 5.3 入力の非線形性

る信号 $u(k)$ の波高率は,

$$C_r = \frac{\max_k |u(k)|}{\sqrt{\lim_{N\to\infty} \frac{1}{N}\sum_{k=1}^{N} u^2(k)}} \tag{5.5}$$

で定義される．このように，波高率とは信号の最大値（$\mathcal{L}_\infty$ ノルム）を実効値（平均パワー）で割ったものである．たとえば，家庭用電源である正弦波交流の場合，実効値は 100V で，最大振幅は 141V なので，波高値は 1.41 である．波高率が小さいほどシステム同定のためにはよい入力信号である．

5.2.3　M 系列信号

システム同定を行う場合，PE 性の観点から白色性入力が望ましいが，理想的な白色雑音は物理的に実現できない．そこで，人為的にある規則に基づいて不規則信号を生成することになる．このようにして作られた不規則信号のことを擬似不規則信号という．特に，線形システム同定を行うためには，二つの値のみをもつ，いわゆる 2 値信号で十分であるので，取り扱いの簡単さから 2 値信号が利用されることが多い[3]．

さまざまな**擬似白色 2 値信号**（pseudo random binary signal, **PRBS** と略されることも多い）が存在するが，その中でシステム同定入力信号として最もよく知られ，古くから利用されているものに **M 系列** (maximum-length linear shift register sequence) がある．そこで以下では，M 系列信号の作り方と性質について簡単にまとめよう．

(1) M 系列の作り方

周期 $N = 2^n - 1$ の M 系列は，次式より生成することができる．

$$x_k = a_1 x_{k-1} \oplus a_2 x_{k-2} \oplus \cdots \oplus a_n x_{k-n} \tag{5.6}$$

ただし，$\oplus$ は 2 を法とする和を表すが，1 を真，0 を偽に対応させれば，これは排他的論理和（exclusive OR，以下では EXOR と略記する）である．また，初期値として，x_k $(k = 0, 1, \ldots, n-1)$ には，すべて 0 でなければ何を与えてもよい．

---

[3]. 非線形システム同定の場合には，一般には多値信号を利用しなければならない．

M系列の発生回路を図5.4に示す．ここで，シフトレジスタの係数 a_i ($i = 1, 2, \ldots, n$) は0または1の値をとる．ただし，最終段は常にフィードバックされるので $a_n \equiv 1$ である．表5.1にシフトレジスタの個数 n，M系列の周期 N，そしてシフトレジスタの係数の値を，$n \leq 15$ の場合について示した．この表にはEXORが1個だけで実現できるものだけを示した．すなわち，最終段（これを n 段とする）と m 段目（または $(n-m)$ 段目）とのEXORをフィードバックするだけで回路が構成できる．

(2) M系列の性質

M系列をシステム同定のための入力信号として利用するためには，M系列発生回路で生成された0と1を，たとえばそれぞれ $+1$ と -1 に対応させ，時間 T ごとにそれらの値をホールドして時間関数（$m(k)$ とする）を生成すればよい．このとき，$m(k)$ は時刻 T ごとに $+1$ か -1 をとる矩形波になり，これはパルス幅変調された矩形パルス系列と考えられる．図5.5に，$n = 9$ の場合のM系列の時系列，自己相関関数，そ

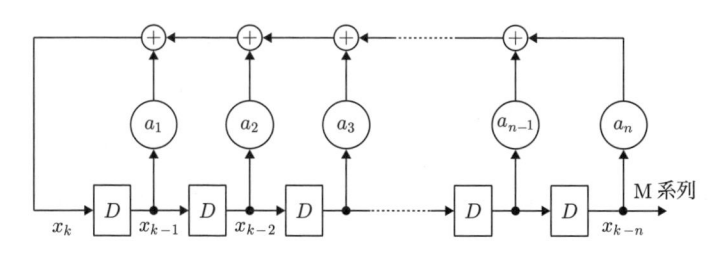

図5.4 n 段シフトレジスタを用いたM系列発生回路

表5.1 M系列のシフトレジスタの係数値 $\{a_i\}$

n	N	$a_1, a_2, \ldots, a_n$
2	3	1 1
3	7	1 0 1
4	15	1 0 0 1
5	31	0 1 0 0 1
6	63	1 0 0 0 0 1
7	127	1 0 0 0 0 0 1
9	511	0 0 0 1 0 0 0 0 1
10	1023	0 0 1 0 0 0 0 0 0 1
11	2047	0 1 0 0 0 0 0 0 0 0 1
15	32767	1 0 0 0 0 0 0 0 0 0 0 0 0 0 1

(a) 波形

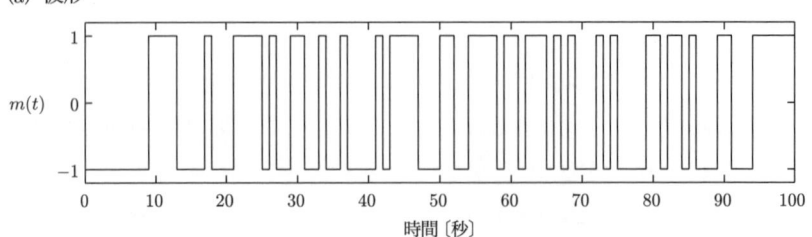

(b) 自己相関関数

(c) パワースペクトル〔dB〕

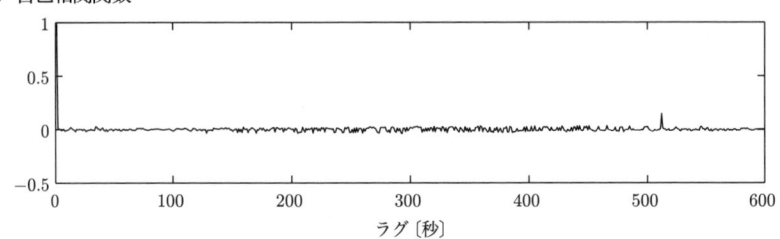

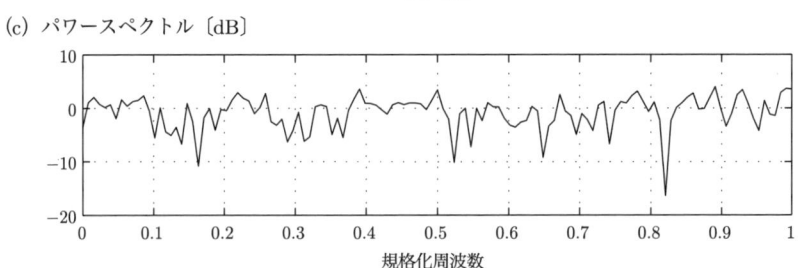

図 5.5　(a) M系列信号　(b) 自己相関関数　(c) パワースペクトル（$n=9$）

してパワースペクトル密度をそれぞれ示した．ただし，$T=1$ と規格化した．図 5.5 (b) より，自己相関関数の値は，ラグが 1 以外のときは 511 のときを除いてほぼ 0 となっている．したがって，生成された M 系列信号は，周期 511 の周期関数であることがわかる．また，図 5.5 (c) より，比較的平坦な周波数特性を示していることがわかる．

生成された M 系列信号 $m(t)$ の統計的性質について，つぎにまとめておこう．

❖ Point 5.4 ❖ M系列信号の統計的性質

以下のように，M系列信号の統計量は数式で与えられるという点が重要である．

- 平均値
$$\mathrm{E}[m(k)] = \frac{1}{N} \tag{5.7}$$

- 自己相関関数
$$\phi_m(l) = \begin{cases} 1 - \left(1 - \frac{1}{N}\right)\dfrac{|l - kNT|}{T}, & (kN-1)T \leq l \leq (kN+1)T \\ & k = \ldots, -1, 0, 1, \ldots \\ -\dfrac{1}{N}, & \text{その他} \end{cases} \tag{5.8}$$

- パワースペクトル密度
$$S_m(e^{j\omega}) = \frac{N+1}{N^2}\left\{\frac{\sin\frac{\omega T}{2}}{\frac{\omega T}{2}}\right\}^2 \sum_{n=-\infty}^{\infty} \delta\left(e^{j\left(\omega - \frac{2\pi n}{NT}\right)}\right) + \frac{1}{N^2}\delta(e^{j\omega}) \tag{5.9}$$

簡単な計算から，M系列信号の波高率は最小値である1をとるので，振幅特性の面からもM系列信号は同定入力としてよい信号である．

(3) シフトレジスタの個数 n の選定法

システム同定入力としてM系列信号を用いる場合に問題となるのは，M系列を生成する際に利用するシフトレジスタの個数 n の選定基準である．そこで，以下ではこの選定指針を与える．

最初に，M系列信号を同定入力するとき，n が大きいからといって必ずしも同定精度が向上するわけではない．これは，M系列は1周期すべてのデータを利用してはじめて擬似白色信号になるためであり，長い周期のデータの一部分を取り出してきても，それが擬似白色信号になっているという保証はないからである．

まず，M系列信号 $m(k)$ のパワースペクトル密度がすべての周波数をカバーするためには，同定実験の長さ（$T_{\exp}$ とおく）は少なくともM系列の1周期の長さに等しくなければいけない．したがって，つぎの条件が満たされなくてはならない．

$$(2^n - 1)T \leq T_{\exp} \tag{5.10}$$

一般に，$T_{\exp}$ はM系列の1～2周期に選ばれることが多い．

つぎに，1周期中に $+1$ の大きさを n 回続けてとることは 1 回しかないので，この状態が最大持続パルスとなる．対象の定常ゲインを正確に同定するためには，この最大持続パルスが対象の立ち上がり時間（t_r とする）より大きくなければならない．したがって，次式が得られる．

$$nT > t_r \qquad (5.11)$$

式 (5.11) より，対象の立ち上がり時間が事前に利用できれば，n に関する条件

$$n > \frac{t_r}{T} \qquad (5.12)$$

が導かれる．しかしながら，式 (5.12) の条件 n を求めると，特にサンプリング周期（T とする）が短い場合に，非常に大きな n が選定される可能性がある．すなわち，T で規定されるサンプリング周波数（$f_s = 1/T$）よりも，対象の着目すべき周波数帯域が相対的に低域に存在するためである．このような場合，M 系列のためのクロック周期（T_M とする）を T の整数倍にとる方法が有効である．すなわち，

$$T_M = pT, \quad p = 2, 3, \ldots \qquad (5.13)$$

すると，式 (5.12) の条件はつぎのように変形できる．

$$n > \frac{t_r}{pT} \qquad (5.14)$$

式 (5.14) より，p を調整することにより，条件と整合した n を選定できる．しかしながら，p をむやみに増加させると，パワースペクトルが一定である周波数帯域はそれとともに減少するので，一般には $p \leq 4$ くらいが妥当なところであろう．SITB には，同定入力を容易に生成することができるコマンド idinput が用意されている．その主な機能を以下にまとめる．

同定入力を生成するコマンドは，
```
u = idinput(N,type,band,levels)
```
である．このとき，

N ── データ数

type ── 'rgs' ： 不規則正規性信号

'rbs' ： 不規則 2 値信号

'prbs'：M系列信号

'sine'：複数の正弦波の和

band —— 信号の周波数成分（バンド幅）を決定するパラメータ

- 'rs', 'rbs', 'sine' のとき，

 band = [lfr,hfr] によって通過帯域を決定．

 ただし，単位は 0 と 1 の間の実数をとる規格化周波数である．

 たとえば白色性の場合，[0.01,0.99] のように指定すればよい．

- 'prbs' のとき，band = [0,B]

 信号は長さ 1/B の区間で一定値となる．

 デフォルトは band = [0 1]

levels —— [mi,ma] 入力レベルを規定する．

- 'rbs', 'prbs', 'sine' のとき，

 入力信号が常に mi と ma の間に存在するように調整する．

- 'rgs' のとき

 mi：信号の平均値－標準偏差

 ma：信号の平均値＋標準偏差

 デフォルトは levels = [-1, 1]

このコマンドの使用例として，平均値 0，標準偏差 1 の正規性白色雑音 $N(0,1)$ の作り方を以下にまとめ，このプログラムにより生成されたものを図 5.6 に示した．自己相関関数，パワースペクトル密度などより，生成された信号がほぼ白色性であることが明らかである．また，振幅レベルの度数分布表より，ほぼ正規性であることも確認できる．

```
>> u=idinput(1000,'rgs',[0.01,0.99],[-1,1]);
>> subplot(221), stairs(u),axis([0 100 -3.5 3.5])
>> subplot(222), plot(covf(u,1000)),axis([0 1000 0 0.5])
>> subplot(223),psd(u)
>> subplot(224),hist(u,100)
```

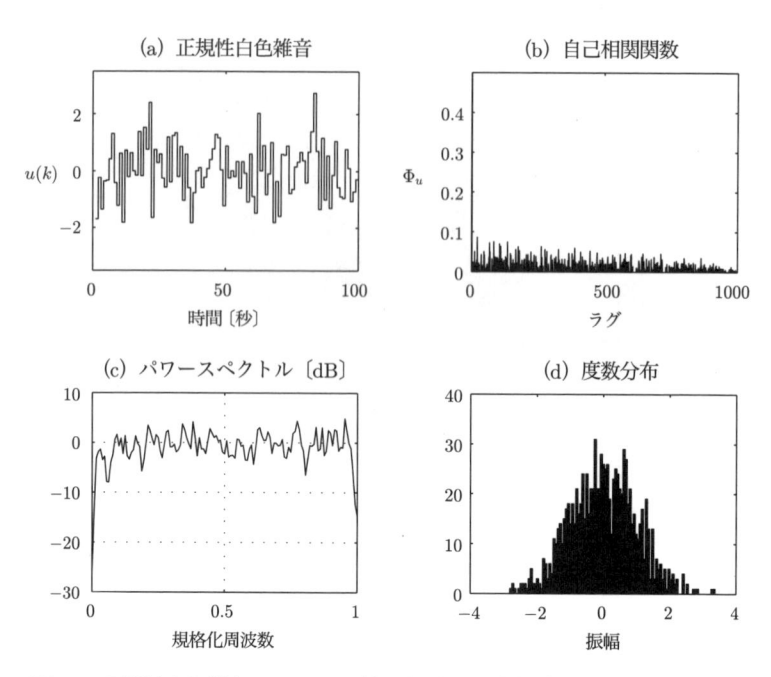

図5.6 正規性白色雑音 $N(0,1)$：(a) 時間信号，(b) 自己相関関数，(c) パワースペクトル密度，(d) 度数分布

5.2.4 一般化2値雑音

M系列信号のパワースペクトル密度 $S_m(e^{j\omega})$ を与える式 (5.9) には

$$\left(\frac{\sin\frac{\omega T}{2}}{\frac{\omega T}{2}}\right)^2 \tag{5.15}$$

という項が存在するため，周波数 $\omega = 2\pi/T, 4\pi/T, \ldots$ の近傍では，$S_m(e^{j\omega})$ は非常に小さくなってしまう．この問題点に対処するために，Tullenkenらは**一般化2値雑音**（GBN：Generalized Binary Noise）という2値雑音を提案した．GBNを $u(k)$ とおくとき，つぎの規則に従って，値の切り換えを行う．

$$P[u(k) = -u(k-1)] = p_{\text{sw}} \tag{5.16}$$

$$P[u(k) = u(k-1)] = 1 - p_{\text{sw}} \tag{5.17}$$

ただし，p_{sw} はユーザが与える切り換え確率である．$T_{\min}$ を最小の切り換え時間とす

ると，平均切り換え時間は

$$\mathrm{E}[T_{\mathrm{sw}}] = \frac{T_{\min}}{p_{\mathrm{sw}}} \tag{5.18}$$

となり，GBN のパワースペクトル密度関数は次式で与えられる．

$$S_u(e^{j\omega}) = \frac{(1-a^2)T_{\min}}{1 - 2a\cos T_{\min} + a^2} \tag{5.19}$$

ただし，$a = 1 - 2p_{\mathrm{sw}}$ とおいた．たとえば $p_{\mathrm{sw}} = 0.5$ であれば，$\mathrm{E}[T_{\mathrm{sw}}] = 2T_{\min}$，すなわち 2 サンプル分の時間が平均切り換え時間になる．このとき $a = 0$ となるので，それを式 (5.19) に代入すると，$S_u(e^{j\omega}) = T_{\min}$ と一定値になる．このとき，白色 GBN と呼ばれる．一方，GBN に低域通過特性をもたせたい場合には，p_{sw} を 0.5 より小さくすればよい．なお，GBN の波高値は，M 系列と同様に最小値の 1 である．

5.2.5 同定入力の選定指針

　同定入力が満たすべきさまざまな条件について述べてきた．基本的には，周波数成分を潤沢に含む白色雑音，特に M 系列信号を用いてシステム同定を行うことが望ましいが，同定入力の選定は同定対象，モデル，同定法など，さまざまな要因に依存することに気をつけなければならない．たとえば，同定対象が振動系であり，その振動モードを高精度に同定したい場合には，振動モードの共振周波数近傍にパワーを十分含む信号を用いたほうが得策である．この事実から直観的に言えることは，対象について詳しく知りたい周波数帯域があらかじめわかっている場合には，その周波数帯域に十分パワーをもつ入力信号を用いるべきだということである．この事実は理論的にも示されているのだが，本書ではその詳細は省略する．また，利用するモデルやシステム同定法自身にも固有の周波数特性が存在するので，それらを考慮して入力信号の周波数特性を決定する必要がある．

5.3　サンプリング周期の選定

　ディジタル制御により制御系を実装する場合，**サンプリング周期** (sampling period) が短いほど，連続時間に近い動作が実現できる．一方，システム同定を行う場合，サンプリング周期（T とする）は短いほどよいのではなく，何らかの最良な T が存在する

ことが知られている．一般に，T の上限はサンプリング定理によって規定され，T の下限は計算機の精度，同定対象の着目する周波数帯域との関係などから決定される．

5.3.1 周波数領域におけるサンプリング周期の選定法

周波数領域におけるサンプリング周波数（ω_s とおく）の選定法を最初に与えよう．ここで，サンプリング周期とサンプリング周波数の間にはつぎの関係が成り立つ．

$$T = \frac{2\pi}{\omega_s} \tag{5.20}$$

図5.7に，制御対象にフィードバックコントローラを接続した後の，典型的な閉ループシステムの周波数特性（ゲイン特性）を示した．本書では，制御のためのシステム同定を考えているため，サンプリング周期を決定する場合には，最終的に得られるフィードバック制御系を考慮すべきである．

古典制御理論では，制御系設計は周波数帯域を三つの領域，すなわち低域，中域，高域に分けて行われることが多い．ここで，中域とは閉ループシステムのバンド幅付近（一巡伝達関数では，ゲインが0dBと交わる周波数，あるいは位相が $-180\mathrm{deg}$ と交わる周波数付近）と定義する．フィードバック制御系の設計では，中域が最も重要な周波数帯域であり，その帯域では高精度なモデリングが要求される．なぜならば，低域のモデリングが多少ずれていても，たとえばステップ入力に対する定常偏差を0にするためにはコントローラに積分器を含ませればよく，一方，高域では雑

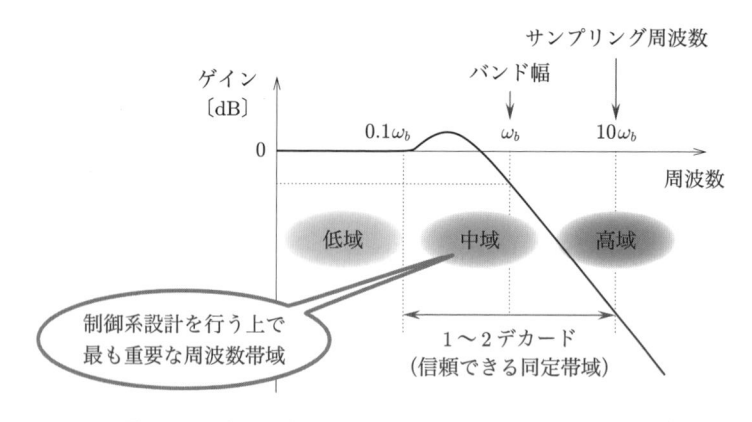

図 5.7 周波数領域におけるサンプリング周波数の選定法

音やモデル化誤差の影響が支配的になるため，通常 $-40 \sim -60\mathrm{dB/dec}$ でゲインを落とす帯域なので，厳密なモデリングは要求されないからである．

本書で解説する最小二乗法のようなシステム同定法で精度よいシステム同定が行われる帯域は，だいたい1～2デカード程度である．したがって，中域を精度よく同定するためには，図5.7に示したようにサンプリング周波数をバンド幅の10倍程度に選ぶべきである．言葉を換えていうと，同定対象の着目する周波数帯域の10倍程度にサンプリング周波数を設定するとよい．

5.3.2　時間領域におけるサンプリング周期の選定法

つぎに，時間領域におけるサンプリング周期の決定法を与えよう．図5.8に示したように，同定対象のステップ応答における立ち上がり時間 T_r の間に5～8サンプル点が入るくらいの間隔をサンプリング周期とする．

また，つぎのような選定法も提案されている．同定対象のステップ応答が定常値の95%に達する時間を T_{95} としたとき，次式を満たす T を用いる．

$$\frac{1}{15}T_{95} \leq T \leq \frac{1}{4}T_{95} \tag{5.21}$$

これらの選定法では，同定対象が定位系（ステップ応答が一定値に向かうシステム）であることを仮定している．

いずれの選定法も，ステップ応答や周波数応答といった対象に関する事前情報が

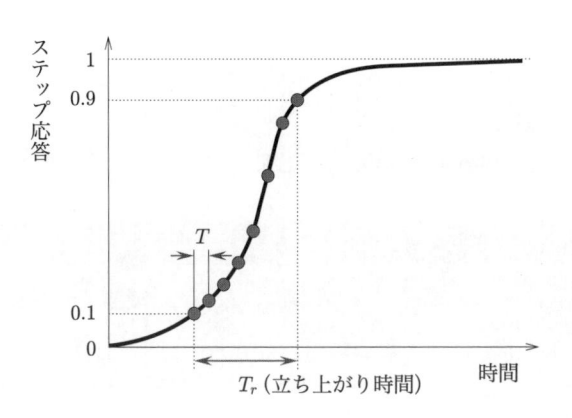

図5.8　時間領域におけるサンプリング周期の選定法

必要であることに注意する．したがって，可能であればStep 0のプリ同定実験を行い，同定対象に関する大まかな情報を得ていることが望ましい．

しかしながら，そのような事前検討が行えない場合にはつぎのようにすればよい．

❖ Point 5.5 ❖　実用的なサンプリング周期の選定法

できるだけ短いサンプリング周期で同定実験データを収集しておき，デシメーションなどのディジタル信号処理を用いて，システム同定に適した長さのサンプリング周期に変換する．

なぜならば，長いサンプリング周期で収集されたデータでは，最初から高周波領域に関する情報は欠如しているが，短いサンプリング周期で収集しておけば，それを長いサンプリング周期に変換することは，次節で説明するデシメーションという処理によって容易であるからである．なお，サンプリングを行う前に，エリアシングを防ぐためにナイキスト周波数[4]をちょうどカットオフ周波数にする低域通過フィルタ，いわゆるアンチエリアシングフィルタを利用することを忘れてはならない．

5.4　入出力データの前処理

表 2.1（p.19）に示したシステム同定の手順の Step 2「システム同定実験」が終わり入出力データが収集されたら，つぎに行う作業は Step 3「入出力データの前処理」である．この過程は，同定アルゴリズムの能力が最大限に発揮されるように生の入出力データを調整するものであり，システム同定が成功するがどうかを決定する重要なステップである．

まず，データ前処理の基本を次に与えよう．

❖ Point 5.6 ❖　データ前処理の基本

(1) 収集された信号の波形をグラフにプロットし，それを実際に見ること
(2) 信号の周波数成分（パワースペクトル密度）のグラフを見ること

---

[4] ある信号（データ）を離散化するとき，そのサンプリング周波数の 1/2 をナイキスト周波数という．

このように，データの前処理は時間領域におけるものと，周波数領域におけるものに分類できる．以下でそれぞれについて述べる．

5.4.1 時間領域におけるデータの前処理

(1) アウトライアの除去

正規分布から大きくはずれた雑音は**アウトライア**（outlier）と呼ばれる．異常値，外れ値，あるいはスパイク（spike）と呼ばれることもある．アウトライアが混入している入出力データに第8章で述べる最小二乗法のような同定アルゴリズムに適用すると，パラメータ推定精度が劣化してしまう．アウトライアは，センサや変換器の一時的な故障，誤動作により生じる．これが混入しているかどうかを調べる最も単純で強力な方法は，前述したように，グラフを見ることである．また，後述する同定残差と呼ばれる量が通常より非常に大きくなっているかどうかをチェックすることによっても調べることができる．

アウトライアに対する直接的な対策は，図5.9に示すように，それらを取り除き，その抜けた値を信号の内挿（線形補間）あるいは予測などによって補充することである．また，ここでは詳しく述べないが，アウトライアに対してロバストなM推定と呼ばれるロバスト推定法を利用するのも有効である．

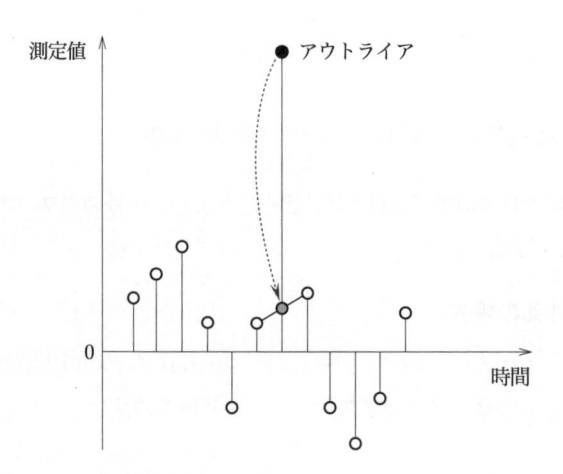

図5.9 線形補間によるアウトライアへの対策

(2) 欠損データ

センサの故障などで，あるデータが欠けている場合があり，これは欠損データ (missing data) と呼ばれる．アウトライアの場合と同じように，欠損データへの対策も，それらの前後のデータによる線形補間が一般的である．なお，SITBには欠損データに対するコマンド misdata が準備されている．欠損データを NaN (Not a Number の略) とおき，

```
>> dat1 = misdata(dat);
```

とすると，欠損データの値を補間する．

(3) データの切り出し

アウトライアや欠損データが存在するデータ区間をシステム同定に利用しないという考え方もある．これはデータの切り出しと呼ばれる．たとえば入出力データの定常性が仮定できないような部分や，外乱の影響が顕著な部分も，取り除いたほうが賢明である．なお，SITBにはデータの切り出しに対するコマンド merge が準備されている．

(4) 入出力データのスケーリング

単位系などの違いにより，入出力データの大きさが著しく異なる場合には，それらの大きさを揃えるスケーリングが有効である．これについては第8章で説明する．

5.4.2 周波数領域におけるデータの前処理

周波数領域における前処理を行う際，前述したように信号のパワースペクトル密度（あるいはその推定値であるペリオドグラム）のグラフを眺めることは助けになる．

(1) 低周波外乱の除去

ドリフト，オフセット，あるいは**トレンド**[5] (trend) などの低周波外乱は，入出力信号の波形を見て容易に検出できる．これらの低周波外乱は，システム同定にとっ

---

[5] 観測したデータ長よりも長い周期をもつ低周波成分をトレンドという．

ては望ましくないため，入出力データからあらかじめ除去しておく必要がある．除去する方法として，以下のようなものがある．

(1) サンプル平均値をデータから減じる方法
(2) 物理的平衡点からの偏差を利用する方法
(3) オンラインで推定する方法
(4) データを差分する方法

この中で最も直観的に理解しやすく，利用しやすい方法は (1) だろう．これは，入出力データの直流成分を除去するために，サンプル平均を引く操作であり，具体的には同定実験により収集された入出力データ $\{u_{\mathrm{raw}}(k), y_{\mathrm{raw}}(k); k = 1, 2, \ldots, N\}$ に対してつぎのような計算を行えばよい．

$$u(k) = u_{\mathrm{raw}}(k) - \frac{1}{N} \sum_{k=1}^{N} u_{\mathrm{raw}}(k) \tag{5.22}$$

$$y(k) = y_{\mathrm{raw}}(k) - \frac{1}{N} \sum_{k=1}^{N} y_{\mathrm{raw}}(k) \tag{5.23}$$

この操作は，データ収集が終了しなければ行えないため，オフライン方式である．また，(2) の方法もオフラインである．それに対して，(3), (4) の方法はオンライン方式である．なお，SITBには低周波外乱を除去するコマンドとして detrend が用意されている．

```
>> zd=detrend(z) % z：入出力データより構成される列ベクトル
```

(2) 高周波外乱の除去

高周波帯域に存在する雑音やモデル化誤差 (モデリングの際に無視された動特性のこと) などの外乱は，SN比の観点から同定精度を劣化させる原因になる．この高周波外乱は，低域通過フィルタによって除去できる．そのとき，フィルタリングだけでなく，ダウンサンプリングも同時に行うことが大切であり，両者を行う操作は**デシメーション** (decimation) と呼ばれる．この信号処理は，短いサンプリング周期を長いサンプリング周期に変換するときに用いられ，**インターポレーション** (interpolation)

と対になる信号処理である．両者は，マルチレート信号処理の基本的なツールである．

図5.10に低域通過フィルタ（LPF：Low Pass Filter）を用いたデシメーション操作のブロック線図を示した．図では，サンプリング周期Tの離散時間信号$x(n)$を，サンプリング周期$T' = dT$の信号$z(m)$に変換する様子を示している．ここで，dは1より大きい整数であり，$h(n)$はカットオフ周波数$\omega_c = \pi/dT$のLPFのインパルス応答である．また，$\downarrow d$は$(d-1)$個おきにデータを間引く（デシメート，あるいはダウンサンプリングする）ことを意味している．

さて，実際にシステム同定を行う場合，同定実験の立場では任意のサンプリング周期を決定できない場合がある．そのようなとき，収集された入出力データを，もう一度異なるサンプリング周期でリサンプリングする必要が生じる．このようなときも，デシメーションとインターポレーションが有用になる．サンプリング周期の変換に関するMATLABのコマンドは以下のとおりである．

> デシメーション（サンプリング周期をR倍に変換)
> ```
> >> u1=decimate(u,R)
> ```
> リサンプリング（サンプリング周期を任意の正の実数倍に変換
> ```
> >> u2=resample(u,R)
> ```
> - $R > 1$のとき，デシメーション
> - $R < 1$のとき，インターポレーション

(3) プリフィルタリング

制御系設計のためにシステム同定を行う場合，着目すべき周波数帯域に焦点を当てたシステム同定が望まれることが少なくない．このようなとき，システム同定アルゴリズムに通す前にあらかじめ入出力データにフィルタリングを施す**プリフィル**

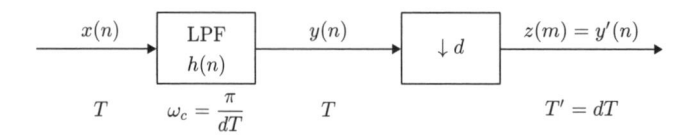

図5.10 デシメーションのブロック線図

タリング（prefiltering）は有効である．プリフィルタリングを行う際の通過帯域の選定は，第8章で説明するように，システム同定アルゴリズムやユーザが設定するさまざまなパラメータと関連している．

演習問題

5-1 正弦波の自己相関関数について，
(1) 式(5.2)を導出せよ．
(2) 式(5.4)を確認せよ．

5-2 **MATLAB** タップ数を3, 5, 10と変化させてM系列を生成し，それぞれの平均値，自己相関関数，スペクトル密度関数を比較せよ．また，それらが理論式と一致しているかどうかを確かめよ．

5-3 データの差分は，低周波外乱を除去するために有効な方法であるが，問題点も有している．その問題点について考察せよ．

5-4 サンプリング定理とナイキスト周波数について，簡単に説明せよ．

5-5 ディジタル制御を行う場合，サンプリング周期はできるだけ短いほうが連続時間に近い性能が実現できるため望ましい．それに対して，システム同定を行う場合には，サンプリング周期が短いほうがよいというわけではない．その理由について説明せよ．

5-6 M系列信号の波高率が1であることを示せ．

第6章 システム同定モデル

第4章で述べた連続時間 LTI システムの表現形式とシステム同定との関係をつぎの Point 6.1 にまとめる.

❖ Point 6.1 ❖　システム同定とは

入出力データという時間領域のデータを，モデルという異なる形式へ変換（あるいはデータ圧縮）するための手段である．ひとたびモデルの一つの表現形式を求めることができれば，下図に示した関係を用いて他の表現形式へ変換することは数学上可能である．

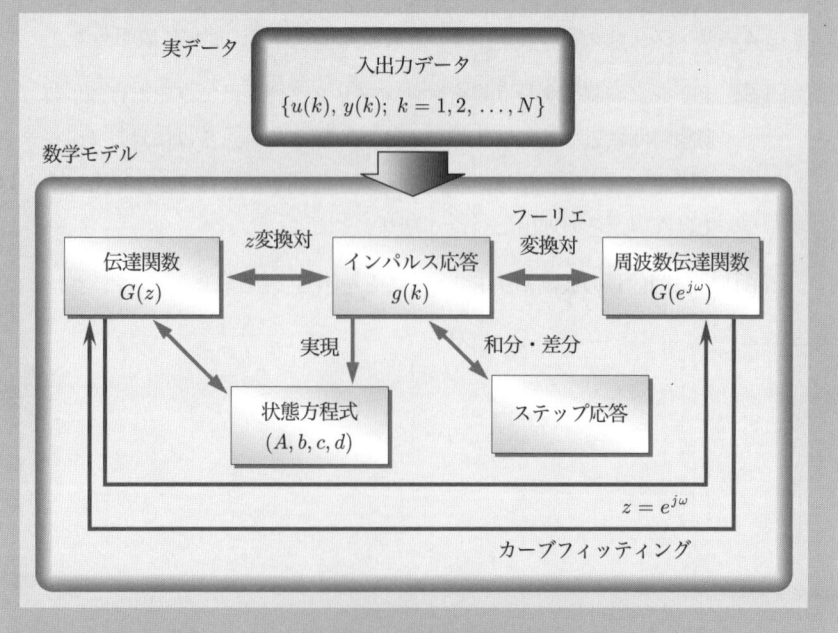

実データ
入出力データ
$\{u(k), y(k);\ k = 1, 2, \ldots, N\}$

数学モデル

伝達関数　$G(z)$　—　z変換対　—　インパルス応答　$g(k)$　—　フーリエ変換対　—　周波数伝達関数　$G(e^{j\omega})$

実現　　　和分・差分

状態方程式　(A, b, c, d)　　　ステップ応答

$z = e^{j\omega}$
カーブフィッティング

さまざまなモデル表現形式

Point 6.1 の図において，数学モデルはつぎの二つのグループに大別できる．

- パラメトリックモデル：伝達関数，状態方程式など
- ノンパラメトリックモデル：インパルス応答，周波数伝達関数など

パラメトリックモデル (parametric model) とは，システムの動特性を有限個のパラメータによって特徴づけるモデルのことであり，連続時間系では微分方程式（あるいはそのラプラス変換である伝達関数）が，そして離散時間系では差分方程式（あるいはその z 変換である伝達関数）が代表例である．また，システムの内部記述である状態方程式もパラメトリックモデルの一例である．それに対してノンパラメトリックモデル (non-parametric model) とは，インパルス応答や周波数伝達関数のように，多数あるいは無限個のパラメータによってモデルが構成されているモデル，簡単に言えばグラフで表現されるモデルを指す．以下ではパラメトリックモデルを中心に説明する．

6.1 雑音を考慮した線形システムの一般的な表現

雑音を考慮した離散時間 LTI システムの入出力関係は次式で記述できる．

$$y(k) = G(q)u(k) + v(k) \tag{6.1}$$

ただし，$y(k)$ はシステムの出力信号，$u(k)$ は入力信号である．また，$G(q)$ は次式で与えられるようなシフトオペレータ q を用いて表される LTI システムの伝達関数である．

$$G(q) = \sum_{k=1}^{\infty} g(k) q^{-k} \tag{6.2}$$

ただし，$g(k)$ はシステムのインパルス応答である．この式は第 4 章で与えた式 (4.39) と同じである．厳密には，式 (6.2) は伝達オペレータであり，伝達関数は z 変換を用いて，

$$G(z) = \sum_{k=1}^{\infty} g(k) z^{-k} \tag{6.3}$$

と書くべきであるが，以下では式 (6.2) を伝達関数と呼ぶ．

式 (6.1) において $v(k)$ は雑音による外乱項であり，

$$v(k) = H(q)w(k) \tag{6.4}$$

で記述できると仮定する．ただし，$H(q)$ は**雑音モデル**（noise model, あるいは**成形フィルタ**（shaping filter））と呼ばれ，

$$H(q) = 1 + \sum_{k=1}^{\infty} h(k)q^{-k} \tag{6.5}$$

で与えられる．また，$\{w(\cdot)\}$ は平均値 0，有限な分散 σ_w^2 をもつ白色雑音であると仮定する．

以上より，離散時間 LTI システムの一般的な表現はつぎのようになる．

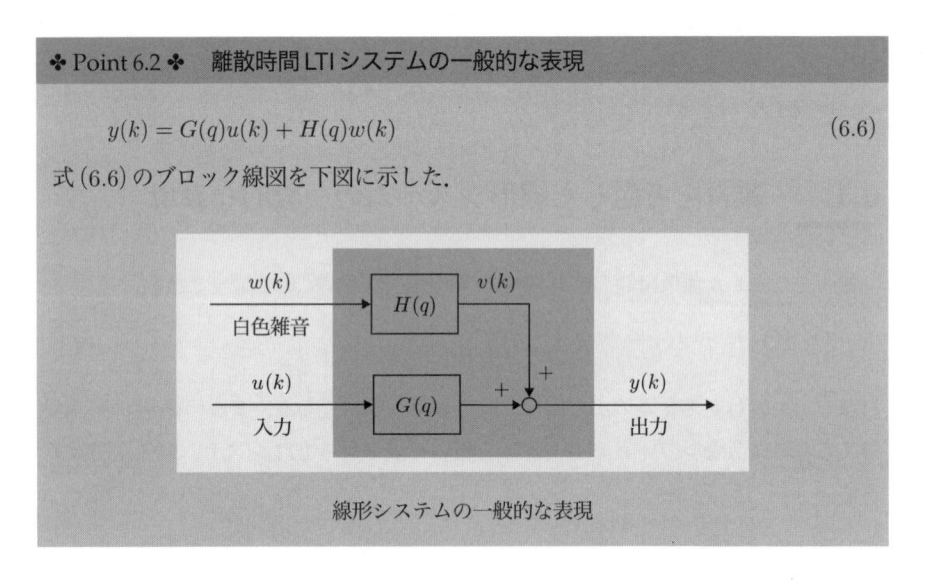

❖ Point 6.2 ❖　離散時間 LTI システムの一般的な表現

$$y(k) = G(q)u(k) + H(q)w(k) \tag{6.6}$$

式 (6.6) のブロック線図を下図に示した．

線形システムの一般的な表現

このモデルは，システムの伝達関数と雑音モデルの両方ともが無限個のパラメータからなるインパルス応答により記述されているので，ノンパラメトリックモデルであることに注意する．

さて，システムの伝達関数 $G(q)$ と雑音モデル $H(q)$ が q の多項式有理関数であると仮定することにより，さまざまなパラメトリックモデルが定義できる．それらを総称して**多項式ブラックボックスモデル**（polynomial black-box model）という．多項式ブラックボックスモデルは，大きくつぎの二つに分けることができる．

- 式誤差モデル
- 出力誤差モデル

パラメトリックモデルを定義する前に，1段先予測に関する結果を与えておこう．

❖ Point 6.3 ❖　**1段先予測**（one-step-ahead prediction）

式 (6.6) で定義した離散時間 LTI システムにおいて，時刻 $(k-1)$ までに測定された入出力データに基づいた出力 $y(k)$ の1段先予測値 $\widehat{y}(k|\boldsymbol{\theta})$ は，

$$\widehat{y}(k|\boldsymbol{\theta}) = [1 - H^{-1}(q, \boldsymbol{\theta})]y(k) + H^{-1}(q, \boldsymbol{\theta})G(q, \boldsymbol{\theta})u(k) \tag{6.7}$$

で与えられる．ただし，$\boldsymbol{\theta}$ はモデルを記述するパラメータより構成されるベクトルである．

証明　時刻 $(k-1)$ までの入出力データは既知なので，時刻 $(k-1)$ までの外乱 $v(k)$ は次式より計算可能である．

$$v(m) = y(m) - G(q)u(m), \quad m \leq k-1$$

このとき，時刻 $(k-1)$ までの過去のデータに基づいた現時刻 k における出力 $y(k)$ の条件つき期待値を $\widehat{y}(k|k-1)$ とおくと，これは次式より計算できる．

$$\widehat{y}(k|k-1) = G(q)u(k) + \widehat{v}(k|k-1) \tag{6.8}$$

ただし，

$$\widehat{v}(k|k-1) = \left[\sum_{i=1}^{\infty} h(i)q^{-i}\right]w(k) = [H(q) - 1]w(k)$$

$$= \frac{H(q) - 1}{H(q)}v(k) = [1 - H^{-1}(q)]v(k)$$

である．すると，式 (6.8) はつぎのように変形でき，式 (6.7) が導かれる．

$$\widehat{y}(k|k-1) = G(q)u(k) + [1 - H^{-1}(q)]v(k)$$
$$= G(q)u(k) + [1 - H^{-1}(q)][y(k) - G(q)u(k)]$$
$$= [1 - H^{-1}(q)]y(k) + H^{-1}G(q)u(k)$$

∎

6.2 式誤差モデル

システムの入出力関係が，差分方程式

$$y(k) + a_1 y(k-1) + \cdots + a_{n_a} y(k-n_a)$$
$$= b_1 u(k-1) + \cdots + b_{n_b} u(k-n_b) + e(k) \tag{6.9}$$

によって記述されている場合を考える．ただし，$e(k)$ は外乱項である．式 (6.9) から明らかなように，$e(k)$ が差分方程式に直接，誤差として入っているので，このように記述されるモデルを**式誤差モデル**（equation error model）と呼ぶ．式誤差モデルは，外乱項の選び方によって，さらにいろいろなモデルに細分化できる．

6.2.1 ARXモデル

式 (6.9) において，外乱項 $e(k)$ を白色雑音 $w(k)$ と仮定すると，

$$y(k) + a_1 y(k-1) + \cdots + a_{n_a} y(k-n_a)$$
$$= b_1 u(k-1) + \cdots + b_{n_b} u(k-n_b) + w(k) \tag{6.10}$$

が得られる．このとき，Point 6.3で定義したパラメータベクトルは，

$$\boldsymbol{\theta} = [a_1, \ldots, a_{n_a},\ b_1, \ldots, b_{n_b}]^T \tag{6.11}$$

となる．**データベクトル**（あるいは**回帰ベクトル**（regressor または regression vector）ともいう）を

$$\boldsymbol{\varphi}(k) = [-y(k-1), \ldots, -y(k-n_a),\ u(k-1), \ldots, u(k-n_b)]^T \tag{6.12}$$

と定義すると，出力 $y(k)$ は次式のように表現できる．

$$y(k) = \boldsymbol{\theta}^T \boldsymbol{\varphi}(k) + w(k) \tag{6.13}$$

いま，二つの多項式

$$A(q) = 1 + a_1 q^{-1} + \cdots + a_{n_a} q^{-n_a} \tag{6.14}$$
$$B(q) = b_1 q^{-1} + \cdots + b_{n_b} q^{-n_b} \tag{6.15}$$

を導入する．ただし，$A(q)$ と $B(q)$ は既約な[1]シフトオペレータ q の多項式である．すると，式 (6.10) は

$$A(q)y(k) = B(q)u(k) + w(k) \tag{6.16}$$

と書き直される．このように記述されるモデルを ARX（Auto-Regressive eXogenous）モデルという．これはシステム同定においてしばしば利用される重要なモデルである[2]．また，ARX モデルは後述する最小二乗法にとって都合のよいモデルであるため，**最小二乗モデル**（least-squares model）と呼ばれることもある．

ARX モデルは，式 (6.6) のシステムの伝達関数 $G(q)$ と雑音モデル $H(q)$ をそれぞれ次式のようにおくことに対応する．

$$G(q, \boldsymbol{\theta}) = \frac{B(q)}{A(q)}, \quad H(q, \boldsymbol{\theta}) = \frac{1}{A(q)} \tag{6.17}$$

式 (6.6) ではインパルス応答という無限個のパラメータによってモデルを表現していたが，ここではたかだか $(n_a + n_b)$ 個のパラメータでモデルを表現していることに注意する．これがパラメトリックモデルといわれるゆえんである．ARX モデルのブロック線図を図 6.1 に示した．

さて，ARX モデルの 1 段先予測値は，Point 6.3 より次式のようになる．

$$\widehat{y}(k|\boldsymbol{\theta}) = [1 - A(q)] y(k) + B(q)u(k) = \boldsymbol{\theta}^T \boldsymbol{\varphi}(k) \tag{6.18}$$

式 (6.18) より明らかなように，ARX モデルでは，1 段先予測値が $\boldsymbol{\theta}$ に関して線形な関係式（すなわち 1 次式）で記述できる．このように，$\widehat{y}(k|\boldsymbol{\theta})$ は式 (6.13) の右辺において，確率変数 $w(k)$ がないものに一致する．このため，ARX モデルは**線形回帰モデル**（linear regression model）とも呼ばれる．

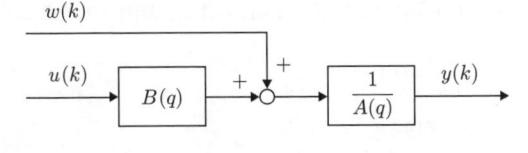

図 6.1　ARX モデル

---
[1]. 共通因子をもたないこと．
[2]. なぜ ARX モデルという名称が用いられているのかについては，ミニ・チュートリアル 2 (p.103) を参照．

ミニ・チュートリアル1 —— 時系列モデル

ARXモデルという用語は，代表的な**時系列解析**（time-series analysis）用のモデルであるARモデルから派生したものである．そこで，このミニ・チュートリアルでは下図に示した三つの時系列モデルについて簡単にまとめよう．

$w(k) \rightarrow \boxed{\dfrac{1}{A(q)}} \rightarrow x(k)$　　　$w(k) \rightarrow \boxed{B(q)} \rightarrow x(k)$　　　$w(k) \rightarrow \boxed{\dfrac{B(q)}{A(q)}} \rightarrow x(k)$

　　(a) AR モデル　　　　　　　(b) MA モデル　　　　　　　(c) ARMA モデル

これらのモデルは，確率過程である白色雑音 $w(k)$ をシステムに入力した結果生じる出力として，時系列データ（離散時間信号）$x(k)$ をモデリングしようとする考えに基づいており，それぞれつぎのように記述される．

(a) **AR**（Auto-Regressive, **自己回帰**）モデル

$$x(k) = \frac{1}{A(q)} w(k) \tag{6.19}$$

システムの極の情報だけを用いるモデルで，全極モデルとも呼ばれる．音声信号や地震波などのような振動的な時系列データを記述するのに適している．問題は，測定された時系列データ $x(k)$ からいかにして $A(q)$ を求めるかであるが，ARモデルによる時系列データの解析は，赤池（AIC（赤池情報量規範）などで有名，コラム7 (p.191) を参照）や Burg（最大エントロピー法（MEM：Maximum Entropy Method）の提案者）らにより，1970年代初頭に確立された．

(b) **MA**（Moving Average, **移動平均**）モデル

$$x(k) = B(q) w(k) \tag{6.20}$$

システムの零点の情報だけを用いるモデルで，全零モデルとも呼ばれる．

(c) **ARMA**（Auto-Regressive Moving Average, **自己回帰・移動平均**）モデル

$$x(k) = \frac{B(q)}{A(q)} w(k) \tag{6.21}$$

極零モデルとも呼ばれる．

いずれのモデルにおいても，実際に計測できるのは時系列信号である $x(k)$ のみであることに注意する．時系列モデルは信号の解析用のモデルであり，信号を解析することは，ARMAモデルなどで記述されるシステムを解析することと等価になる．

ミニ・チュートリアル1　(つづき)

　これらの時系列モデルの拡張として，非定常時系列データを記述するために，積分を導入した ARIMA（Auto-Regressive Integrated Moving Average）モデルなども提案されている．時系列解析については，Box & Jenkins の "Time Series Analysis Forecasting and Control"（1970）が名著である．時系列解析は，工学の問題よりむしろ計量経済学のような経済の予測問題に数多く適用され，成果をあげている．

　AR モデルなどでは時系列データを伝達関数システムで記述したが，状態空間形式で時系列データを記述する方法が**カルマンフィルタ**（Kalman filter）である．カルマンフィルタを用いると，より柔軟な時系列モデリングが可能になる．

例題 6.1

差分方程式
$$y(k) = 1.5y(k-1) - 0.7y(k-2) + u(k-1) + 0.5u(k-2) + w(k) \tag{6.22}$$
で記述される離散時間 LTI システムについて考える．このとき，

(1) 式 (6.6) で定義した $G(q)$ と $H(q)$ を求めよ．
(2) 1 段先予測値 $\widehat{y}(k|\boldsymbol{\theta})$ を求めよ．

解答

(1) まず，多項式 $A(q)$, $B(q)$ はそれぞれつぎのようになる．
$$A(q) = 1 - 1.5q^{-1} + 0.7q^{-2}, \quad B(q) = q^{-1} + 0.5q^{-2}$$
したがって，
$$G(q) = \frac{B(q)}{A(q)} = \frac{q^{-1} + 0.5q^{-2}}{1 - 1.5q^{-1} + 0.7q^{-2}}$$
$$H(q) = \frac{1}{A(q)} = \frac{1}{1 - 1.5q^{-1} + 0.7q^{-2}}$$

(2) Point 6.3 より 1 段先予測値は
$$\begin{aligned}\widehat{y}(k|\boldsymbol{\theta}) &= [1 - A(q)]y(k) + B(q)u(k) \\ &= (1.5q^{-1} - 0.7q^{-2})y(k) + (q^{-1} + 0.5q^{-2})u(k) \\ &= 1.5y(k-1) - 0.7y(k-2) + u(k-1) + 0.5u(k-2)\end{aligned}$$
となる．　■

式 (6.16) で定義した ARX モデルに**むだ時間**（n_k とする）を導入するためには，次式のようにすればよい．

$$A(q)y(k) = B(q)u(k - n_k) + w(k) \tag{6.23}$$

これまでは，暗黙のうちにむだ時間は存在せず，厳密にプロパーなシステム[3]を仮定してきたため，$n_k = 0$ とおいていた．以下で定義するモデルに対しても，同様にしてむだ時間を導入できる．

6.2.2　FIR モデル

式 (6.16) の ARX モデルにおいて，$A(q) = 1$ とおくと，次式の **FIR**（Finite Impulse Response）モデルが得られる（FIR モデルのブロック線図を図 6.2 に示した）．

$$y(k) = B(q)u(k) + w(k) \tag{6.24}$$
$$= b_1 u(k-1) + \cdots + b_{n_b} u(k - n_b) + w(k) \tag{6.25}$$
$$= \boldsymbol{\theta}^T \boldsymbol{\varphi}(k) + w(k) \tag{6.26}$$

ただし，

$$\boldsymbol{\theta} = [\, b_1, \ldots, b_{n_b} \,]^T \tag{6.27}$$
$$\boldsymbol{\varphi}(k) = [\, u(k-1), \ldots, u(k-n_b) \,]^T \tag{6.28}$$

である．

このように，FIR モデルは線形回帰モデルであるので，出力の 1 段先予測値は，

$$\widehat{y}(k|\boldsymbol{\theta}) = B(q)u(k) = \boldsymbol{\theta}^T \boldsymbol{\varphi}(k) \tag{6.29}$$

で与えられる．

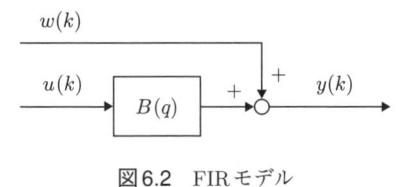

図 6.2　FIR モデル

---

[3]. 伝達関数の分母多項式の次数が分子多項式のそれより大きいシステムのこと．

ミニ・チュートリアル2 ── ARXモデルの名の由来

古典的なシステム同定の研究者の多くは，確率・統計理論の専門家であり，時系列解析が研究のベースにあった．そのため，時系列モデルとシステム同定モデルを混同して扱うことが多く，明確な線引きがなされないこともあった．本書で用いているARXモデルという，制御の分野ではやや耳慣れない言葉がメジャーになったのも，実は1990年代に入ってからである．ここでは，なぜARXモデルと命名されたのかについて説明しよう．

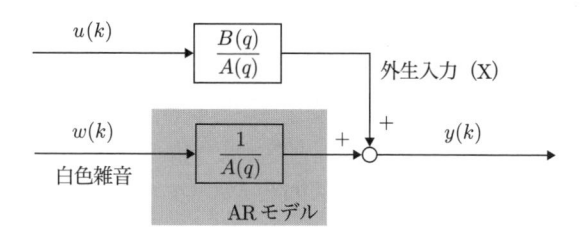

```
        u(k)    ┌────────┐
        ───────▶│ B(q)/A(q)│────────▶ 外生入力 (X)
                └────────┘           +
                                      ↓ +      y(k)
        w(k)    ┌────────┐          ⊕─────────▶
        ───────▶│  1/A(q) │──────────▶
        白色雑音 └────────┘
                   AR モデル
```

図6.1に示したARXモデルのブロック線図を書き直すと上図が得られる．図より，白色雑音 $w(k)$ がシステム $1/A(q)$ に入力され，ARモデルを構成している．一方，制御入力 $u(k)$ がシステム $B(q)/A(q)$ を通過したものが加算点で加わっているが，これを外生入力 (eXogenous) と見なし，Xとおく．なぜならば，制御入力を白色雑音のような確率過程と見なすことは，一般にできないからである．以上より，ARモデルに外生入力Xが加わったので，ARXモデルと命名された．

ARXモデルのようなシステム同定用のモデルでは，外生入力 (X)，すなわち同定/制御入力 $u(k)$ と出力信号 (制御量) $y(k)$ が計測でき，これはシステム解析用のモデルであることに注意する．一方，ARXモデルのもとになったARモデルは信号解析用のモデルである．

FIRモデルにおける雑音項 $w(k)$ が入力信号と独立で，平均値が0であれば（白色性である必要はなく，有色性であってもよい！），後述するパラメータの最小二乗推定値は，不偏推定値（偏りをもたない推定値のこと）になることが知られている．このように，FIRモデルは観測雑音に対してよい性質をもつため，システム同定においてしばしば用いられる．

例題6.2

例題6.1で与えたシステムの伝達関数は，

$$G(q) = \frac{B(q)}{A(q)} = \frac{q^{-1} + 0.5q^{-2}}{1 - 1.5q^{-1} + 0.7q^{-2}} \tag{6.30}$$

で与えられる．このとき，このシステムのインパルス応答を計算せよ．そして，FIRモデルを作成するとしたら，多項式$B(q)$の項数をどのくらいに選んだらよいか検討せよ．

解答 計算されたインパルス応答を図6.3に示す．このシステムは安定なので，インパルス応答は時間の経過とともに0に向かっている．たとえば30番目のインパルス応答の値は0.0172であるので，30個程度のインパルス応答をとる必要がある．■

なお，MATLABでインパルス応答を計算する方法は以下のとおりである．

```
>> a=[1 -1.5 0.7];
>> b=[0 1 0.5];
>> y=filter(b,a,[1 zeros(1,50)]);
>> stem(y)
```

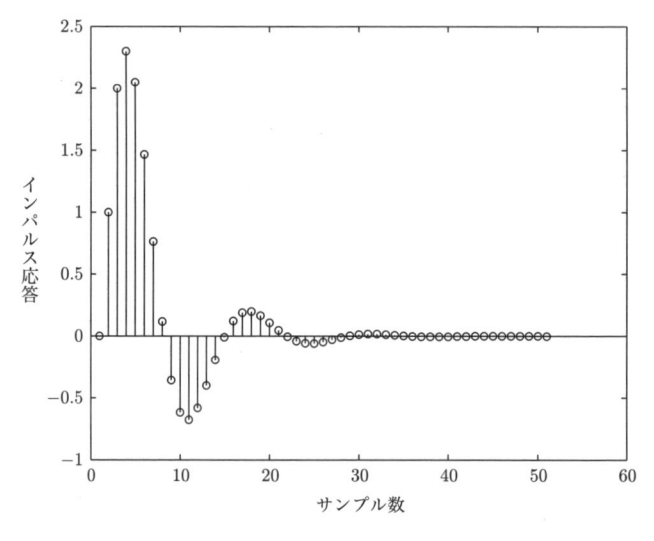

図6.3 インパルス応答

ミニ・チュートリアル 3 —— 白色化フィルタ

ARモデルを利用した白色化フィルタを紹介しよう．

いま，時系列データ $\{x(k);\ k = 1, 2, \ldots, N\}$ が測定されたとする．このデータは白色雑音でないとすると，ARモデルによって時系列モデリングできる．詳細は省略するが，ユール＝ウォーカー法や最大エントロピー法などを用いると，$A(q)$ の推定値 $\widehat{A}(q)$ を求めることができる．このようにして得られた $\widehat{A}(q)$ を**白色化フィルタ**（whitening filter）と呼ぶ．なぜならば，下図に示すように，時系列データ $x(k)$ を $\widehat{A}(q)$ に通して得られた $\varepsilon(k)$ は，$\widehat{A}(q) = A(q)$ のとき $w(k)$ に一致するからである．

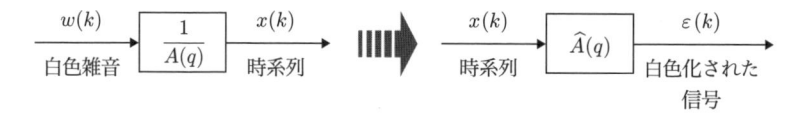

```
w(k)      ┌──────┐  x(k)          x(k)   ┌──────┐  ε(k)
─────────→│ 1/A(q)│─────→  ▶▶▶▶  ─────→│ Â(q) │─────→
白色雑音   └──────┘  時系列          時系列 └──────┘  白色化された
                                                      信号
```

このように，ARモデルを用いることにより，白色性でない有色性信号を白色化することができる．この白色化フィルタは第7章で説明する相関解析法で利用される．

この例題から明らかなように，インパルス応答を有限個で打ち切ったFIRモデルでは，モデルの項数を多くとる必要がある，すなわち，推定すべきパラメータ数が増加するという問題点がある．なお，インパルス応答を打ち切ることによる誤差はバイアス誤差と呼ばれ，ロバスト制御のための同定問題で研究されている．

6.2.3 ARMAXモデル

ARMAX（Auto-Regressive Moving Average eXogenous）モデルは次式で記述され，そのブロック線図を図6.4に示した．

$$A(q)y(k) = B(q)u(k) + C(q)w(k) \tag{6.31}$$

ただし，

$$C(q) = 1 + c_1 q^{-1} + \cdots + c_{n_c} q^{-n_c} \tag{6.32}$$

ARMAXモデルは，式 (6.6) において，つぎのようにおいたものに対応する．

$$G(q, \boldsymbol{\theta}) = \frac{B(q)}{A(q)}, \quad H(q, \boldsymbol{\theta}) = \frac{C(q)}{A(q)} \tag{6.33}$$

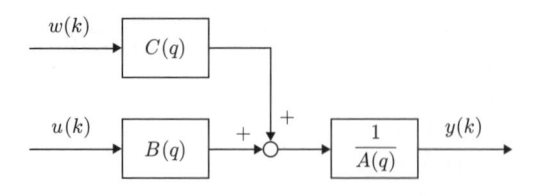

図6.4 ARMAXモデル

Point 6.3 より ARMAX モデルの 1 段先予測値は

$$\widehat{y}(k|\boldsymbol{\theta}) = \frac{B(q)}{C(q)}u(k) + \left[1 - \frac{A(q)}{C(q)}\right]y(k) \tag{6.34}$$

で与えられる．さらに，以下に示すような変形を行うことができる．

$$\widehat{y}(k|\boldsymbol{\theta}) = \left[\frac{C(q) - A(q)}{C(q)}y(k)\right] + \frac{B(q)}{C(q)}u(k)$$

上式の分母を払って，以下に示すような式変形を行う．

$$C(q)\widehat{y}(k|\boldsymbol{\theta}) = [C(q) - A(q)]\,y(k) + B(q)u(k)$$
$$C(q)\widehat{y}(k|\boldsymbol{\theta}) - \widehat{y}(k|\boldsymbol{\theta}) + \widehat{y}(k|\boldsymbol{\theta})$$
$$= [C(q) - 1 + 1 - A(q)]\,y(k) + B(q)u(k)$$
$$[C(q) - 1]\widehat{y}(k|\boldsymbol{\theta}) + \widehat{y}(k|\boldsymbol{\theta})$$
$$= B(q)u(k) + [1 - A(q)]\,y(k) + [C(q) - 1]\,y(k)$$
$$\widehat{y}(k|\boldsymbol{\theta}) = B(q)u(k) + [1 - A(q)]\,y(k)$$
$$+ [C(q) - 1]\,[y(k) - \widehat{y}(k|\boldsymbol{\theta})]$$

したがって，1 段先予測値は次式のように記述できる．

$$\widehat{y}(k|\boldsymbol{\theta}) = B(q)u(k) + [1 - A(q)]\,y(k) + [C(q) - 1]\,\varepsilon(k,\boldsymbol{\theta}) \tag{6.35}$$

ただし，$\varepsilon(k,\boldsymbol{\theta})$ は次式で定義される**予測誤差**（prediction error）である．

$$\varepsilon(k,\boldsymbol{\theta}) = y(k) - \widehat{y}(k|\boldsymbol{\theta}) \tag{6.36}$$

以上より，ARMAX モデルは線形回帰モデルではないが，**擬似線形回帰モデル**（pseudolinear regression model）と呼ばれる．

例題 6.3

差分方程式

$$y(k) = 1.5y(k-1) - 0.7y(k-2) + u(k-1) + 0.5u(k-2)$$
$$+ w(k) - w(k-1) + 0.2w(k-2) \tag{6.37}$$

で記述される離散時間LTIシステムを考える．このとき，

(1) 式 (6.6) で定義した $G(q)$ と $H(q)$ を求めよ．
(2) 1段先予測値 $\widehat{y}(k|\boldsymbol{\theta})$ を求めよ．

解答

(1) まず，それぞれの多項式はつぎのようになる．

$$A(q) = 1 - 1.5q^{-1} + 0.7q^{-2}$$
$$B(q) = q^{-1} + 0.5q^{-2}$$
$$C(q) = 1 - q^{-1} + 0.2q^{-2}$$

したがって，

$$G(q) = \frac{B(q)}{A(q)} = \frac{q^{-1} + 0.5q^{-2}}{1 - 1.5q^{-1} + 0.7q^{-2}} \tag{6.38}$$

$$H(q) = \frac{C(q)}{A(q)} = \frac{1 - q^{-1} + 0.2q^{-2}}{1 - 1.5q^{-1} + 0.7q^{-2}} \tag{6.39}$$

(2) 式 (6.35) より，1段先予測値はつぎのようになる．

$$\widehat{y}(k|\boldsymbol{\theta}) = (q^{-1} + 0.5q^{-2})u(k) + (1.5q^{-1} - 0.7q^{-2})y(k)$$
$$+ (-q^{-1} + 0.2q^{-2})\varepsilon(k, \boldsymbol{\theta})$$
$$= u(k-1) + 0.5u(k-2) + 1.5y(k-1)$$
$$- 0.7y(k-2) - \varepsilon(k-1, \boldsymbol{\theta}) + 0.2\varepsilon(k-2, \boldsymbol{\theta}) \tag{6.40}$$

違う方法で1段先予測値を計算してみよう．

$$\widehat{y}(k|\boldsymbol{\theta}) = [1 - H^{-1}(q)]y(k) + H^{-1}(q)G(q)u(k)$$
$$= \left(1 - \frac{1 - 1.5q^{-1} + 0.7q^{-2}}{1 - q^{-1} + 0.2q^{-2}}\right)y(k) + \frac{q^{-1} + 0.5q^{-2}}{1 - q^{-1} + 0.2q^{-2}}u(k)$$
$$= \frac{0.5q^{-1} - 0.5q^{-2}}{1 - q^{-1} + 0.2q^{-2}}y(k) + \frac{q^{-1} + 0.5q^{-2}}{1 - q^{-1} + 0.2q^{-2}}u(k) \tag{6.41}$$

式 (6.41) は，1 時刻前までの入出力データから計算可能であるが，分数の形をしている．すなわち，線形回帰ではなく非線形回帰モデルになっている．　■

このほかにも，式誤差を AR モデル，ARMA モデルで表現することによって，以下のようなモデルが導出できる．

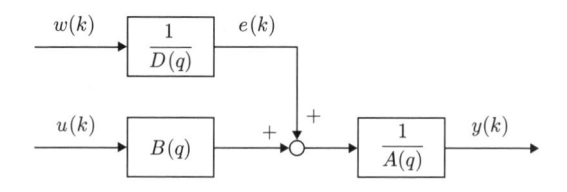

6.2.4　ARARX モデル

ARARX モデルは，白色雑音 $w(k)$ を AR モデルに通した出力を式誤差 $e(k)$ とした

$$D(q)e(k) = w(k)$$

であり，

$$A(q)y(k) = B(q)u(k) + \frac{1}{D(q)}w(k) \qquad (6.42)$$

で与えられる．これは一般化最小二乗法で利用されるため，**一般化最小二乗モデル**（generalized least-squares model）とも呼ばれる．ARARX モデルを図 6.5 に示した．

図 6.5　ARARX モデル

6.2.5　ARARMAX モデル

ARARMAX モデルは，白色雑音 $w(k)$ を ARMA モデルに通した出力を式誤差 $e(k)$ とした

$$D(q)e(k) = C(q)w(k)$$

であり，

$$A(q)y(k) = B(q)u(k) + \frac{C(q)}{D(q)}w(k) \qquad (6.43)$$

で与えられる．これは式誤差モデルの枠組みの中では最も一般的なモデルであり，**拡張行列モデル**（extended matrix model）とも呼ばれる．ARARMAX モデルを図 6.6 に示した．

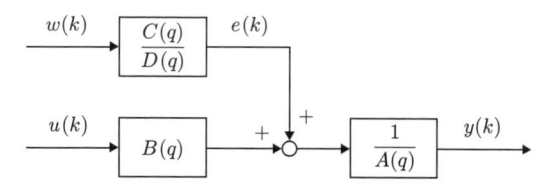

図6.6　ARARMAXモデル

6.3　出力誤差モデル

　式誤差モデルでは，ブロック線図から明らかなように雑音項がシステムの途中に入力する形式をとっていた．しかしながら，出力信号を観測する際に雑音が混入する観測雑音をモデリングするためには，次式で与えるモデルを採用するほうがより自然である．

$$y(k) = \frac{B(q)}{F(q)} u(k) + w(k) \tag{6.44}$$

ただし，

$$F(q) = 1 + f_1 q^{-1} + \cdots + f_{n_f} q^{-n_f} \tag{6.45}$$

とおいた．式 (6.44) のモデルは，出力信号 $y(k)$ に直接，外乱が入っているので，**出力誤差（OE：Output Error）モデル**と呼ばれる．OEモデルを図6.7に示した．このとき，1段先予測値は

$$\widehat{y}(k|\boldsymbol{\theta}) = \frac{B(q)}{F(q)} u(k) \tag{6.46}$$

となるため，非線形回帰モデルとなる．

　さて，式 (6.44) と式 (6.26) を比較すると，6.2.2項で与えたFIRモデルは，まさしく出力誤差モデルの形式をしていることに気づくだろう．このようにFIRモデルは，

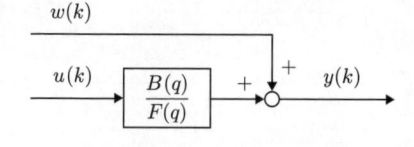

図6.7　OEモデル

出力誤差モデルの形式をしていながら1段先予測値は線形回帰式で与えられるため，式誤差モデルと出力誤差モデルのよい面を併せもつ優れたモデルである．

さらに，出力誤差モデルの中で最も一般的なモデル構造は，次式で記述される BJ（Box and Jenkins）モデル（図 6.8）である．

$$y(k) = \frac{B(q)}{F(q)}u(k) + \frac{C(q)}{D(q)}w(k) \tag{6.47}$$

ただし，

$$D(q) = 1 + d_1 q^{-1} + \cdots + d_{n_d} q^{-n_d} \tag{6.48}$$

とおいた．このとき，1段先予測値は次式で与えられる．

$$\widehat{y}(k|\boldsymbol{\theta}) = \frac{B(q)D(q)}{F(q)C(q)}u(k) + \left[1 - \frac{D(q)}{C(q)}\right]y(k) \tag{6.49}$$

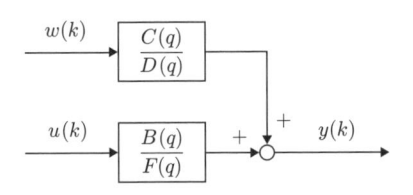

図 6.8　BJ モデル

最後に，式誤差モデルと出力誤差モデルを包括する最も一般的な多項式モデルを，つぎの Point 6.4 で与えよう．

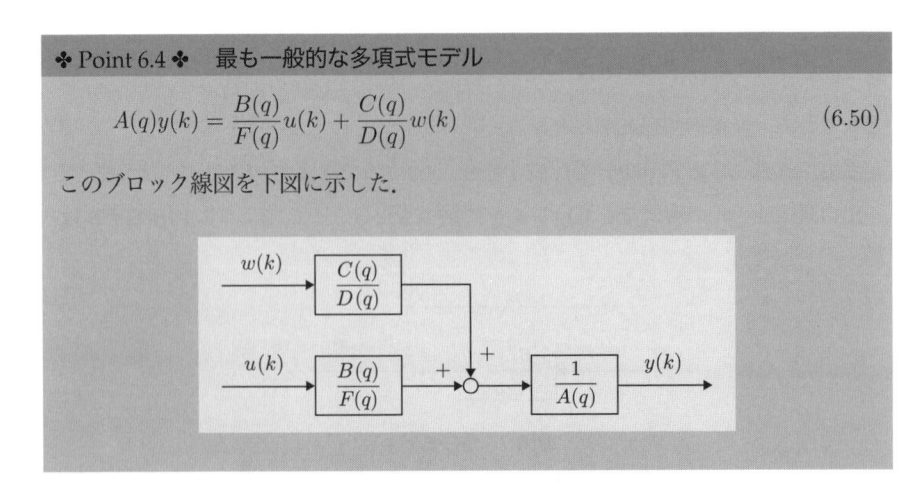

❖ Point 6.4 ❖　最も一般的な多項式モデル

$$A(q)y(k) = \frac{B(q)}{F(q)}u(k) + \frac{C(q)}{D(q)}w(k) \tag{6.50}$$

このブロック線図を下図に示した．

すると，これまでに紹介したモデルは，たとえばつぎのように式(6.50)のモデルの特殊な場合となる．

- $n_c = n_d = n_f = 0$ のとき， ARX モデル
- $n_d = n_f = 0$ のとき， ARMAX モデル
- $n_c = n_f = 0$ のとき， ARARX モデル
- $n_f = 0$ のとき， ARARMAX モデル
- $n_a = n_c = n_d = 0$ のとき， OE モデル
- $n_a = 0$ のとき， BJ モデル

最後に，パラメトリックモデルの形式と1段先予測値を表6.1にまとめた．

表6.1 多項式モデルの分類

モデル	$G(q)$	$H(q)$	1段先予測値 $\widehat{y}(k\|\boldsymbol{\theta})$
ARX	$\dfrac{B(q)}{A(q)}$	$\dfrac{1}{A(q)}$	$B(q)u(k) + [1 - A(q)]\,y(k)$
ARMAX	$\dfrac{B(q)}{A(q)}$	$\dfrac{C(q)}{A(q)}$	$B(q)u(k) + [1 - A(q)]\,y(k) + [C(q) - 1]\,[y(k) - \widehat{y}(k\|\boldsymbol{\theta})]$
FIR	$B(q)$	1	$B(q)u(k)$
OE	$\dfrac{B(q)}{F(q)}$	1	$\dfrac{B(q)}{F(q)}u(k)$
BJ	$\dfrac{B(q)}{F(q)}$	$\dfrac{C(q)}{D(q)}$	$\dfrac{D(q)B(q)}{C(q)F(q)}u(k) + \left[1 - \dfrac{D(q)}{C(q)}\right]y(k)$

6.4 雑音を考慮した状態空間モデル

式(4.44)，(4.45)で与えた離散時間LTIシステムの状態空間表現に測定雑音$w(k)$を加えると，

$$x(k+1) = \boldsymbol{A}x(k) + \boldsymbol{b}u(k) \tag{6.51}$$
$$y(k) = \boldsymbol{c}^T x(k) + w(k) \tag{6.52}$$

が得られる．ここで，直達項dは0とおいて無視した．式(6.51)をシフトオペレータ

q を用いて書き直すと，

$$x(k) = (qI - A)^{-1}bu(k) \tag{6.53}$$

が得られる．式 (6.53) を式 (6.52) に代入すると，次式が得られる．

$$y(k) = [c^T(qI - A)^{-1}b]u(k) + w(k) \tag{6.54}$$

式 (6.54) と式 (6.6) を比較すると，

$$G(q) = c^T(qI - A)^{-1}b = \frac{c^T \mathrm{adj}(qI - A)b}{\det(qI - A)} \tag{6.55}$$

$$H(q) = 1 \tag{6.56}$$

が得られる．ただし，$\mathrm{adj}(qI - A)$ は行列 $(qI - A)$ の余因子行列 (adjoint matrix) であり，$\det(qI - A)$ は行列 $(qI - A)$ の行列式である．以上より，式 (6.51)，(6.52) の状態空間モデルは，多項式モデルの OE モデルに対応することがわかる．

式 (6.52) をより柔軟に記述したものが，つぎに与える**イノベーション表現**（innovation representation）である．

$$x(k+1) = Ax(k) + bu(k) + kw(k) \tag{6.57}$$

$$y(k) = c^T x(k) + du(k) + w(k) \tag{6.58}$$

このとき，式 (6.6) の $G(q)$ と $H(q)$ は次式のようになる．

$$G(q) = c^T(qI - A)^{-1}b + d = \frac{c^T \mathrm{adj}(qI - A)b}{\det(qI - A)} + d \tag{6.59}$$

$$H(q) = c^T(qI - A)^{-1}k + 1 = \frac{c^T \mathrm{adj}(qI - A)k}{\det(qI - A)} + 1 \tag{6.60}$$

演習問題

6-1 ARMAX モデルと命名された理由を示すブロック線図を描き，簡単に説明せよ．

6-2 式 (6.57)，(6.58) で与えたイノベーション表現は，多項式モデルではどのモデルに対応するだろうか？

6-3 式 (6.4) のフィルタ $H(q)$ は，なぜ成形フィルタと呼ばれるのだろうか？

6-4 次式で記述される LTI システムについて考える．
$$y(k) + ay(k-1) = bu(k-1) + w(k) + cw(k-1) \quad (6.61)$$

ただし，$u(k)$ は入力であり，分散 μ の白色雑音とする．また，$y(k)$ は出力である．$w(k)$ は分散 λ の白色雑音であり，入力とは無相関であると仮定する．このとき，以下の問いに答えよ．

(1) 式 (6.61) のモデル形式の名称を記せ．

(2) 式 (6.61) の両辺に $w(k)$，$w(k-1)$，$u(k)$，$u(k-1)$，$y(k)$，$y(k-1)$ などを乗じ，期待値をとることによって，つぎの相関関数の値を計算せよ．

    a) $\gamma_{yw}(0) = \mathrm{E}[y(k)w(k)]$

    b) $\gamma_{yw}(1) = \mathrm{E}[y(k)w(k-1)]$

    c) $\gamma_{uy}(0) = \mathrm{E}[y(k)u(k)]$

    d) $\gamma_{uy}(1) = \mathrm{E}[y(k)u(k-1)]$

    e) $\gamma_{yy}(0) = \mathrm{E}[y^2(k)]$

    f) $\gamma_{yy}(1) = \mathrm{E}[y(k)y(k-1)]$

6-5 次式によって生成される離散時間信号 $\{x(k)\}$ について，以下の問いに答えよ．
$$x(k) = w(k) - w(k-1) + 0.2w(k-2) \quad (6.62)$$

ただし，$\{w(k)\}$ は $N(0,1)$ に従う正規性白色雑音とする．

(1) 式 (6.62) をシフトオペレータ q を用いて記述せよ．

(2) 式 (6.62) のモデルの名称を記せ．

(3) 信号 $\{x(k)\}$ の分散を計算せよ．

6-6 次式によって生成される離散時間信号 $\{y(k)\}$ について，以下の問いに答えよ．
$$y(k) = -ay(k-1) + bw(k), \quad |a| < 1 \quad (6.63)$$

ただし，$\{w(k)\}$ は $N(0,1)$ に従う正規性白色雑音とする．

(1) 式 (6.63) のモデルの名称を記せ．

(2) 式 (6.63) を

$$y(k) = c_0 w(k) + c_1 w(k-1) + \cdots$$

のように無限級数表現したとき，その係数 $c_0, c_1, \ldots$ を求めよ．

(3) 信号 $\{y(k)\}$ の分散を計算せよ．

6-7 差分方程式

$$y(k) + a_1 y(k-1) + a_2 y(k-2) = b_1 u(k-1) + b_2 u(k-2) + w(k)$$

で記述される LTI システムについて考える．ただし，$u(k)$ は入力，$y(k)$ は出力，$w(k)$ は白色雑音である．いま，$b_1 = 0.5$ であることが既知であると仮定したとき，$y(k)$ の 1 段先予測値を与える式を導け．

6-8 システム同定と時系列解析の違いについて説明せよ．

第7章 ノンパラメトリックモデルの同定

本章では,同定対象のインパルス応答や周波数伝達関数のようなノンパラメトリックモデルを同定する方法を紹介する.

7.1 相関解析法

ここでは,システム同定実験データから対象のインパルス応答を求める相関解析法について説明する.

7.1.1 相関解析法の基本

対象のインパルス応答を測定する最も直接的な方法は,インパルス信号という特別な入力を対象に印加し,その応答を計測することであるが,システム同定理論を用いれば,より一般的な入力信号を利用した場合でも,対象のインパルス応答を推定できる.ここでは,白色性入力を用いてインパルス応答を推定する**相関解析法** (correlation analysis method) について説明しよう.

同定対象は次式のように Point 6.2(p.96)で与えた離散時間LTIシステムの一般的な表現で記述されるとする.

$$y(k) = G(q)u(k) + v(k) = \sum_{\tau=0}^{\infty} g(\tau)u(k-\tau) + v(k) \tag{7.1}$$

ただし,$g(\tau)$ は対象のインパルス応答である.以下ではこれを推定する問題を考える.また,外乱 $v(k)$ は

$$v(k) = H(q)w(k) \tag{7.2}$$

と記述される.

基本的な相関解析法を理解するために,つぎの二つを仮定する.

(1) 外乱 $v(k)$ は同定入力 $u(k)$ と無相関である
(2) 同定入力 $u(k)$ は白色性である

仮定 (1) は，システム同定実験が開ループで行われることを意味する．そのため，ここで説明する相関解析法はそのままでは閉ループ同定実験データに適用することはできない．また，外乱 $v(k)$ が白色性である必要はないことに注意する．仮定 (2) は基本的な相関解析法のアルゴリズムを導出する際には必要であるが，後述するように，有色性入力の場合でも相関解析法を適用できる．

仮定 (2) より，入力の自己相関関数は

$$\phi_u(\tau) = \mathrm{E}[u(k+\tau)u(k)] = \begin{cases} \sigma_u^2, & \tau = 0 \text{のとき} \\ 0, & \text{その他} \end{cases} \tag{7.3}$$

で与えられる．ただし，σ_u^2 は入力の分散である．本書では入力信号の定常エルゴード性を仮定しているので，式 (7.3) の期待値は式 (3.20) で与えた時間平均より計算できる．

以上の準備のもとで，入出力信号の相互相関関数 $\phi_{uy}(\tau)$ は，

$$\phi_{uy}(\tau) = \mathrm{E}[y(k+\tau)u(k)] = \sigma_u^2 g(\tau) \tag{7.4}$$

となり，これより対象のインパルス応答 $g(\tau)$ を求めることができる．これが相関解析法によるインパルス応答推定の基本式である．

式 (7.4) において，$\phi_{uy}(\tau)$ と σ_u^2 は，サンプル平均より推定できる．すなわち

$$\widehat{\phi}_{uy}(\tau) = \frac{1}{N}\sum_{k=1}^{N} y(k+\tau)u(k), \quad \widehat{\sigma}_u^2 = \frac{1}{N}\sum_{k=1}^{N} u^2(k) \tag{7.5}$$

である．式 (7.4), (7.5) より，つぎの結果が得られる．

❖ **Point 7.1** ❖　相関解析法によるインパルス応答の推定値

$$\widehat{g}(\tau) = \frac{\widehat{\phi}_{uy}(\tau)}{\widehat{\sigma}_u^2} = \frac{\displaystyle\sum_{k=1}^{N} y(k+\tau)u(k)}{\displaystyle\sum_{k=1}^{N} u^2(k)} \tag{7.6}$$

項数が2の有限インパルス応答

$$G(q) = g(1)q^{-1} + g(2)q^{-2}$$

を用いて,式(7.4)が成り立つことを示そう.式(7.4)の左辺を計算すると,つぎのようになる.

$$\begin{aligned}
\phi_{uy}(\tau) &= \mathrm{E}[y(k+\tau)u(k)] \\
&= \mathrm{E}[\{G(q)u(k+\tau) + v(k+\tau)\}u(k)] \\
&= \mathrm{E}[\{(g(1)q^{-1} + g(2)q^{-2})u(k+\tau) + v(k+\tau)\}u(k)] \\
&= \mathrm{E}[\{(g(1)q^{-1} + g(2)q^{-2})u(k+\tau)\}u(k)] \quad (\because v \text{と} u \text{の無相関性より}) \\
&= \mathrm{E}[\{g(1)u(k+\tau-1) + g(2)u(k+\tau-2)\}u(k)] \\
&= g(1)\mathrm{E}[u(k+\tau-1)u(k)] + g(2)\mathrm{E}[u(k+\tau-2)u(k)] \\
&\quad (\because \text{期待値演算の線形性より}) \quad\quad (7.7)
\end{aligned}$$

図7.1に示したような閉ループ同定実験では,外乱vを含む出力yがフィードバックされるので,入力uはvの影響を受け,vとuは相関してしまう.したがって,式(7.7)の変形において,

$$\mathrm{E}[v(k+\tau)u(k)] = 0$$

とおくことができない.この理由より仮定(1)は必要になる.

式(7.7)より,

$$\phi_{uy}(\tau) = g(1)\mathrm{E}[u(k+\tau-1)u(k)] + g(2)\mathrm{E}[u(k+\tau-2)u(k)] \quad (7.8)$$

が得られた.$\tau = 0, 1, 2, 3, \ldots$に対する式(7.8)の値を計算すると,つぎの結果が得られる.

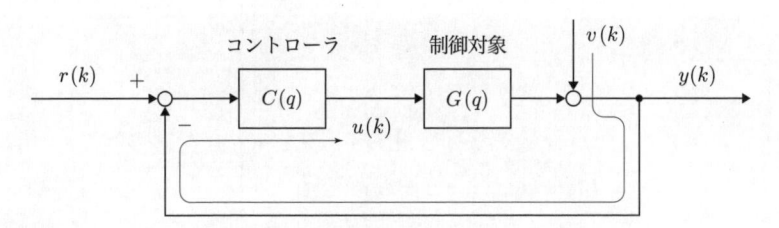

図7.1 閉ループ同定実験では,外乱$v(k)$と入力$u(k)$が相関してしまう!

$\tau = 0$ のとき, $\quad \phi_{uy}(0) = 0$ \hfill (7.9)

$\tau = 1$ のとき, $\quad \phi_{uy}(1) = g(1)\mathrm{E}[u^2(k)] = g(1)\sigma_u^2$ \hfill (7.10)

$\tau = 2$ のとき, $\quad \phi_{uy}(2) = g(2)\mathrm{E}[u^2(k)] = g(2)\sigma_u^2$ \hfill (7.11)

$\tau \geq 3$ のとき, $\quad \phi_{uy}(\tau) = 0$ \hfill (7.12)

これより式 (7.4) が導かれた.

いま考えている例では, $g(1)$, $g(2)$ の二つのインパルス係数しか含んでいなかったので式 (7.8) 右辺の項数は 2 個であるが, 一般には次式のようになる.

$$\phi_{uy}(\tau) = \sum_{i=0}^{\infty} g(i)\mathrm{E}[u(k+\tau-i)u(k)] \tag{7.13}$$

この式を用いることにより, インパルス応答の項数が 3 個以上の場合も, 同様に式 (7.4) が導かれる.

7.1.2　相関解析法のアルゴリズム

白色性入力を対象に印加することができない, すなわち入力が有色性の場合には, ミニ・チュートリアル 3 (p.105) で説明した白色化フィルタを利用することになる. この方法では, 入力 $u(k)$ をフィルタリングした時系列

$$u_\mathrm{F}(k) = L(q)u(k) \tag{7.14}$$

が近似的に白色性になるように, AR モデリングによって白色化フィルタ $L(q)$ を決定する. 出力も同じフィルタでフィルタリングし, $y_\mathrm{F}(k)$ を求める. すると, 式 (7.1) は

$$y_\mathrm{F}(k) = \sum_{\tau=0}^{\infty} g(\tau) u_\mathrm{F}(k-\tau) + v_\mathrm{F}(k) \tag{7.15}$$

となる. そして, フィルタリングされた入出力データ $\{u_\mathrm{F}(k), y_\mathrm{F}(k)\}$ に基づいてインパルス応答の推定値を計算する. 以上で与えた手順を Point 7.2 にまとめよう.

❖ Point 7.2 ❖　一般的な入力に対する相関解析法の計算手順

1. システム同定実験により, 入出力データ $\{u(k), y(k); k = 1, 2, \ldots, N\}$ を得る.
2. 白色化フィルタ $L(q)$ を設計し, 入出力データをフィルタリングする.

$$u_\mathrm{F}(k) = L(q)u(k), \quad y_\mathrm{F}(k) = L(q)y(k) \tag{7.16}$$

3. 次式よりインパルス応答を推定する.

$$\widehat{g}(\tau) = \frac{\sum_{k=1}^{N} y_{\mathrm{F}}(k+\tau) u_{\mathrm{F}}(k)}{\sum_{k=1}^{N} u_{\mathrm{F}}^2(k)}, \quad \tau = 0, 1, 2, \ldots \tag{7.17}$$

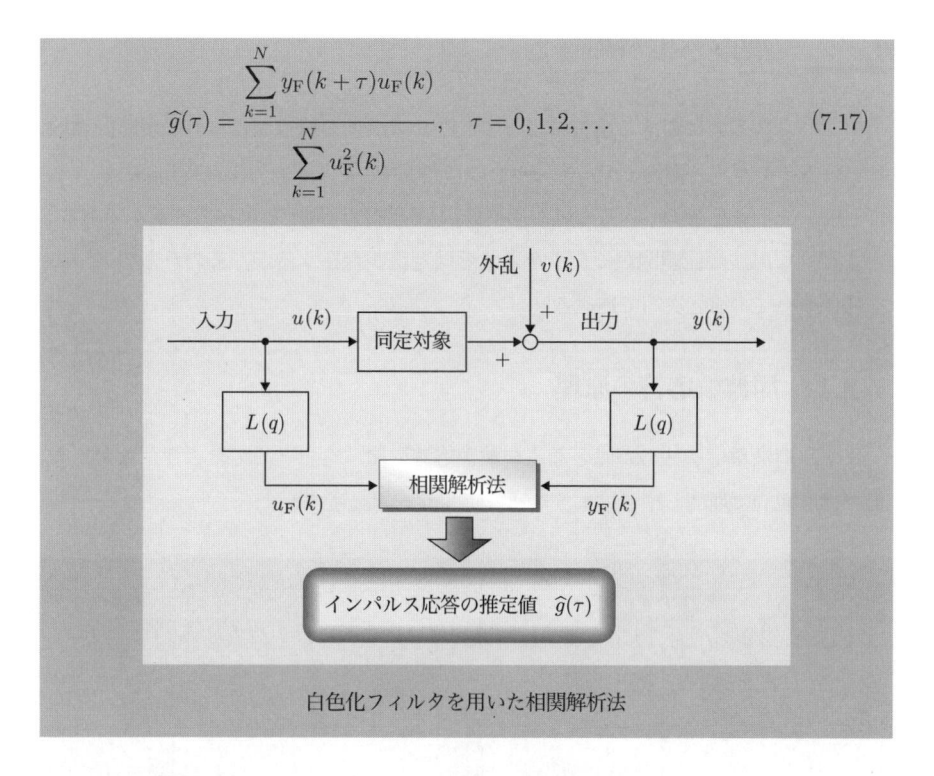

白色化フィルタを用いた相関解析法

なお，相関解析法の SITB のコマンド impulse を以下にまとめた．

```
>> data = iddata(y,u,Ts)   % iddataオブジェクトの生成
                           % y：出力，u：入力，Ts：サンプリング周期
>> plot(data)              % 入出力データの表示
>> ir = impulse(data)      % 相関解析法によるインパルス応答の推定
```

このコマンドを利用してデータからステップ応答を表示するコマンド step も準備されている．

```
>> sr = step(data)
```

7.2 周波数応答法

インパルス入力に対する応答によってLTIシステムを特徴づけたものが時間領域におけるインパルス応答モデルであったのに対して、正弦波入力に対する応答によってLTIシステムを特徴づけるものが、周波数伝達関数（周波数応答）モデルである。さまざまな周波数伝達関数モデルを求める同定法が存在するが、そのうちの二つの方法について本節と次節で述べる。

7.2.1 周波数応答の原理

まず、周波数応答法の基礎となる周波数応答の原理をまとめておこう。なお、本節では直観的に理解しやすいように連続時間形式で記述する。

♣ Point 7.3 ♣ 周波数応答の原理

周波数伝達関数が$G(j\omega)$である連続時間LTIシステムに、周波数ωの正弦波入力

$$u(t) = \sin \omega t \tag{7.18}$$

を加えると、定常状態において出力は、

$$y(t) = |G(j\omega)| \sin\{\omega t + \varphi(\omega)\} \tag{7.19}$$

となる。すなわち、正弦波の振幅は周波数ωにおけるシステムのゲイン特性倍され、位相角はシステムの位相特性だけ遅れる（下図参照）。

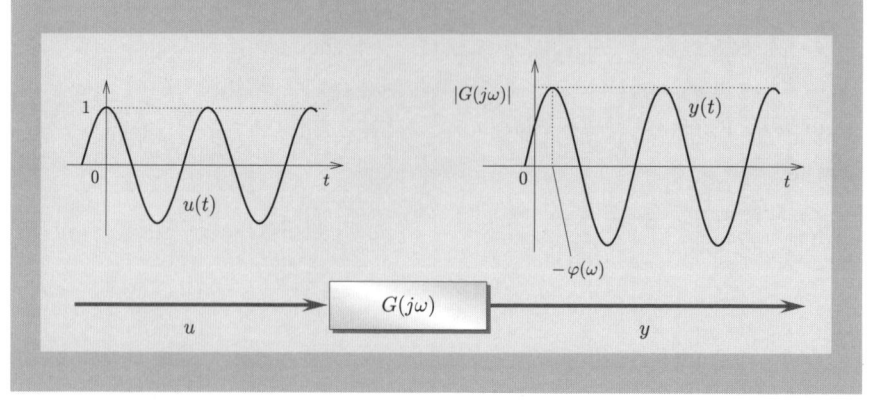

少々長い式展開になってしまうが，周波数応答の原理は線形システム理論の基礎なので，式 (7.19) を導出してみよう．線形システムの入出力関係をラプラス領域で考えると，

$$y(s) = G(s)u(s) \tag{7.20}$$

となる．いま，$u(t) = \sin \omega t$ なので，

$$u(s) = \mathcal{L}[u(t)] = \frac{\omega}{s^2 + \omega^2} \tag{7.21}$$

である．ここで，伝達関数 $G(s)$ を次式のようにおく．

$$G(s) = \frac{N(s)}{\prod_{i=1}^{n}(s - p_i)} \tag{7.22}$$

ただし，p_i は一般に複素数であり，$\mathrm{Re}(p_i) < 0$，すなわちシステムは安定であると仮定する．また，$N(s)$ は次数 $(n-1)$ の多項式である．

式 (7.21)，(7.22) を式 (7.20) に代入して，変形すると，

$$\begin{aligned}
y(s) &= \frac{N(s)}{\prod_{i=1}^{n}(s - p_i)} \frac{\omega}{s^2 + \omega^2} \\
&= \sum_{i=1}^{n} \frac{\gamma_i}{s - p_i} + \frac{G(s)\frac{\omega}{s+j\omega}\big|_{s=j\omega}}{s - j\omega} + \frac{G(s)\frac{\omega}{s-j\omega}\big|_{s=-j\omega}}{s + j\omega} \\
&= \sum_{i=1}^{n} \frac{\gamma_i}{s - p_i} + \frac{1}{2j}\left[\frac{G(j\omega)}{s - j\omega} - \frac{G(-j\omega)}{s - j\omega}\right]
\end{aligned} \tag{7.23}$$

となる．ここで，$\{\gamma_i\}$ は留数より計算される．式 (7.23) をラプラス逆変換すると，次式が得られる．

$$\begin{aligned}
y(t) &= \mathcal{L}^{-1}[y(s)] \\
&= \sum_{i=1}^{n} \gamma_i e^{p_i t} + \frac{1}{2j}\left[G(j\omega)e^{j\omega t} - G(-j\omega)e^{-j\omega t}\right] \\
&= \sum_{i=1}^{n} \gamma_i e^{p_i t} + \mathrm{Im}\left[G(j\omega)e^{j\omega t}\right]
\end{aligned} \tag{7.24}$$

さて，$G(j\omega)$ は複素数なので，次式のように極座標表現できる．

$$G(j\omega) = |G(j\omega)|e^{j\varphi(\omega)}$$

よって，式 (7.24) は次のように変形できる．

$$y(t) = \sum_{i=1}^{n} \gamma_i e^{p_i t} + \text{Im}\left[|G(j\omega)|e^{j(\omega t + \varphi(\omega))}\right]$$
$$= \sum_{i=1}^{n} \gamma_i e^{p_i t} + |G(j\omega)|\sin(\omega t + \varphi(\omega)) \tag{7.25}$$

上式の右辺第1項は $t \to \infty$ のときゼロになる過渡項なので，定常状態では，

$$y(t) = |G(j\omega)|\sin\{\omega t + \varphi(\omega)\}$$

となり，式 (7.19) が得られた．

Point 7.3 より，試験信号としてさまざまな周波数の正弦波を対象に印加し，定常状態におけるゲインと位相を測定すれば，多数の周波数点におけるゲイン・位相特性が得られる．それらをたとえばボード線図上にプロットすることにより，周波数伝達関数が図的に表現される．**周波数応答法** (frequency response method)，あるいは正弦波掃引法として知られるこの方法は，ロボットなどのメカニカルシステムなどでしばしば利用される**サーボアナライザ**の基本原理になっている．注目する周波数帯域では，周波数刻みを小さくすることにより，その帯域における詳細な同定を行うことができる．しかしながら，低周波になるにつれ，定常状態に達する時間が増大し，同定実験時間は長時間になってしまう．

7.2.2　相関を用いた周波数応答法

前項で述べた周波数応答法は，測定雑音の影響を考慮しない，雑音に弱い同定法だった．ここでは，雑音の影響を平均化することができる，相関を用いた周波数応答法を与えよう．

周波数 ω，振幅 A の離散時間正弦波信号

$$u(k) = A\sin\omega k \tag{7.26}$$

を離散時間線形システムに入力すると，定常状態において出力は，

$$y(k) = A|G(e^{j\omega})|\sin(\omega k + \varphi) + v(k) \tag{7.27}$$

で記述されるとする．ただし，$G(e^{j\omega})$ は同定すべき対象の離散時間周波数伝達関数であり，$v(k)$ は測定雑音である．

出力信号に入力の周波数と同じ ω の $\cos\omega k$ と $\sin\omega k$ をそれぞれ乗じ，次式のように時間平均をとる．

$$y_c(N) = \frac{1}{N}\sum_{k=1}^{N} y(k)\cos\omega k \tag{7.28}$$

$$y_s(N) = \frac{1}{N}\sum_{k=1}^{N} y(k)\sin\omega k \tag{7.29}$$

ただし，N は平均をとるデータ数である．

式 (7.28) に式 (7.27) を代入すると，次式が得られる．

$$\begin{aligned}
y_c(N) &= \frac{1}{N}\sum_{k=1}^{N} A|G(e^{j\omega})|\sin(\omega k + \varphi)\cos\omega k + \frac{1}{N}\sum_{k=1}^{N} v(k)\cos\omega k \\
&= A|G(e^{j\omega})|\frac{1}{2N}\sum_{k=1}^{N}\{\sin(2\omega k + \varphi) + \sin\varphi\} + \frac{1}{N}\sum_{k=1}^{N} v(k)\cos\omega k \\
&= \frac{A}{2}|G(e^{j\omega})|\sin\varphi + |G(e^{j\omega})|\frac{1}{2N}\sum_{k=1}^{N}\sin(2\omega k + \varphi) + \frac{1}{N}\sum_{k=1}^{N} v(k)\cos\omega k
\end{aligned} \tag{7.30}$$

式 (7.30) の右辺第 2 項と第 3 項は $N \to \infty$ のとき 0 になるので，データ数が大きな場合には，

$$y_c(N) = \frac{A}{2}|\widehat{G}(e^{j\omega})|\sin\varphi \tag{7.31}$$

が成り立つ．ここで，$\widehat{G}(e^{j\omega})$ は $G(e^{j\omega})$ の推定値を意味する．

同様にして，式 (7.29) に式 (7.27) を代入すると，次式が得られる．

$$y_s(N) = \frac{A}{2}|\widehat{G}(e^{j\omega})|\cos\varphi \tag{7.32}$$

ここで，三角関数の公式を用いた．

$$\sin\alpha\cos\beta = \frac{1}{2}\{\sin(\alpha+\beta) + \sin(\alpha-\beta)\} \tag{7.33}$$

$$\sin\alpha\sin\beta = \frac{1}{2}\{\cos(\alpha-\beta) - \cos(\alpha+\beta)\} \tag{7.34}$$

以上で述べた $y_c(N)$ と $y_s(N)$ の計算手順を図 7.2 のブロック線図にまとめた．

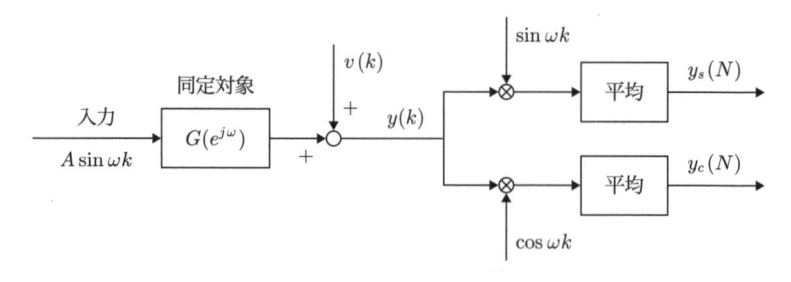

図 7.2 相関を用いた周波数応答法

式 (7.31), (7.32) より, 次式が得られる.

$$|\widehat{G}(e^{j\omega})| = \frac{2}{A}\sqrt{y_c^2(N) + y_s^2(N)} \tag{7.35}$$

$$\widehat{\varphi} = \arg \widehat{G}(e^{j\omega}) = \arctan \frac{y_s(N)}{y_c(N)} \tag{7.36}$$

これが周波数 ω におけるゲイン特性と位相特性の推定値である. そして, 試験信号としてさまざまな周波数の正弦波を対象に印加することにより, 多数の周波数点におけるゲイン・位相特性, すなわち周波数伝達関数が得られる.

7.3 スペクトル解析法

ここでは, 式 (7.1) で与えた外乱に汚された一般的な離散時間 LTI システムを同定対象とし, **スペクトル解析法**（spectral analysis method）を用いてその周波数伝達関数を推定する方法を与える. スペクトル解析法を用いると, システムの周波数特性のみならず, 外乱のパワースペクトル密度も直接推定することが可能になる.

まず, 式 (7.1) の両辺に $u(k-\tau)$ を乗じ, つぎに時間平均をとる. そしてデータ数 N が十分大きいと仮定すると, よく知られたつぎの方程式が得られる.

❖ Point 7.4 ❖ **ウィーナー＝ホッフ方程式**（Wiener-Hopf equation）

$$\phi_{uy}(\tau) = \sum_{i=1}^{\infty} g(i)\phi_u(\tau - i) \tag{7.37}$$

ここで, 入力 u と出力 y は無相関である, すなわち開ループ同定実験であると仮定

した.

式 (7.37) 右辺はインパルス応答と入力自己相関関数のたたみこみなので，式 (7.37) 両辺を離散フーリエ変換すると，

$$S_{uy}(e^{j\omega}) = G(e^{j\omega})S_u(e^{j\omega}) \tag{7.38}$$

が得られる．ただし，$S_{uy}(e^{j\omega})$ は出力と入力の間の相互スペクトル密度，$S_u(e^{j\omega})$ は入力のスペクトル密度であり，それぞれつぎのように与えられる（4.3節を参照）.

$$S_{uy}(e^{j\omega}) = \sum_{\tau=-\infty}^{\infty} \phi_{uy}(\tau)e^{-j\omega\tau} \tag{7.39}$$

$$S_u(e^{j\omega}) = \sum_{\tau=-\infty}^{\infty} \phi_u(\tau)e^{-j\omega\tau} \tag{7.40}$$

ここで，第3章で与えたウィーナー＝ヒンチンの定理を用いた.

また，$G(e^{j\omega})$ は周波数伝達関数であり，次式で与えられる.

$$G(e^{j\omega}) = \sum_{\tau=0}^{\infty} g(\tau)e^{-j\omega\tau} \tag{7.41}$$

式 (7.38) より，周波数伝達関数の推定値はつぎのように計算できる.

$$\widehat{G}(e^{j\omega}) = \frac{\widehat{S}_{uy}(e^{j\omega})}{\widehat{S}_u(e^{j\omega})} \tag{7.42}$$

一方，式 (7.1) より，

$$\mathrm{E}[y^2(k)] = \mathrm{E}\left[(G(q)u(k) + v(k))^2\right] \tag{7.43}$$

が得られ，$u(k)$ と $v(k)$ が無相関であることに注意してこれを計算すると，スペクトル密度に関する関係式

$$S_y(e^{j\omega}) = |G(e^{j\omega})|^2 S_u(e^{j\omega}) + S_v(e^{j\omega}) \tag{7.44}$$

が得られる．ただし，

$$S_v(e^{j\omega}) = \frac{1}{2\pi}\sum_{\tau=-\infty}^{\infty} \phi_v(\tau)e^{-j\omega\tau} \tag{7.45}$$

とおいた．したがって，外乱のスペクトル密度の推定値は次式のように計算できる.

$$\widehat{S}_v(e^{j\omega}) = \widehat{S}_y(e^{j\omega}) - \frac{|\widehat{S}_{uy}(e^{j\omega})|^2}{\widehat{S}_u(e^{j\omega})} \tag{7.46}$$

以上で示した関係式に含まれるさまざまなスペクトルを推定することによって，周波数伝達関数と外乱のパワースペクトル密度を推定することができる．典型的な手順を以下にまとめた．

❖ Point 7.5 ❖　スペクトル解析法の手順

Step 1　N 個の入出力データより，相関関数の推定値 $\widehat{\phi}_y(\tau), \widehat{\phi}_{uy}(\tau), \widehat{\phi}_u(\tau)$ を計算する．たとえば，つぎのようにすればよい．

$$\widehat{\phi}_{uy}(\tau) = \frac{1}{N} \sum_{k=1}^{N} y(k+\tau)u(k) \tag{7.47}$$

Step 2　対応するスペクトル密度の推定値を計算する．

$$\widehat{S}_{uy}(e^{j\omega}) = \frac{1}{2\pi} \sum_{\tau=-M}^{M} \widehat{\phi}_{uy}(\tau) W_M(\tau) e^{-j\omega\tau} \tag{7.48}$$

ただし，$W_M(\tau)$ は窓関数であり，M は窓長である．窓関数としては，矩形窓，バートレット，ハミング窓などが有名である．このとき問題となるのは M の選定法であるが，経験的に M はデータ長 N の 5〜20% がとられる．

Step 3　周波数伝達関数と外乱のスペクトルの推定値を，それぞれつぎのように計算する．

$$\widehat{G}(e^{j\omega}) = \frac{\widehat{S}_{uy}(e^{j\omega})}{\widehat{S}_u(e^{j\omega})} \tag{7.49}$$

$$\widehat{S}_v(e^{j\omega}) = \widehat{S}_y(e^{j\omega}) - \frac{|\widehat{S}_{uy}(e^{j\omega})|^2}{\widehat{S}_u(e^{j\omega})} \tag{7.50}$$

このように，スペクトル密度の推定値を利用したシステム同定法を，スペクトル解析法と総称する．このとき問題となるのは，スペクトル密度の計算法（推定法）であるが，これに関しては「スペクトル解析」の分野でさまざまな方法が提案されている（3.4 節参照）．

つぎに，スペクトル解析法により得られた推定値の品質について考えよう．たとえばハミング窓を用いた場合，スペクトル解析法により得られた推定値の分散は次

式のように近似できることが知られている．

$$\operatorname{var} \widehat{G}(e^{j\omega_n}) \approx 0.7 \frac{M}{N} \frac{\Phi_v(e^{j\omega_n})}{\Phi_u(e^{j\omega_n})} \tag{7.51}$$

$$\operatorname{var} \widehat{S}_{vv}(e^{j\omega_n}) \approx 0.7 \frac{M}{N} \Phi_v^2(e^{j\omega_n}) \tag{7.52}$$

ここで，N はデータ数，M は窓関数の窓長であり，分散は雑音項 v に対して期待値をとることにより計算した．

式 (7.51)，(7.52) より，推定値の分散はデータ数に反比例し，窓長に比例することがわかる．また，周波数伝達関数の推定値の分散は，それぞれの周波数における SN 比に比例する．したがって，着目する周波数帯域においてパワーを十分もつ同定入力信号を利用すべきであることがわかる．一般に，対象は高域でゲインが減少する厳密にプロパーなシステムであるため，高域になるにつれて SN 比は非常に劣化する．したがって，スペクトル解析法による推定値は，ナイキスト周波数に近づくにつれ非常に変動が大きなものになってしまう．なお，スペクトル解析法の SITB のコマンド spa を以下にまとめた．

```
>> g = spa(data)       % スペクトル解析法
>> bode(g)             % 推定された周波数伝達関数の表示
>> bode(g('n'))        % 推定された外乱スペクトルの表示
```

ボード線図の横軸は対数スケールの角周波数（rad/s）であり，縦軸は振幅（対数スケール），位相（線形スケール）である．それに対して，

```
>> ffplot(g)
>> ffplot(g('n'))
```

とすると，線形周波数スケール（Hz）で表示される．

注意1 コマンド spa では，窓関数 $W(\tau)$ としてハミング窓を用いている．また，M のデフォルト値は，30 と，データ数の 10 分の 1 のうちの小さいほうを用いている．さらに，M の大きさは，128 以下であればつぎのように任意の自然数に設定することができる．

```
>> g = spa(data,M)
```

たとえば，ある入出力データ data が与えられたとき，さまざまな M に対する周波数伝達関数を計算し，それぞれのボード線図を比較するためには，つぎのよう

にすればよい．

```
>> g10 = spa(data,10)
>> g25 = spa(data,25)
>> g50 = spa(data,50)
>> bodeplot(g10, g25, g50)
```

注意2 data = y の場合，すなわち，入出力信号でなく一つの信号（時系列データ）しか含まない場合に spa を用いると，その信号のパワースペクトル密度の推定値を計算できる．

```
>> g = spa(y)
>> ffplot(g)
```

たとえば，第2章で用いたヘアドライヤーの例題に対してスペクトル解析法を適用し，窓長 M を 10, 25, 50 と変化させた場合の周波数伝達関数の推定値を，図7.3のボード線図で比較してみよう．図より，窓関数の窓長 M を大きくするに従って，推

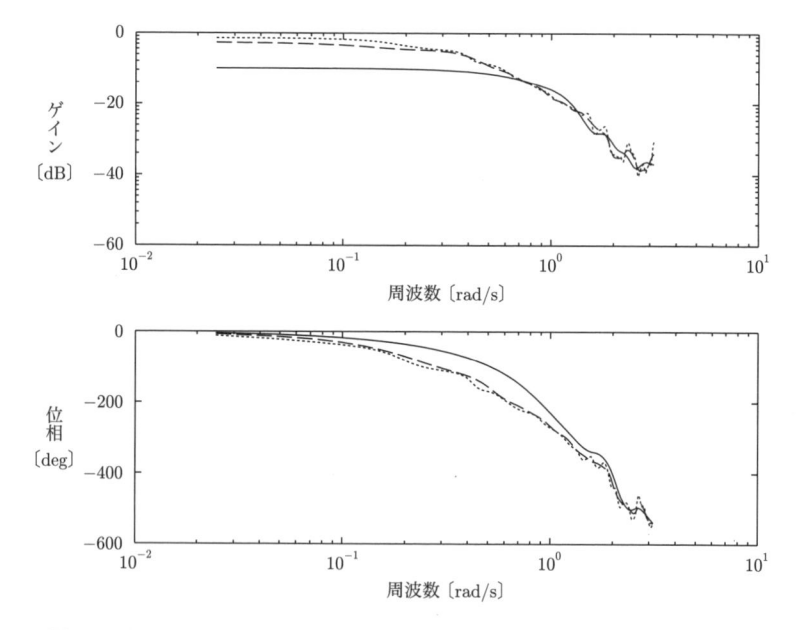

図7.3 スペクトル解析法による同定結果の例（実線：$M=10$，点線：$M=25$，破線：$M=50$）

定された周波数伝達関数の形状が鋭くなっていくことがわかる．

以上で与えたノンパラメトリックモデル同定法を表7.1にまとめた．これらの同定法により得られるモデルは，インパルス応答，周波数伝達関数など，さまざまだが，それらは前述したようにフーリエ変換や微分・積分などの関係で結ばれているため，あるモデルが得られれば，原理的には他のモデルに変換することができる．

表7.1　ノンパラメトリックモデルの同定法

同定法	同定入力	モデル	特徴（◎：利点，×：問題点）
相関解析法	任意	インパルス応答	◎ むだ時間，時定数，定常ゲインなどを推定できる ◎ 特別な入力を必要としない ◎ SN比が悪くてもデータ数が多ければ大丈夫 × 入力と外乱とは無相関でなければならない 　⇒ 閉ループデータは利用できない
周波数応答法	正弦波	周波数伝達関数	◎ 利用が容易である ◎ システムに仮定される条件は線形性のみ ◎ 着目する周波数帯域を重点的に同定できる × 低周波の同定に時間がかかる 　⇒ 同定対象へ負担がかかる
スペクトル解析法	任意	周波数伝達関数，外乱モデル	◎ システムに仮定される条件は線形性のみ ◎ 外乱のスペクトル密度も同時に推定できる ◎ 他のシステム同定結果のリファレンス（参考値）として利用できる × 高域における推定精度が悪い × 入力と外乱とは無相関でなければならない 　⇒ 閉ループデータは利用できない

演習問題

7-1　式 (7.31) を導出せよ．

7-2　式 (7.35) と式 (7.36) を導出せよ．

7-3　相関解析法やスペクトル解析法を閉ループシステム同定実験データに適用するためにはどうしたらよいだろうか？

第8章 パラメトリックモデルの同定

　本章ではパラメトリックモデルの同定法の基本である最小二乗法を中心に解説する．パラメータ推定問題は，設定した評価関数を最小化する最適化問題になるので，まず，推定のための評価関数を定義する．2次関数を評価関数に選んだものが最小二乗法であり，その最適化問題は線形連立方程式を解く問題に帰着される．さらに，得られた最小二乗推定値の統計的性質について詳しく調べる．また，状態空間モデルを用いた同定法である最小実現の基礎についても説明する．

8.1　パラメータ推定のための評価関数

　第6章で説明した多項式ブラックボックスモデルを用いたシステム同定問題は，ひとたびそのモデル構造が決まれば，モデルを構成する**パラメータ推定**（parameter estimation）問題に帰着する[1]．そこで，パラメータ推定のための評価関数として，

$$J_N(\boldsymbol{\theta}) = \frac{1}{N} \sum_{k=1}^{N} l(k, \boldsymbol{\theta}, \varepsilon(k, \boldsymbol{\theta})) \tag{8.1}$$

を設定する．ここで，$l(k, \boldsymbol{\theta}, \varepsilon(k, \boldsymbol{\theta}))$ は，予測誤差

$$\varepsilon(k, \boldsymbol{\theta}) = y(k) - \widehat{y}(k|\boldsymbol{\theta}) \tag{8.2}$$

の大きさ（距離）を測る正のスカラ値関数である．

　式 (8.2) 中の出力の1段先予測値 $\widehat{y}(k|\boldsymbol{\theta})$ は Point 6.3 (p.97) で与えられるので，予測誤差 $\varepsilon(k, \boldsymbol{\theta})$ は利用するパラメトリックモデルに依存する．また，関数 $l(k, \boldsymbol{\theta}, \varepsilon(k, \boldsymbol{\theta}))$

---

[1]. 本書では，「システム同定」（system identification），「パラメータ推定」（parameter estimation）という用語を利用する．それらの単語の組合せが逆の「システム推定」という用語は制御で利用しないし，「パラメータ同定」という用語もあまり適切ではない．本書では離散時間モデルを用いてシステム同定を行っているが，離散時間モデルのパラメータには，通常，物理的な意味がないからである．しかしながら，対象の物理定数（慣性モーメントやばね定数など）を入出力データから直接求める場合には，（物理）パラメータ同定という用語が用いられる．

としてどのような測度（ノルム）を選ぶかは，同定結果の利用目的に依存するが，通常，二乗ノルムや対数尤度などが用いられる．

式 (8.1) のような評価関数を未知パラメータ $\boldsymbol{\theta}$ に関して最小化することによって，パラメータ推定値 $\widehat{\boldsymbol{\theta}}(N)$ は計算できる．この手順を数式で書くと，つぎのようになる．

$$\widehat{\boldsymbol{\theta}}(N) = \arg\min_{\boldsymbol{\theta}} J_N(\boldsymbol{\theta}) \tag{8.3}$$

ここで，arg min は「ある関数（ここでは $J_N(\boldsymbol{\theta})$）を最小にする引数（argument, ここでは $\boldsymbol{\theta}$）」という意味である．すなわち，ここでは評価関数の最小値がほしいわけではなく，最小値を与える $\boldsymbol{\theta}$ がほしいことに注意する．

以上のように予測誤差から構成される評価関数 $J_N(\boldsymbol{\theta})$ を最小にするように推定値を計算するパラメータ推定法を，**予測誤差法**（PEM：Prediction Error Method）と総称する．予測誤差法の立場に立つと，システム同定モデルと関数 $l(k, \boldsymbol{\theta}, \varepsilon(k, \boldsymbol{\theta}))$ をどのように選定するかによって，これまでに提案されたさまざまなパラメータ推定法を分類できる．

たとえば，式 (8.1) 中の $l(k, \boldsymbol{\theta}, \varepsilon(k, \boldsymbol{\theta}))$ として，2次関数

$$l(k, \boldsymbol{\theta}, \varepsilon(k, \boldsymbol{\theta})) = \varepsilon^2(k, \boldsymbol{\theta}) \tag{8.4}$$

を選んだ場合を**最小二乗法**（least-squares method，LS法）という．

8.2　最小二乗推定値

ARX モデルや FIR モデルのように，出力の1段先予測値 $\widehat{y}(k|\boldsymbol{\theta})$ が，最適化されるべき未知パラメータ $\boldsymbol{\theta}$ に関して線形，すなわち，

$$\widehat{y}(k|\boldsymbol{\theta}) = \boldsymbol{\theta}^T \boldsymbol{\varphi}(k) \tag{8.5}$$

である線形回帰モデルの場合について考えよう．このとき，予測誤差は，

$$\varepsilon(k, \boldsymbol{\theta}) = y(k) - \widehat{y}(k|\boldsymbol{\theta}) = y(k) - \boldsymbol{\theta}^T \boldsymbol{\varphi}(k) \tag{8.6}$$

で与えられる．

式 (8.5) の線形モデルに対して最小二乗法を適用する．すなわち，式 (8.1) 中の関数 l として，

$$l(k, \boldsymbol{\theta}, \varepsilon(k, \boldsymbol{\theta})) = \varepsilon^2(k, \boldsymbol{\theta}) \tag{8.7}$$

を選ぶと，パラメータ推定のための評価関数は次式のようになる．

> **ミニ・チュートリアル4 —— 2次関数の最小化問題**
>
> 未知パラメータが1個の場合について考えよう．この場合，式 (8.14) 中の $\boldsymbol{\theta}$，$\boldsymbol{R}(N)$，$\boldsymbol{f}(N)$，$\boldsymbol{c}(N)$ はすべてスカラになるので，それらをそれぞれ x, a, b, c とおく．すると，式 (8.14) は変数 x に関する2次関数
>
> $$J(x) = ax^2 - 2bx + c \tag{8.8}$$
>
> になる．このとき，関数 $J(x)$ の最小値は，つぎのような微分を計算することによって容易に計算できる．
>
> $$\frac{\mathrm{d}}{\mathrm{d}x}J(x) = 2ax - 2b = 0 \tag{8.9}$$
>
> よって，
>
> $$\widehat{x} = \frac{b}{a} \tag{8.10}$$
>
> のとき，$J(x)$ は最小値をとる．このようにして得られた最小値が存在するためには，関数をさらにもう1階微分して，
>
> $$\frac{\mathrm{d}^2}{\mathrm{d}^2 x}J(x) = 2a > 0 \tag{8.11}$$
>
> が成り立てばよい．すなわち，$a > 0$ であれば，この2次関数は下に凸（convex）なので，最小値が存在する．これが高等学校の数学で学習した方法である．このように，評価関数が未知パラメータの2次関数，すなわち凸関数であるので，その最小化は簡単な微分計算によって行えるという点が，最小二乗法の大きな利点である．
>
> 蛇足ながら，中学校では微分を習わないので，このような問題では，
>
> $$J(x) = a\left(x - \frac{b}{a}\right)^2 + \left(c - \frac{b^2}{a}\right) \tag{8.12}$$
>
> のように**平方完成**（completing the square）を行い，最小値 $x = b/a$ を求めていた．
>
> このミニ・チュートリアルでは未知パラメータが1個の場合について考えてきたが，2個以上の場合についても同様の考え方を適用することができる．このとき，式 (8.8) の2次関数が式 (8.14) の2次形式になり，これについてはつぎのミニ・チュートリアルでまとめておこう．

$$J_N(\boldsymbol{\theta}) = \frac{1}{N}\sum_{k=1}^{N} \varepsilon^2(k, \boldsymbol{\theta}) = \frac{1}{N}\sum_{k=1}^{N}\{y(k) - \boldsymbol{\theta}^T\boldsymbol{\varphi}(k)\}^2 \tag{8.13}$$

式 (8.13) をさらに計算すると,

$$J_N(\boldsymbol{\theta}) = \boldsymbol{\theta}^T \boldsymbol{R}(N)\boldsymbol{\theta} - 2\boldsymbol{\theta}^T \boldsymbol{f}(N) + c(N) \tag{8.14}$$

が得られる.ただし,$\boldsymbol{R}(N)$ は $m \times m$ 行列,$\boldsymbol{f}(N)$ は $m \times 1$ ベクトル,$c(N)$ はスカラであり,それぞれつぎのように与えられる.

$$\boldsymbol{R}(N) = \frac{1}{N}\sum_{k=1}^{N}\boldsymbol{\varphi}(k)\boldsymbol{\varphi}^T(k) \tag{8.15}$$

$$\boldsymbol{f}(N) = \frac{1}{N}\sum_{k=1}^{N}\boldsymbol{\varphi}(k)y(k) \tag{8.16}$$

$$c(N) = \frac{1}{N}\sum_{k=1}^{N}y^2(k) \tag{8.17}$$

ここで,m は未知パラメータの個数,すなわち $\boldsymbol{\theta}$ の次元である.

式 (8.14) は未知パラメータベクトル $\boldsymbol{\theta}$ の 2 次形式なので,$J_N(\boldsymbol{\theta})$ を $\boldsymbol{\theta}$ に関して微分して $\boldsymbol{0}$ とおくことにより,$J_N(\boldsymbol{\theta})$ を最小化する $\boldsymbol{\theta}$ を見つけることができる.すなわち,

$$\nabla J_N(\boldsymbol{\theta}) = 2\boldsymbol{R}(N)\boldsymbol{\theta}(N) - 2\boldsymbol{f}(N) = \boldsymbol{0} \tag{8.18}$$

が得られる.最小値が存在するためには,$\boldsymbol{R}(N)$ が正定値行列である必要があるが,この点については次節で述べる.

式 (8.18) より,正規方程式と呼ばれる $\boldsymbol{\theta}$ に関する方程式が得られる.

> ❖ Point 8.1 ❖　**正規方程式** (normal equation)
>
> N 個の入出力データに基づく未知パラメータの最小二乗推定値 $\widehat{\boldsymbol{\theta}}(N)$ は,連立 1 次方程式
>
> $$\boldsymbol{R}(N)\widehat{\boldsymbol{\theta}}(N) = \boldsymbol{f}(N) \tag{8.19}$$
>
> を満たす.ただし,$\boldsymbol{R}(N)$ は $m \times m$ 正定値行列(既知),$\boldsymbol{f}(N)$ は $m \times 1$ 列ベクトル(既知)であり,$\widehat{\boldsymbol{\theta}}(N)$ が求めるべき $m \times 1$ 列(未知)ベクトルである.

ミニ・チュートリアル5 ── 2次形式（quadratic form）

線形代数における基本の一つである2次形式は，スカラの場合の2次関数の，ベクトルの場合への自然な拡張であり，難しいものではない．

つぎの例を考えよう．列ベクトル x と対称行列 A をつぎのようにおく．

$$x = \begin{bmatrix} x_1 \\ x_2 \end{bmatrix}, \quad A = \begin{bmatrix} 10 & 4 \\ 4 & 3 \end{bmatrix}$$

すると，ベクトル x の2次形式はつぎのようになる．

$$x^T A x = \begin{bmatrix} x_1 & x_2 \end{bmatrix} \begin{bmatrix} 10 & 4 \\ 4 & 3 \end{bmatrix} \begin{bmatrix} x_1 \\ x_2 \end{bmatrix} = 10x_1^2 + 8x_1 x_2 + 3x_2^2 \tag{8.20}$$

いま，$x = 0$ 以外のすべての x に対して，$x^T A x > 0$ のとき，すなわち，

$$x^T A x > 0, \quad {}^\forall x \neq 0 \tag{8.21}$$

のとき，この2次形式は**正定**（positive definite）と呼ばれる．このとき，$A > 0$ と表記され，行列 A は**正定値行列**と呼ばれる．逆に，$x^T A x < 0$ のとき，**負定**（negative definite）と呼ばれる．このとき，$A < 0$ と表記され，行列 A は**負定値行列**と呼ばれる．また，$x^T A x \geq 0$ のときは**半正定**（positive semi-definite），$x^T A x \leq 0$ のときは**半負定**（negative semi-definite）といわれる．

それでは，式(8.20)の2次形式が正定であるかどうか調べてみよう．式(8.20)を平方完成すると，

$$x^T A x = 10 \left(x_1 + \frac{2}{5} x_2 \right)^2 + \frac{7}{5} x_2^2$$

が得られる．この式は $x_1 = x_2 = 0$ でない限り必ず正になるので，この2次形式は正定である．

与えられた実対称行列 A に対して，式(8.21)の条件をしらみつぶしに調べることは困難だが，行列 A のすべての固有値が正のときに限り，その2次形式は正定であることが知られている（証明は演習問題とする）．ここで，正方行列が**正則**（non-singular）であるためにはすべての固有値が非零であればよいが，正定であるためには，すべての固有値が存在して，しかもすべて正でなければならない．

$A = I$ のとき，2次形式は

$$x^T A x = x^T x = \|x\|^2 \tag{8.22}$$

ミニ・チュートリアル5 　（つづき）

となり，ベクトルの**ユークリッドノルム**（Euclidean norm，すなわちベクトルの大きさ）の2乗に一致する．

なお，現代制御の中で有名な最適制御問題の評価関数も2次形式である．

□ 2次形式の微分

ベクトル量$\boldsymbol{x}$のスカラ値関数$J = \boldsymbol{x}^T \boldsymbol{A} \boldsymbol{x}$を$\boldsymbol{x}$で微分すると，

$$\nabla J = \frac{\mathrm{d}J}{\mathrm{d}\boldsymbol{x}} = 2\boldsymbol{A}\boldsymbol{x} \quad (\text{列ベクトル}) \quad \text{あるいは} \quad 2\boldsymbol{x}^T \boldsymbol{A} \quad (\text{行ベクトル}) \tag{8.23}$$

が得られ，これは**勾配**（gradient）ベクトルと呼ばれる．本書では，$\nabla V = 2\boldsymbol{A}\boldsymbol{x}$の列ベクトルの表記を採用する．

2階微分すると，

$$\nabla^2 J = \frac{\mathrm{d}^2 J}{\mathrm{d}\boldsymbol{x}^2} = 2\boldsymbol{A} \tag{8.24}$$

が得られ，これは**ヘッセ行列**（Hesse matrix）あるいは**ヘシアン**（Hessian）と呼ばれる．2次形式$J = \boldsymbol{x}^T \boldsymbol{A} \boldsymbol{x}$の最小値が存在するための条件は，$\boldsymbol{A}$が正定値行列であることである．

さて，時刻kにおけるARXモデル

$$y(k) = \boldsymbol{\theta}^T \boldsymbol{\varphi}(k) + w(k) \tag{8.25}$$

を，$k = 1$からNまで，ベクトル・行列を用いてまとめて表すと，

$$\boldsymbol{y}(N) = \boldsymbol{\Phi}(N)\boldsymbol{\theta} + \boldsymbol{w}(N) \tag{8.26}$$

が得られる．ただし，

$$\boldsymbol{y}(N) = \begin{bmatrix} y(1) & y(2) & \cdots & y(N) \end{bmatrix}^T \tag{8.27}$$

$$\boldsymbol{w}(N) = \begin{bmatrix} w(1) & w(2) & \cdots & w(N) \end{bmatrix}^T \tag{8.28}$$

とおいた．また，行列$\boldsymbol{\Phi}(N)$の大きさは$N \times m$であり，つぎのように与えられる．

- FIR モデルの場合

$$\boldsymbol{\Phi}(N) = \boldsymbol{U}(N) = \begin{bmatrix} u(0) & u(-1) & \cdots & u(-n+1) \\ u(1) & u(0) & \cdots & u(-n+2) \\ \vdots & \vdots & & \vdots \\ u(N-1) & u(N-2) & \cdots & u(N-n) \end{bmatrix} \quad (8.29)$$

ただし，$m = n$ である．

- ARX モデルの場合

$$\boldsymbol{\Phi}(N) = \begin{bmatrix} -\boldsymbol{Y}(N) & \boldsymbol{U}(N) \end{bmatrix}$$

$$= \begin{bmatrix} -y(0) & -y(-1) & \cdots \\ -y(1) & -y(0) & \cdots \\ \vdots & \vdots & \\ -y(N-1) & -y(N-2) & \cdots \end{bmatrix}$$

$$\begin{matrix} -y(-n+1) & u(0) & u(-1) & \cdots & u(-n+1) \\ -y(-n+2) & u(1) & u(0) & \cdots & u(-n+2) \\ \vdots & \vdots & \vdots & & \vdots \\ -y(N-n) & u(N-1) & u(N-2) & \cdots & u(N-n) \end{matrix} \Bigg] $$

$$(8.30)$$

ただし，$m = 2n$ である．ここで，$\{u(0), u(-1), \ldots, u(-n+1)\}$, $\{y(0), y(-1), \ldots, y(-n+1)\}$ は入出力データの初期値で，通常すべて 0 と仮定する．

以上の表記は式 (8.15)，(8.16) と次式のように関係づけられる．

$$\boldsymbol{R}(N) = \frac{1}{N}\boldsymbol{\Phi}(N)^T\boldsymbol{\Phi}(N), \quad \boldsymbol{f}(N) = \frac{1}{N}\boldsymbol{\Phi}(N)^T\boldsymbol{y}(N) \quad (8.31)$$

以上の表記を用いると，式 (8.13) の評価関数は次式のように書くこともできる．

$$J_N(\boldsymbol{\theta}) = \frac{1}{N}\|\boldsymbol{y}(N) - \boldsymbol{\Phi}(N)\boldsymbol{\theta}\|^2 \quad (8.32)$$

これを $\boldsymbol{\theta}$ に関して微分して $\boldsymbol{0}$ とおくと，つぎの Point 8.1′ を得る．

❖ Point 8.1' ❖　正規方程式

式 (8.19) で記述した正規方程式は，次式のように表すこともできる．

$$\left[\frac{1}{N}\boldsymbol{\Phi}(N)^T\boldsymbol{\Phi}(N)\right]\widehat{\boldsymbol{\theta}}(N) = \frac{1}{N}\boldsymbol{\Phi}(N)^T\boldsymbol{y}(N) \tag{8.33}$$

式 (8.19) あるいは式 (8.33) から明らかなように，線形回帰モデルのパラメータを最小二乗法によって推定する問題は，連立 1 次方程式を解く問題に帰着された．このとき，行列 $\boldsymbol{R}(N)$ が正則（ここでは，正則よりも強い概念である正定値）であるかどうかが問題になるが，正定値である場合には逆行列を用いてパラメータ推定値を求めることができる．このシステム同定法は**一括最小二乗法**（batch least squares method），あるいは**オフライン最小二乗法**（off-line least squares method）と呼ばれる．

❖ Point 8.2 ❖　一括最小二乗法

N 対の入出力データの測定値に基づく未知パラメータの最小二乗推定値は，次式より計算できる．

$$\begin{aligned}\widehat{\boldsymbol{\theta}}(N) &= \boldsymbol{R}(N)^{-1}\boldsymbol{f}(N) = \left[\frac{1}{N}\boldsymbol{\Phi}(N)^T\boldsymbol{\Phi}(N)\right]^{-1}\left[\frac{1}{N}\boldsymbol{\Phi}(N)^T\boldsymbol{y}(N)\right] \\ &= \left[\boldsymbol{\Phi}(N)^T\boldsymbol{\Phi}(N)\right]^{-1}\boldsymbol{\Phi}(N)^T\boldsymbol{y}(N)\end{aligned} \tag{8.34}$$

一括最小二乗法に対して，逐次最小二乗法（あるいはオンライン最小二乗法）と呼ばれるシステム同定法も存在するが，それについては第 9 章で説明する．

8.3　可同定性条件

式 (8.34) 中の $\boldsymbol{R}(N)$ が正定値でなければ，最小二乗推定値を求めることはできない．ここでは，同定モデルが ARX モデル

$$A(q)y(k) = B(q)u(k) + w(k) \tag{8.35}$$

で記述される場合，$\boldsymbol{R}(N)$ が正定値になるための条件について調べていこう．

ミニ・チュートリアル6 —— 最小二乗法

最小二乗法と言えば，下図に示すように，たとえば実験によって計測された N 組の測定値 $(x_1, y_1), (x_2, y_2), \ldots, (x_N, y_N)$ を直線 $y = ax + b$ に当てはめる問題（**適合**（fitting）問題）を思い起こす読者も多いだろう．

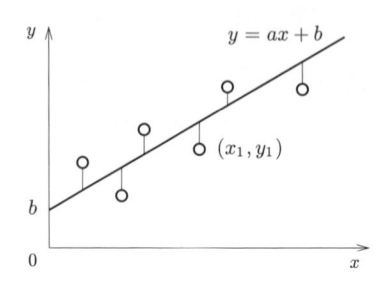

このとき，直線への適合度の評価関数として

$$J = \sum_{i=1}^{N} \{y_i - (ax_i + b)\}^2 \tag{8.36}$$

を選び，これを最小にするパラメータ (a, b) を決定する方法が最小二乗法である．

いま，

$$y_i - (ax_i + b) = y_i - [\,a,\,b\,] \begin{bmatrix} x_i \\ 1 \end{bmatrix} = y_i - \boldsymbol{\theta}^T \boldsymbol{x}_i$$

と書ける．ただし，$\boldsymbol{x}_i = [\,x_i,\,1\,]^T$, $\boldsymbol{\theta} = [\,a,\,b\,]^T$ とおいた．よって，評価関数は

$$J = \sum_{i=1}^{N} \left(y_i - \boldsymbol{\theta}^T \boldsymbol{x}_i\right)^2 \tag{8.37}$$

となり，これは2次形式であるので，未知パラメータ $\boldsymbol{\theta}$ に関して微分して $\boldsymbol{0}$ とおくことにより，最小二乗推定値が計算できる．この評価関数は，式 (8.13) と同じ形をしていることに注意する．この場合の正規方程式は，次式のようになる．

$$\left(\sum_{i=1}^{N} \boldsymbol{x}_i \boldsymbol{x}_i^T\right) \widehat{\boldsymbol{\theta}} = \sum_{i=1}^{N} y_i \boldsymbol{x}_i$$

$$\longrightarrow \begin{bmatrix} \sum_{i=1}^{N} x_i^2 & \sum_{i=1}^{N} x_i \\ \sum_{i=1}^{N} x_i & N \end{bmatrix} \begin{bmatrix} \widehat{a} \\ \widehat{b} \end{bmatrix} = \begin{bmatrix} \sum_{i=1}^{N} x_i y_i \\ \sum_{i=1}^{N} y_i \end{bmatrix} \tag{8.38}$$

> **ミニ・チュートリアル6　（つづき）**
>
> さらに計算を進めると，つぎの結果を得る．
>
> $$\widehat{a} = \frac{\sum_{i=1}^{N}(x_i - \overline{x})(y_i - \overline{y})}{\sum_{i=1}^{N}(x_i - \overline{x})^2}, \quad \widehat{b} = \overline{y} - \widehat{a}\,\overline{x} \tag{8.39}$$
>
> ただし，
>
> $$\overline{x} = \frac{1}{N}\sum_{i=1}^{N} x_i, \quad \overline{y} = \frac{1}{N}\sum_{i=1}^{N} y_i$$
>
> とおいた．

このとき，行列 $\boldsymbol{R}(N)$ は次式のように分割できる．

$$\boldsymbol{R}(N) = \frac{1}{N}\left[\begin{array}{c|c} \sum_{k=1}^{N}\boldsymbol{\varphi}_y(k)\boldsymbol{\varphi}_y^T(k) & \sum_{k=1}^{N}\boldsymbol{\varphi}_y(k)\boldsymbol{\varphi}_u^T(k) \\ \hline \sum_{k=1}^{N}\boldsymbol{\varphi}_u(k)\boldsymbol{\varphi}_y^T(k) & \sum_{k=1}^{N}\boldsymbol{\varphi}_u(k)\boldsymbol{\varphi}_u^T(k) \end{array}\right] \tag{8.40}$$

ただし，

$$\boldsymbol{\varphi}_y(k) = [\,-y(k-1),\,-y(k-2),\,\ldots,\,-y(k-n)\,]^T$$
$$\boldsymbol{\varphi}_u(k) = [\,u(k-1),\,u(k-2),\,\ldots,\,u(k-n)\,]^T$$

とおいた．このように，行列 $\boldsymbol{R}(N)$ は出力 $y(k)$ と入力 $u(k)$ の相関行列と相互相関行列より構成されていることがわかる．このとき，行列 $\boldsymbol{R}(N)$ が正定値になるための条件は以下のとおりである．

- (a) 同定入力が $2n$ 次の PE 性である
- (b-1) 同定対象は安定である
- (b-2) 同定対象は可観測である，すなわち，$A(q)$ と $B(q)$ は共通因子をもたない

ここで，条件 (a) は同定入力に関するものであり，条件 (b-1) と (b-2) は同定対象に関するものである．たとえば FIR モデルでは，インパルス応答が有限個なので必

ず安定になる．そのため，条件 (b-1) は不要であり，さらに，行列 $\boldsymbol{R}(N)$ は入力のみから構成されるため，条件 (b-2) も必要ない．

条件 (a) をより理解しやすいように表現しなおすと，つぎのようになる．

> ✣ Point 8.3 ✣ 　可同定性条件 (identifiability condition)
>
> n 次系を同定するためには，入力信号 $u(k)$ は次数 $2n$ の PE 性信号でなければならない．言い換えると，第 5 章で述べたように，単一の周波数の正弦波は次数 2 の PE 性信号であるので，n 次系を同定するためには，n 個の正弦波を用いなければならない．

Point 8.3 で得られた可同定性の結果は，つぎのような意味で非常に重要である．

- 古典的な線形システム同定法である「周波数応答法」では，対象の周波数特性を同定するために，着目する周波数にわたって多数の正弦波を対象に印加しなければならなかった．低周波帯域の同定には時間がかかるという問題点をはじめとし，減衰係数の小さな共振ピーク，反共振ピークを精度よく同定するためには，周波数間隔の狭い多数の正弦波が必要である，などといった問題点も有していた．
- それに対して，ここで説明したパラメトリックモデル同定法では，たとえば 1 次系を同定するのであれば一つの正弦波だけでよいということが，理論的に説明された．この結果より，システム同定実験時間の大幅な短縮が達成できた．

しかしながら，PE 性の条件は必要最小限の条件であることに注意する．したがって，より多くの正弦波である白色雑音や M 系列信号を利用できるのであれば，それらを用いたほうが同定精度は向上する．

8.4 推定値の統計的性質 [2]

システムの入出力関係が次式で記述されると仮定する.

$$y(k) = \varphi^T(k)\theta^* + \varepsilon(k) \tag{8.41}$$

複雑な（物理）現象をできるだけ単純なモデルで記述したい，すなわち，真のシステムよりモデルの構造のほうが単純であるという，制御のためのモデリングの立場では，この仮定は非現実的である．しかし，パラメータ θ の真値が存在するものとして，式 (8.41) ではそれを θ^* と表記した．また，$\varepsilon(k)$ は予測誤差である．

さらに，つぎのような仮定をする．

仮定 A1 $\varepsilon(k)$ は平均値 0 の定常確率過程である．すなわち，$\mathrm{E}[\varepsilon(k)] = 0$ が成り立つ．

仮定 A2 $\varepsilon(k)$ はデータベクトル $\varphi(k)$ と独立である．すなわち，$\mathrm{E}[\varphi(k)\varepsilon(k)] = \mathbf{0}$ が成り立つ．

以上の仮定のもとで，未知パラメータ θ^* の最小二乗推定値 $\hat{\theta}$ は，**確率変数**になる．したがって，最小二乗推定値の精度は，不偏性，一致性，有効性（誤差共分散）などといった統計的な物差しで測ることができる．それらを Point 8.4 にまとめた．

❖ **Point 8.4** ❖　推定値の統計的性質

☐ 不偏推定値（unbiased estimate）

推定値の平均値が真値に等しいとき，すなわち，

$$\mathrm{E}[\hat{\theta}] = \theta^* \tag{8.42}$$

が成り立つとき，$\hat{\theta}$ は不偏推定値であるといわれる．ただし，E は集合平均（期待値）を表す．本書で取り扱う確率過程はエルゴード性であると仮定するので，集合平均を時間平均に置き換えて考えてよい．

次図に示す二つの推定値はともに不偏推定値であるが，明らかに右側の推定値のほうが精度は高い．これは，不偏推定値という性質が，平均値（1 次モーメント）

---

[2] 本節での議論は実用的な観点から利用されることは少ないが，理論的な基礎知識として重要である．

での評価によるためであった．したがって，分散（2次モーメント）による評価が必要であり，それがつぎに述べる有効推定値である．

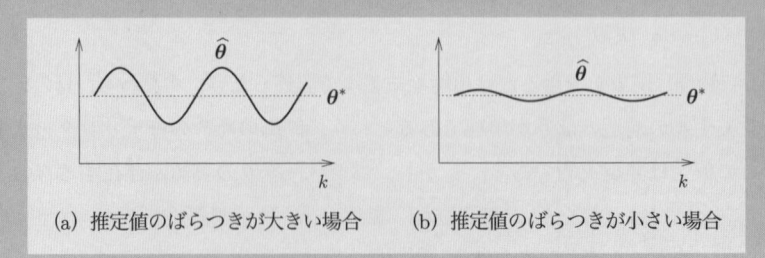

(a) 推定値のばらつきが大きい場合　(b) 推定値のばらつきが小さい場合

☐ **有効推定値**（efficient estimate）

不偏推定値の中で，**推定誤差共分散行列**[3]（estimation error covariance matrix）

$$\mathrm{cov}(\widehat{\boldsymbol{\theta}}) = \mathrm{E}\left[(\widehat{\boldsymbol{\theta}} - \mathrm{E}[\widehat{\boldsymbol{\theta}}])(\widehat{\boldsymbol{\theta}} - \mathrm{E}[\widehat{\boldsymbol{\theta}}])^T\right] \tag{8.43}$$

を最小にする推定値，すなわち，

$$\widehat{\boldsymbol{\theta}}_{\mathrm{mv}} = \arg\min_{\widehat{\boldsymbol{\theta}}} \mathrm{cov}(\widehat{\boldsymbol{\theta}}) \tag{8.44}$$

となる $\widehat{\boldsymbol{\theta}}_{\mathrm{mv}}$ を有効推定値，あるいは**最小分散推定値**（minimum variance estimate），**マルコフ推定値**（Markov estimate）という．厳密に言うと，推定誤差共分散行列が**クラーメル＝ラオの下界**（Cramér-Rao lower bound）と一致することをいう．

☐ **一致推定値**（consistent estimate）

$$\lim_{N \to \infty} \widehat{\boldsymbol{\theta}}(N) = \boldsymbol{\theta}^*, \quad \mathrm{w.p.1} \tag{8.45}$$

が成り立つとき，$\widehat{\boldsymbol{\theta}}(N)$ は一致推定量であるといわれる．ただし，w.p.1 は with probability 1 の略で，「確率1で」という意味である[4]．

式 (8.45) は，確率極限 $p \cdot \lim$ の表記を用いて次式のように書くこともできる．

$$p \cdot \lim_{N \to \infty} \widehat{\boldsymbol{\theta}}(N) = \boldsymbol{\theta}^* \tag{8.46}$$

---

[3]. 単に共分散行列と呼ばれることも多い．
[4]. 確率測度が定義されるところでは必ず成り立つ，という意味であり，almost surely (a.s.) と呼ばれることもある．

さて，式 (8.34) に式 (8.41) を代入すると，最小二乗推定値は次式を満たす．

$$\widehat{\boldsymbol{\theta}}(N) = \boldsymbol{\theta}^* + \left(\boldsymbol{\Phi}(N)^T\boldsymbol{\Phi}(N)\right)^{-1}\boldsymbol{\Phi}(N)^T\boldsymbol{\varepsilon}(N) \tag{8.47}$$

ただし，

$$\boldsymbol{\varepsilon}(N) = \begin{bmatrix} \varepsilon(1) & \varepsilon(2) & \cdots & \varepsilon(N) \end{bmatrix}^T \tag{8.48}$$

とおいた．以上の準備のもとで，最小二乗推定値の統計的性質について調べていこう．

❒ 不偏性

式 (8.47) の両辺の期待値をとると，次式が得られる．

$$\begin{aligned}
\mathrm{E}[\widehat{\boldsymbol{\theta}}(N)] &= \mathrm{E}\left[\boldsymbol{\theta}^*\right] + \mathrm{E}\left[\left(\boldsymbol{\Phi}(N)^T\boldsymbol{\Phi}(N)\right)^{-1}\boldsymbol{\Phi}(N)^T\boldsymbol{\varepsilon}(N)\right] \\
&\qquad (\because \text{期待値の線形性より}) \\
&= \mathrm{E}\left[\boldsymbol{\theta}^*\right] + \mathrm{E}\left[\left(\boldsymbol{\Phi}(N)^T\boldsymbol{\Phi}(N)\right)^{-1}\boldsymbol{\Phi}(N)^T\right]\mathrm{E}\left[\boldsymbol{\varepsilon}(N)\right] \\
&\qquad (\because \text{仮定 A2 より}) \\
&= \boldsymbol{\theta}^* \quad (\because \text{仮定 A1 より})
\end{aligned} \tag{8.49}$$

これより，仮定 A1, A2 のもとで最小二乗推定値は不偏推定値であることが導かれた．ここでは，$\{\varepsilon(k)\}$ が正規性，白色性であることを要求していないことに注意する．

❒ 有効性

最小二乗推定値の有効性を調べるために，推定誤差共分散行列を計算してみよう．

$$\begin{aligned}
\mathrm{cov}[\widehat{\boldsymbol{\theta}}(N)] &= \mathrm{E}\left[\{\widehat{\boldsymbol{\theta}}(N) - \mathrm{E}[\widehat{\boldsymbol{\theta}}(N)]\}\{\widehat{\boldsymbol{\theta}}(N) - \mathrm{E}[\widehat{\boldsymbol{\theta}}(N)]\}^T\right] \\
&= \mathrm{E}\left[(\widehat{\boldsymbol{\theta}}(N) - \boldsymbol{\theta}^*)(\widehat{\boldsymbol{\theta}}(N) - \boldsymbol{\theta}^*)^T\right] \\
&= \mathrm{E}\Big[\left\{\left(\boldsymbol{\Phi}(N)^T\boldsymbol{\Phi}(N)\right)^{-1}\boldsymbol{\Phi}(N)^T\boldsymbol{\varepsilon}(N)\right\} \cdot \\
&\qquad \cdot \left\{\left(\boldsymbol{\Phi}(N)^T\boldsymbol{\Phi}(N)\right)^{-1}\boldsymbol{\Phi}(N)^T\boldsymbol{\varepsilon}(N)\right\}^T\Big] \\
&= \left(\boldsymbol{\Phi}(N)^T\boldsymbol{\Phi}(N)\right)^{-1}\boldsymbol{\Phi}(N)^T\mathrm{E}[\boldsymbol{\varepsilon}(N)\boldsymbol{\varepsilon}(N)^T]\boldsymbol{\Phi}(N)\left(\boldsymbol{\Phi}(N)^T\boldsymbol{\Phi}(N)\right)^{-1} \\
&= \left(\boldsymbol{\Phi}(N)^T\boldsymbol{\Phi}(N)\right)^{-1}\boldsymbol{\Phi}(N)^T\boldsymbol{\Xi}\boldsymbol{\Phi}(N)\left(\boldsymbol{\Phi}(N)^T\boldsymbol{\Phi}(N)\right)^{-1}
\end{aligned} \tag{8.50}$$

ただし，$\boldsymbol{\Xi}$ は

$$\boldsymbol{\Xi} = \mathrm{E}[\boldsymbol{\varepsilon}(N)\boldsymbol{\varepsilon}(N)^T] \tag{8.51}$$

で定義される予測誤差 ε の共分散行列である．予測誤差 $\varepsilon(k)$ が平均値 0，分散 σ_ε^2 の白色雑音ならば，その共分散行列は

$$\Xi = \sigma_\varepsilon^2 I \tag{8.52}$$

となる．これを式 (8.50) に代入すると，次式を得る．

$$\mathrm{cov}[\widehat{\boldsymbol{\theta}}(N)] = \sigma_\varepsilon^2 \left(\boldsymbol{\Phi}(N)^T \boldsymbol{\Phi}(N)\right)^{-1} \tag{8.53}$$

以上のように，式誤差モデルで予測誤差が白色雑音の場合，すなわち ARX モデルや FIR モデルの場合には，最小二乗推定値の誤差共分散は最小になる．すなわち，最小二乗推定値は有効推定値になる．

□ 一致性

式 (8.19) より，パラメータ推定誤差はつぎのように計算できる．

$$\widetilde{\boldsymbol{\theta}}(N) = \widehat{\boldsymbol{\theta}}(N) - \boldsymbol{\theta}^* = \left[\frac{1}{N}\sum_{k=1}^{N}\boldsymbol{\varphi}(k)\boldsymbol{\varphi}^T(k)\right]^{-1}\left[\frac{1}{N}\sum_{k=1}^{N}\boldsymbol{\varphi}(k)\varepsilon(k)\right] \tag{8.54}$$

エルゴード性の仮定のもとで，次式が得られる．

$$\lim_{N\to\infty}\frac{1}{N}\sum_{k=1}^{N}\boldsymbol{\varphi}(k)\boldsymbol{\varphi}^T(k) = \mathrm{E}\left[\boldsymbol{\varphi}(k)\boldsymbol{\varphi}^T(k)\right] = \boldsymbol{F}^* \tag{8.55}$$

$$\lim_{N\to\infty}\frac{1}{N}\sum_{k=1}^{N}\boldsymbol{\varphi}(k)e(k) = \mathrm{E}\left[\boldsymbol{\varphi}(k)\varepsilon(k)\right] \tag{8.56}$$

ミニ・チュートリアル 7 —— 推定

推定に関連する英単語とその訳語をまとめておこう．

- estimate ：推定値 —— 推定の結果，計算された値
- estimator ：推定量 —— どのように推定を行うかという，推定の規則（ルール）
- estimation：推定法 —— 推定の方法

なお，片山 徹著：システム同定入門（朝倉書店，1994，p.14）では，推定値と推定量という用語を区別せず，すべて「推定値」という用語で統一している．そこで，本書でも推定値と推定量という用語を区別しないことにする．

式 (8.55),(8.56) を式 (8.54) に代入すると,

$$\lim_{N \to \infty} \widetilde{\boldsymbol{\theta}}(N) = \left(\mathrm{E}\left[\boldsymbol{\varphi}(k)\boldsymbol{\varphi}^T(k)\right]\right)^{-1} \mathrm{E}\left[\boldsymbol{\varphi}(k)\varepsilon(k)\right] \tag{8.57}$$

が得られる.いま,

$$\lim_{N \to \infty} \widetilde{\boldsymbol{\theta}}(N) = \mathbf{0} \tag{8.58}$$

が成り立つとき,最小二乗推定値は一致推定値となるが,そのための条件は,以下のとおりである.

i) $\boldsymbol{F}^*$ が正則 —— これは前述した可同定性条件である
ii) $\mathrm{E}\left[\boldsymbol{\varphi}(k)\varepsilon(k)\right] = \mathbf{0}$ —— これは仮定 A2 である

8.5 パラメトリックモデルのパラメータ推定

本節ではいくつかのパラメトリックモデルのパラメータ推定について説明する.

8.5.1 ARX モデルのパラメータ推定

ARX モデル

$$A(q)y(k) = B(q)u(k) + w(k) \tag{8.59}$$

の場合,予測誤差が白色性で,予測誤差とデータベクトルは独立なので,真のシステムとモデルの構造が一致していれば,その最小二乗推定値は望ましい三つの統計性,不偏性,有効性,一致性をもつ.したがって,ARX モデルは最小二乗推定に最も適したモデルである.

SITB による多項式ブラックボックスモデル同定法の一般形を以下に与えよう.

> 多項式ブラックボックスモデル同定のための M ファイルは,つぎの形式をとる.
> ```
> >> m = function(data,modstruc)
> ```
> ただし,data は入出力データ,modstruc は推定されるモデル構造を表す.推定されたモデル m の内容を表示するためには,つぎのコマンドを用いればよい.
> ```
> >> present(m)
> ```

ARXモデルパラメータの最小二乗推定をSITBで行うためには，以下に示すようなコマンドarxが準備されている．

```
>> m = arx(data,nn)
```
ここで，nn=[na nb nk]（na：多項式$A(q)$の次数，nb：多項式$B(q)$の次数，nk：むだ時間）である．

8.5.2 FIRモデルのパラメータ推定

次式で表されるFIRモデルを考える．

$$y(k) = B(q)u(k) + e(k) = \varphi^T(k)\theta^* + e(k) \tag{8.60}$$

ただし，$e(k)$は平均値0の確率過程とする．ここで，$e(k)$は白色雑音である必要はなく，有色性雑音でもよいことに注意する．

FIRモデルの最小二乗推定値は，つぎの二つの条件が満たされるとき，誤差が有色性であっても不偏，一致推定値になる．

- 入力が次数nのPE性
- 誤差$e(k)$が入力$u(k)$と独立，すなわち，開ループ同定

FIRモデルを用いた同定法の利点と問題点をまとめておこう．

❖ Point 8.5 ❖　FIRモデルを用いた同定の利点と問題点

利点
- モデルの構造や次数などに関する事前情報が不要である．
- 有色性雑音の場合であっても，最小二乗推定値は不偏性と一致性を有する．

問題点
- ARXモデルを用いたときと比べると，推定パラメータの個数が増加する．特に，低減衰の振動系の場合には，非常に多くのパラメータが必要になる．そのため，利用できる入出力データ数が少ない場合には，FIRモデルのパラメータ推定値の精度は悪い．

- FIRモデルは制御系設計に適したモデルではないので，推定されたFIRモデルを伝達関数のような簡潔なパラメトリックモデルに変換する必要がある．なお，インパルス応答から伝達関数への変換法としては，8.9.1項で述べる最小実現法，あるいは章末の付録（p.169）に示す最小二乗法などがある．

8.5.3 OEモデルのパラメータ推定

OEモデル

$$
\begin{aligned}
y(k) &= \frac{B(q)}{F(q)}u(k) + v(k) \\
&= \frac{b_1^* q^{-1} + \cdots + b_n^* q^{-n}}{1 + f_1^* q^{-1} + \cdots + f_n^* q^{-n}} u(k) + v(k) \\
&= \boldsymbol{\varphi}^T(k)\boldsymbol{\theta}^* + \varepsilon(k)
\end{aligned}
\tag{8.61}
$$

について考える．ただし，

$$
\begin{aligned}
\boldsymbol{\varphi}(k) &= [-y(k-1) \cdots -y(k-n)\ u(k-1) \cdots u(k-n)]^T \\
\boldsymbol{\theta}^* &= [f_1^* \cdots f_n^*\ b_1^* \cdots b_n^*]^T \\
\varepsilon(k) &= A(q)v(k)
\end{aligned}
$$

である．OEモデルでは，出力$y(k)$は出力雑音$v(k)$を含み，予測誤差$\varepsilon(k)$は$v(k)$と相関をもつため，データベクトル$\boldsymbol{\varphi}(k)$は予測誤差$\varepsilon(k)$と相関をもつ．したがって，OEモデルの最小二乗推定値はバイアスをもち（すなわち，不偏性はなく），また一致性ももたない．

以下では，この最小二乗推定値のバイアスの大きさについて調べていこう．

$$
\begin{aligned}
\widetilde{\boldsymbol{\theta}}(N) = \widehat{\boldsymbol{\theta}}(N) - \boldsymbol{\theta}^* &= \left[\frac{1}{N}\sum_{k=1}^{N}\boldsymbol{\varphi}(k)\boldsymbol{\varphi}^T(k)\right]^{-1}\left[\frac{1}{N}\sum_{k=1}^{N}\boldsymbol{\varphi}(k)\varepsilon(k)\right] \\
&= \left[\frac{1}{N}\sum_{k=1}^{N}\boldsymbol{\varphi}(k)\boldsymbol{\varphi}^T(k)\right]^{-1}\frac{1}{N}\sum_{k=1}^{N}\begin{bmatrix} -y^o(k-1) \\ \vdots \\ -y^o(k-n) \\ u(k-1) \\ \vdots \\ u(k-n) \end{bmatrix}\varepsilon(k)
\end{aligned}
$$

$$
+ \left[\frac{1}{N}\sum_{k=1}^{N}\boldsymbol{\varphi}(k)\boldsymbol{\varphi}^T(k)\right]^{-1} \frac{1}{N}\sum_{k=1}^{N} \begin{bmatrix} -v(k-1) \\ \vdots \\ -v(k-n) \\ 0 \\ \vdots \\ 0 \end{bmatrix} \varepsilon(k) \quad (8.62)
$$

ただし，$y^o(k)$ は出力雑音が存在しない場合の出力である．

$N \to \infty$ のとき，式 (8.62) の右辺第1項は0になるので，右辺第2項だけ計算すればよい．したがって，

$$
\lim_{N\to\infty}\widetilde{\boldsymbol{\theta}}(N) = -\left(\mathrm{E}[\boldsymbol{\varphi}(k)\boldsymbol{\varphi}^T(k)]\right)^{-1} \begin{bmatrix} \mathrm{E}[v(k-1)\varepsilon(k)] \\ \vdots \\ \mathrm{E}[v(k-n)\varepsilon(k)] \\ 0 \\ \vdots \\ 0 \end{bmatrix} \quad (8.63)
$$

これが，OEモデルを最小二乗法で同定したときの漸近バイアスである．式 (8.63) より，つぎのようなことがわかる．

- $v(k) = \varepsilon(k)$ であり，しかも予測誤差が白色性のときに限り，バイアスは0になる．これが成り立つのは，ARXモデルの場合である．
- 外乱 $v(k)$ が小さければ，バイアスの大きさも小さくなる．外乱が存在しなければ，OEモデルを最小二乗法で推定してもバイアスは存在しない．したがって，外乱が小さくて，ほぼ確定的なモデルの場合には，最小二乗法を用いてパラメータ推定を行っても，妥当な推定値を得ることができる．

8.6 重みつき最小二乗法

式 (8.32) の評価関数を次式のように少し修正する．

$$
\begin{aligned}
J_N(\boldsymbol{\theta}) &= \frac{1}{N}\|\boldsymbol{y}(N) - \boldsymbol{\Phi}(N)\boldsymbol{\theta}\|_{\boldsymbol{W}}^2 \\
&= \frac{1}{N}\{\boldsymbol{y}(N) - \boldsymbol{\Phi}(N)\boldsymbol{\theta}\}^T \boldsymbol{W} \{\boldsymbol{y}(N) - \boldsymbol{\Phi}(N)\boldsymbol{\theta}\}
\end{aligned} \quad (8.64)
$$

ただし，W は正定な重み行列である．$W = I$ と選べば，通常の最小二乗法のための評価関数に一致する．

式 (8.64) の評価関数を最小にする推定値は重みつき最小二乗推定値と呼ばれる．

❖ Point 8.6 ❖　**重みつき最小二乗法**（weighted least-squares method）

N 個の入出力データの測定値に基づく，未知パラメータの重みつき最小二乗推定値は次式より計算できる．

$$\widehat{\boldsymbol{\theta}}^w(N) = \left\{\boldsymbol{\Phi}(N)^T \boldsymbol{W} \boldsymbol{\Phi}(N)\right\}^{-1} \boldsymbol{\Phi}(N)^T \boldsymbol{W} \boldsymbol{y}(N) \tag{8.65}$$

重みつき最小二乗推定値 $\widehat{\boldsymbol{\theta}}^w(N)$ の統計的性質について調べていこう．

☐ 不偏性

前節の議論と同様に，仮定 A1，A2 のもとで重みつき最小二乗推定値は不偏推定値である．すなわち，

$$\mathrm{E}[\widehat{\boldsymbol{\theta}}^w] = \boldsymbol{\theta}^* \tag{8.66}$$

が成り立つ．

☐ 有効性

重みつき最小二乗推定値の誤差共分散行列は次式のようになる．

$$\begin{aligned}&\mathrm{cov}[\widehat{\boldsymbol{\theta}}^w(N)] \\ &= \left(\boldsymbol{\Phi}(N)^T \boldsymbol{W} \boldsymbol{\Phi}(N)\right)^{-1} \boldsymbol{\Phi}(N)^T \boldsymbol{W} \boldsymbol{\Xi} \boldsymbol{\Phi}(N) \boldsymbol{W}^T \left(\boldsymbol{\Phi}(N)^T \boldsymbol{W} \boldsymbol{\Phi}(N)\right)^{-1}\end{aligned} \tag{8.67}$$

誤差共分散行列 $\boldsymbol{\Xi}$ が既知であれば，重み行列として

$$\boldsymbol{W} = \boldsymbol{\Xi}^{-1} \tag{8.68}$$

を選ぶと，式 (8.67) は

$$\mathrm{cov}[\widehat{\boldsymbol{\theta}}(N)^w] = \left(\boldsymbol{\Phi}(N)^T \boldsymbol{R}^{-1} \boldsymbol{\Phi}(N)\right)^{-1} \tag{8.69}$$

のように簡単化される．このとき，

$$\widehat{\boldsymbol{\theta}}^w(N) = \left(\boldsymbol{\Phi}(N)^T \boldsymbol{\Xi}^{-1} \boldsymbol{\Phi}(N)\right)^{-1} \left(\boldsymbol{\Phi}(N)^T \boldsymbol{\Xi}^{-1} \boldsymbol{y}(N)\right) \tag{8.70}$$

となり，これは有効推定値である．しかしながら，通常，誤差共分散行列は未知なので，有効推定値を得ることは難しいことに注意する．

☐ 一致性

前節の議論と同様に，重みつき最小二乗推定値は一致推定値である．

8.7　最尤推定法

これまでは，最小二乗推定値が望ましい三つの統計的性質，すなわち，不偏性，有効性，一致性をもつためには，式誤差項 $e(k)$ が白色性であるという仮定が必要であった．さらに，式誤差項が正規分布（ガウシアン）であるという仮定を課す．すなわち，$e(k)$ を**正規白色性**と仮定すると，最小二乗推定値は**最尤推定値**（maximum-likelihood estimate）に一致する．この事実は**ガウス＝マルコフの定理**（Gauss-Markov's theorem）として知られている．最尤推定法について以下で簡単にまとめておこう．

予測誤差系列 $\varepsilon(k)$ は，平均値 0 で，確率密度関数 $p(\varepsilon(k, \boldsymbol{\theta}))$ をもつ独立確率変数列であると仮定する．このとき，対数尤度関数（log likelihood function）は

$$\sum \log p(\varepsilon(k, \boldsymbol{\theta})) \tag{8.71}$$

コラム6 ── ガウス（Johann Carl Friedrich Gauss, 1777～1855）

1809年にガウスは "Theoria motus"（天体の運動理論）という論文の中で最小二乗法について記述した．そこでは，彼が1795年頃から小惑星ケレスの軌道推定に最小二乗法を用いていることを主張している．特に，彼は最小二乗法の正確さを正規分布に基づいて表現できることを明らかにした．しかし，フランスの数学者ルジャンドルは，ガウスと独立に最小二乗法の原理を発見し，1806年に公刊した「彗星の軌道決定のための新方法」の中で発表している．一般に，最小二乗法の発見者はガウスであるとされているが，公刊物に発表して初めて先取権を主張できるという現在の知的財産の考えを適用すれば，ルジャンドルが最小二乗法を提案したことになるかもしれない．

J. C. F. Gauss

によって与えられる．式 (8.1) に含まれる $l(k, \boldsymbol{\theta}, \varepsilon(k, \boldsymbol{\theta}))$ として，

$$l(k, \boldsymbol{\theta}, \varepsilon(k, \boldsymbol{\theta})) = -\log p(\varepsilon(k, \boldsymbol{\theta})) \tag{8.72}$$

と選んだ場合を**最尤推定法**（maximum likelihood estimation method，ML 推定法）という．

いま予測誤差系列が平均値 0，分散 σ_ε^2 の正規分布に従うと仮定すると，式 (8.72) は，

$$l(k, \boldsymbol{\theta}, \varepsilon(k, \boldsymbol{\theta})) = \frac{1}{2\sigma_\varepsilon^2}\varepsilon^2(k, \boldsymbol{\theta}) + \frac{1}{2}\ln\sigma_\varepsilon^2 + \frac{1}{2}\ln 2\pi \tag{8.73}$$

となる．上式右辺第 2, 3 項は定数なので，予測誤差が正規性の場合の最尤推定値は，

$$l(k, \boldsymbol{\theta}, \varepsilon(k, \boldsymbol{\theta})) = \varepsilon^2(k, \boldsymbol{\theta}) \tag{8.74}$$

に対する評価関数 $J_N(\boldsymbol{\theta})$ を最小化することによって得られる推定値にほかならないことがわかる．したがって，この場合の最尤推定値は最小二乗推定値に一致する．

8.8 予測誤差法

8.8.1 有色性雑音への対処

式誤差が白色性でない有色性の場合に ARX モデルに対して最小二乗法を適用すると，推定値にバイアスが生じてしまい，不偏推定値が得られない．そのような状況下においてもバイアスのない推定を行うことができるパラメータ推定法に関する研究が，1960〜70 年代におけるシステム同定のメインテーマの一つであり，さまざまな方法が提案された．以下に代表的なものを列挙しよう．

❏ 誤差白色化に基づく方法
  - 拡大最小二乗（ELS：Extended Least-Squares）法
  - 一般化最小二乗（GLS：Generalized Least-Squares）法
  - 逐次最尤（RML：Recursive Maximum Likelihood）法

❏ 誤差無相関化に基づく方法
  - 補助変数（IV：Instrumental Variable）法[5]

---

[5] SITB ではコマンド `iv4` に対応する．

> **ミニ・チュートリアル8 ── 確率密度関数の最尤推定**
>
> 正規分布に従うデータの中から N 個のデータを抽出して，正規分布の確率密度関数
>
> $$p(x) = \frac{1}{\sqrt{2\pi\sigma^2}} \exp\left\{-\frac{(x-\mu)^2}{2\sigma^2}\right\}, \quad -\infty < x < \infty$$
>
> を推定する問題を考える．正規分布の場合，その平均値 μ と分散 σ^2 により確率密度関数を完全に記述できるので，確率密度推定問題は，データから二つのパラメータ μ と σ^2 を推定するパラメトリックな問題になる．このとき，対数尤度関数から構成される評価関数は
>
> $$J(\mu, \sigma^2) = \frac{1}{N}\sum_{k=1}^{N} l(k, \mu, \sigma^2) = \frac{1}{2\sigma^2}\sum_{k=1}^{N}(x_k - \mu)^2 + \frac{N}{2}\ln\sigma^2 + \frac{N}{2}\ln 2\pi \quad (8.75)$$
>
> となる．この式を μ と σ^2 に関してそれぞれ偏微分して0とおくことにより，
>
> $$\frac{\partial L}{\partial \mu} = 0 \quad \text{より} \quad \hat{\mu} = \frac{1}{N}\sum_{k=1}^{N} x_k \quad (8.76)$$
>
> $$\frac{\partial L}{\partial a^2} = 0 \quad \text{より} \quad \hat{\sigma}^2 = \frac{1}{N}\sum_{k=1}^{N}(x_k - \hat{\mu})^2 \quad (8.77)$$
>
> が得られる．
>
> このように，正規分布のデータであれば，われわれが何気なく使っていた平均操作（これを統計学では empirical estimate（経験的推定値）という）は，最尤推定値に一致する．

この中で，誤差の無相関化に基づく補助変数法は，式誤差が有色性の場合，最も有力な方法の一つである．ただし，補助変数法は無相関化に基づいているため，ノンパラメトリックモデル同定法と同様に，一般に閉ループ同定実験データには適用できないことに注意する．

8.8.2 一般的な多項式ブラックボックスモデルの同定

本項では Point 6.2（p.96）で与えた離散時間 LTI システムの一般的な表現

$$y(k) = G(q)u(k) + H(q)w(k) \quad (8.78)$$

によって同定対象が記述されていると仮定する．このとき，予測誤差は次式で定義される．

$$\varepsilon(k, \boldsymbol{\theta}) = H^{-1}(q)\{y(k) - G(q)u(k)\} \tag{8.79}$$

さらに，パラメータ推定のための評価関数を予測誤差二乗和

$$J_N(\boldsymbol{\theta}) = \frac{1}{N}\sum_{k=1}^{N}\varepsilon^2(k, \boldsymbol{\theta}) \tag{8.80}$$

とする．前述したように，この評価関数を最小にするような推定値を計算する方法を予測誤差法という．予測誤差法は，同定モデルとして式誤差モデルを採用するか，出力誤差モデルを採用するかにより，式誤差法と出力誤差法に分類することもできるが，ここでは予測誤差法という広い枠組みの中で議論していく．

線形回帰モデルの場合には，予測誤差が未知パラメータ $\boldsymbol{\theta}$ に関して線形であるので，式 (8.34) のように逆行列演算によってパラメータ推定値を計算することができたが，ここで考えている一般的な問題では，$J_N(\boldsymbol{\theta})$ が $\boldsymbol{\theta}$ の線形関数になる保証はないので，何らかの数値的探索法によって最適点を求めることになる．その代表的な方法は，ガウス＝ニュートン法やニュートン＝ラフソン法などである．以下では後者のアルゴリズムについて簡単に紹介する．

❖ Point 8.7 ❖　ニュートン＝ラフソン法

方程式

$$h(x) = 0 \tag{8.81}$$

の解は，つぎの繰り返し計算によって求めることができ，この手順を**ニュートン＝ラフソン法**（Newton-Raphson method）という．

$$x^{(i+1)} = x^{(i)} - \mu[h'(x^{(i)})]^{-1}h(x^{(i)}) \tag{8.82}$$

ただし，$h'(x)$ は $h(x)$ の x に関する 1 階微分であり，μ はステップ長と呼ばれる，アルゴリズムの収束速度を調整するパラメータである．

さて，予測誤差法では

$$\frac{\mathrm{d}}{\mathrm{d}\boldsymbol{\theta}}J_N(\boldsymbol{\theta}) = \mathbf{0} \tag{8.83}$$

を解くことによって最小値を求めることができる．式 (8.83) に対してニュートン＝ラフソン法を適用すると，

$$\widehat{\boldsymbol{\theta}}^{(i+1)} = \widehat{\boldsymbol{\theta}}^{(i)} - \mu [J_N''(\widehat{\boldsymbol{\theta}}^{(i)})]^{-1} J_N'(\widehat{\boldsymbol{\theta}}^{(i)}) \tag{8.84}$$

が得られる．ここで，$J_N(\boldsymbol{\theta})$ は実数値関数であるが，その**勾配**である $J_N'(\widehat{\boldsymbol{\theta}}^{(i)})$ は m 次元ベクトルになることに注意する．また，$J_N(\boldsymbol{\theta})$ の $\boldsymbol{\theta}$ に関する 2 階微分である $J_N''(\widehat{\boldsymbol{\theta}}^{(i)})$ は，**ヘシアン**（Hessian）あるいはヘッセ行列と呼ばれる $m \times m$ 行列である．なお，予測誤差法を SITB で実行するためにコマンド pem が用意されている．以下にその使用法をまとめる．

予測誤差法のコマンド pem は，線形ブラックボックスモデルのすべての場合をカバーしている．たとえば，Point 6.4（p.110）で与えた最も一般的なモデル

$$A(q)y(k) = \frac{B(q)}{F(q)} u(k - n_k) + \frac{C(q)}{D(q)} w(k)$$

を仮定した場合，

```
>> nn = [na nb nc nd nf nk];
>> th = pem(z,nn)
```

とすればよい．さらに，個別のモデルに対して有効なコマンドも用意されている．たとえば，ARMAX モデル，OE モデル，そして BJ モデルに対しては，それぞれつぎの M ファイルが用意されている．

```
>> th = armax(z,[na nb nc nk])
>> th = oe(z,[nb nf nk])
>> th = bj(z,[nb nc nd nf nk])
```

予測誤差法では繰り返し型の探索を行うが，pem は探索の初期値として最小二乗法と補助変数法に基づいたものを用いている．そして，探索方向のノルムがある許容値より小さくなるまで探索を繰り返す．

また，pem, armax, oe, そして bj は，theta format において nn を thi で置き換えることによって，任意の初期値 thi から始めることもできる．たとえば，つぎのようにすればよい．

```
>> th = pem(z,thi)
```

8.8.3 推定値の分散誤差

分散誤差(variance error)とは,観測雑音やシステム雑音のような確率的外乱に起因する同定モデルの不確かさのことであり,雑音誤差とも呼ばれる.これは,同定対象と同定モデルの構造は同一であると仮定されていた従来の確率・統計理論に基づくシステム同定問題において,中心的に扱われてきたものである.

一方,実問題では,モデルは同定対象より構造が簡単であると考えるのが自然であり,このような構造の違いによる不確かさは,**バイアス誤差**(bias error)あるいは系統誤差(systematic error)と呼ばれる.バイアス誤差は確定的な不確かさであり,ロバスト制御のためのモデリング問題において重要であるが,本書の範囲を超えてしまうので,ここではその説明を省略する.以下では,同定対象とモデルとが同じ構造をもつものと仮定して,分散誤差のみについて考えていこう[6].

同定対象の入出力関係を

$$y(k) = G^*(q)u(k) + w(k) \tag{8.85}$$

とすると,

$$G(e^{j\omega}, \boldsymbol{\theta}^*) = G^*(e^{j\omega}), \quad \forall \omega \tag{8.86}$$

を満足するモデルパラメータ $\boldsymbol{\theta}^*$ が存在する.ただし,$G(\cdot, \cdot)$ はモデルの伝達関数である.

このとき,予測誤差法によって推定されたパラメータ $\widehat{\boldsymbol{\theta}}(N)$ の推定誤差共分散行列は,次式を満たす.

$$\boldsymbol{P}(N) = \mathrm{E}\left[(\widehat{\boldsymbol{\theta}}(N) - \boldsymbol{\theta}^*)(\widehat{\boldsymbol{\theta}}(N) - \boldsymbol{\theta}^*)^T\right] \approx \frac{\sigma_w^2}{N} \overline{\boldsymbol{R}}^{-1} \tag{8.87}$$

ただし,

$$\overline{\boldsymbol{R}} = \mathrm{E}\{\boldsymbol{\psi}(k, \boldsymbol{\theta}^*)\boldsymbol{\psi}^T(k, \boldsymbol{\theta}^*)\} \tag{8.88}$$

$$\boldsymbol{\psi}(k, \boldsymbol{\theta}^*) = \left.\frac{\mathrm{d}}{\mathrm{d}\boldsymbol{\theta}}\widehat{y}(k|\boldsymbol{\theta})\right|_{\boldsymbol{\theta}=\boldsymbol{\theta}^*} \tag{8.89}$$

---

[6] 以下の説明のレベルはやや高いので,初学者は飛ばしてもよい.

とおいた．式 (8.87) より，$P(N)$ は雑音の分散 σ_w^2 に比例し，データ数 N に反比例することがわかる．さらに，$\psi(k, \boldsymbol{\theta}^*)$ の共分散行列 $\overline{\boldsymbol{R}}$ の逆行列に比例することがわかる．

いま，$\overline{\boldsymbol{R}}$ と σ_w^2 は未知であるが，それらは次式を用いて推定できる．

$$\widehat{\overline{\boldsymbol{R}}}(N) = \frac{1}{N} \sum_{k=1}^{N} \boldsymbol{\psi}(k, \widehat{\boldsymbol{\theta}}(N)) \boldsymbol{\psi}^T(k, \widehat{\boldsymbol{\theta}}(N)) \tag{8.90}$$

$$\widehat{\sigma}_w^2 = \frac{1}{N} \sum_{k=1}^{N} \varepsilon^2(k, \widehat{\boldsymbol{\theta}}(N)) \tag{8.91}$$

したがって，

$$\widehat{\boldsymbol{P}}(N) = \frac{1}{N} \widehat{\sigma}_w^2 \widehat{\overline{\boldsymbol{R}}}^{-1}(N) \tag{8.92}$$

が得られる．また，$\widehat{\boldsymbol{\theta}}(N)$ は確率変数となるので，その分布は平均値 $\boldsymbol{\theta}^*$，共分散行列 $\boldsymbol{P}(N)$ の正規分布へ収束することが知られている．これを式で表すと

$$\sqrt{N}(\widehat{\boldsymbol{\theta}}(N) - \boldsymbol{\theta}^*)) \in \text{As } N(0, \sigma_w^2 \overline{\boldsymbol{R}}^{-1}) \tag{8.93}$$

となる．ここで，As は漸近的（<u>as</u>ymptotically）を意味する．したがって，正規分布表を見ることにより，推定値の信頼区間を容易に得ることができる．SITB を用いて多項式ブラックボックスモデルを予測誤差法によって同定すると，パラメータ推定値とその標準偏差が計算されるが，標準偏差はこのようにして計算されたものである．

例題 8.1

同定対象が ARX モデル

$$y(k) + ay(k-1) = u(k-1) + w(k) \tag{8.94}$$

によって正確に記述されるとする．ただし，入力 $u(k)$ は平均値 0，分散 σ_u^2 の白色雑音であり，雑音 $w(k)$ は平均値 0，分散 σ_w^2 で入力と無相関な白色雑音とする．このとき，最小二乗法によるパラメータ推定値の分散を計算し，その結果について考察せよ．

解答 ARXモデル

$$y(k) + a_1 y(k-1) = b_1 u(k-1) + w(k) \tag{8.95}$$

を同定モデルとして，パラメータ推定を行う．このとき，1段先予測値は

$$\widehat{y}(k|\boldsymbol{\theta}) = -a_1 y(k-1) + b_1 u(k-1) = \boldsymbol{\theta}^T \boldsymbol{\varphi}(k) \tag{8.96}$$

となる．ただし，$\boldsymbol{\theta} = [a_1, b_1]^T$，$\boldsymbol{\varphi}(k) = [-y(k-1), u(k-1)]^T$ とおいた．したがって，

$$\boldsymbol{\psi}(k, \boldsymbol{\theta}) = \frac{\mathrm{d}}{\mathrm{d}\boldsymbol{\theta}} \widehat{y}(k|\boldsymbol{\theta}) = \begin{bmatrix} -y(k-1) \\ u(k-1) \end{bmatrix} = \boldsymbol{\varphi}(k) \tag{8.97}$$

が得られる．これを式 (8.88) に代入すると，次式が得られる．

$$\overline{\boldsymbol{R}} = \begin{bmatrix} \phi_y(0) & \phi_{uy}(0) \\ \phi_{uy}(0) & \phi_u(0) \end{bmatrix} \tag{8.98}$$

つぎに，この行列の要素である相関関数を計算しよう．式 (8.94) の両辺を2乗し，$w(k)$ に関して期待値をとると，次式が得られる．

$$(1 + a^2)\phi_y(0) + 2a\phi_y(1) = \sigma_u^2 + \sigma_w^2 \tag{8.99}$$

また，式 (8.94) に $u(k)$ を乗じ期待値をとると，次式が得られる．

$$\phi_{uy}(0) = \mathrm{E}[y(k)u(k)] = 0 \tag{8.100}$$

さらに，式 (8.94) に $y(k-1)$ を乗じ期待値をとると，次式が得られる．

$$\phi_y(1) + a\phi_y(0) = 0 \tag{8.101}$$

式 (8.99) に式 (8.101) を代入すると，

$$\phi_y(0) = \frac{\sigma_u^2 + \sigma_w^2}{1 - a^2} \tag{8.102}$$

が得られる．式 (8.100)，(8.102) を式 (8.98) に代入すると，

$$\overline{\boldsymbol{R}} = \begin{bmatrix} \dfrac{\sigma_u^2 + \sigma_w^2}{1 - a^2} & 0 \\ 0 & \sigma_u^2 \end{bmatrix} \tag{8.103}$$

が得られる．これより，パラメータ推定値の分散は，

$$\mathrm{var}\,(\widehat{a}_1(N)) \approx \frac{1}{N}\frac{1-a^2}{\sigma_w^2+\sigma_u^2}\sigma_w^2, \quad \mathrm{var}\,(\widehat{b}_1(N)) \approx \frac{1}{N}\frac{\sigma_w^2}{\sigma_u^2} \tag{8.104}$$

となる．この式から，パラメータ推定値の分散はデータ数に反比例することがわかる．また，入力の大きさと雑音の大きさの比が小さいほど，すなわち，SN 比がよいほど，パラメータ推定値の分散が小さいこともわかる． ■

8.8.4　周波数領域における同定精度の評価

これまでは，システム同定モデルを構成するパラメータ推定値の統計的な性質について調べてきた．言い換えると，パラメータ空間における最小二乗推定値の統計的な性質について調べてきた．そこでの議論は，統計学に基礎をもつシステム同定理論の基本であり，われわれが習得すべきものである．

しかしながら，モデルの構造が既知であり，しかもモデル次数が対象システムの次数と同じであるという仮定のもとで議論してきた．「モデルは対象システムの重要な部分を簡潔な表現で記述したものである」という制御のためのモデリングの立場（本書の立場）では，たとえモデル構造が既知であったとしても，モデル次数は必ず対象システムのそれより低いと考える．この仮定は，システム同定理論の実システムへの適用を考えた場合，現実的な仮定である．したがって，これまで述べてきたような，パラメータ空間におけるパラメータ推定精度の議論だけでは不十分である．制御のためのシステム同定では，この議論よりも，周波数領域における同定モデルの評価のほうが重要になる．しかしながら，その説明は本書のレベルを超えてしまうので，重要な評価式を一つ与えるだけにしよう．

予測誤差法により推定された周波数伝達関数の分散は，近似的に次式で評価できる．

$$\mathrm{var}\,G(e^{j\omega}, \widehat{\boldsymbol{\theta}}(N)) \approx \frac{n}{N}\frac{\Phi_w(\omega)}{\Phi_u(\omega)} \tag{8.105}$$

これは，周波数領域における同定精度が，それぞれの周波数 ω における入力信号と雑音の SN 比によって決定されることを意味している．これより，ある周波数帯域で高精度なモデルを求めたい場合には，その帯域にパワーを多くもつ入力信号を印加すべきであることがわかる．

8.9 状態空間モデルの同定——最小実現

本節では，状態空間モデルに基づくシステム同定法の代表的な方法である，部分空間法の基礎を簡単に紹介する．状態空間モデル同定の代表的な方法を表 8.1 にまとめた．状態空間モデルに変換することは，積分器，加算器，係数倍器からなる回路を実現することに対応するため，システムの状態空間モデルを求めることは**実現** (realization) 問題と呼ばれる．以下では，表に示した方法のうち確定的アプローチについて説明する．

状態空間モデルに基づいたシステム同定の最大の利点は，容易に MIMO システムに拡張できる点にある．それに対して，これまで述べてきた多項式ブラックボックスモデルに基づくシステム同定法は，モデルのパラメトリゼーションなど解決すべき研究課題が多く，基本的には SISO システムにしか適用できない．また，数値計算上の安定性も状態空間モデルの利点である．

表 8.1 状態空間モデルの同定法

アプローチ	同定法
確率的 (確率実現)	(1) 確率実現（赤池，1974） (2) 時系列の状態空間モデリング（青木，1987） (3) 正準変量解析法 　　（CVA：Canonical Variate Analysis，W. E. Larimore，1983）
確定的 (実現)	(1) インパルス応答から実現 　　● 最小実現（Ho and Kalman，1966） 　　● 特異値分解法（Kung，1979） (2) 入出力データから実現（部分空間法，1980 年代後半〜） 　　● NSID 法（Moonen，De Moor ら） 　　● MOESP 法（Verhaegen）

8.9.1 インパルス応答からの最小実現

ここでは，確定的な離散時間状態方程式

$$\begin{cases} \bm{x}(k+1) = \bm{A}\bm{x}(k) + \bm{b}u(k) \\ y(k) = \bm{c}^T \bm{x}(k) + du(k) \end{cases} \tag{8.106}$$

で記述される SISO システムのインパルス応答データから,状態空間モデルを実現する特異値分解法を紹介する[7].このシステムのインパルス応答(あるいはマルコフパラメータと呼ばれる)は

$$g(k) = \begin{cases} 0, & k < 0 \\ d, & k = 0 \\ c^T A^{k-1} b, & k > 0 \end{cases} \tag{8.107}$$

で与えられる.これより,

$$d = g(0) \tag{8.108}$$

であることが直ちにわかる.

つぎに,インパルス応答を要素としてもつ**ハンケル行列**を次式のように構成する.

$$\begin{aligned}
\boldsymbol{H} &= \begin{bmatrix} g(1) & g(2) & \cdots & g(n+1) \\ g(2) & g(3) & \cdots & g(n+2) \\ \vdots & \vdots & \ddots & \vdots \\ g(n+1) & g(n+2) & \cdots & g(2n+1) \end{bmatrix} \\
&= \begin{bmatrix} c^T b & c^T A b & \cdots & c^T A^n b \\ c^T A b & c^T A^2 b & \cdots & c^T A^{n+1} b \\ \vdots & \vdots & \ddots & \vdots \\ c^T A^n b & c^T A^{n+1} b & \cdots & c^T A^{2n} b \end{bmatrix}
\end{aligned} \tag{8.109}$$

ただし,システムの次数 n は既知と仮定した.式(8.109)より,ハンケル行列はつぎのように分解できる.

$$\boldsymbol{H} = \boldsymbol{\Gamma}_{1:n+1} \boldsymbol{\Omega}_{1:n+1} \tag{8.110}$$

ただし,$\boldsymbol{\Omega}_{1:n+1}$ と $\boldsymbol{\Gamma}_{1:n+1}$ はそれぞれ次式で与えられる**可制御行列**(controllability matrix)と**可観測行列**(observability matrix)である.

$$\boldsymbol{\Omega}_{1:n+1} = \begin{bmatrix} b & Ab & \cdots & A^n b \end{bmatrix} \tag{8.111}$$

---

[7] 部分空間法の最大の利点は,MIMO システムへの拡張が容易であることであるが,本書では SISO システムに対してのみ紹介する.

$$\Gamma_{1:n+1} = \begin{bmatrix} c^T \\ c^T A \\ \vdots \\ c^T A^n \end{bmatrix} \tag{8.112}$$

ここで，つぎの点が重要である．

> **❖ Point 8.8 ❖ ハンケル行列は可観測行列と可制御行列の積**
>
> 式 (8.110) より明らかなように，インパルス応答から構成されるハンケル行列は，可観測行列と可制御行列の積である．ここで，式 (8.110) は，
>
> $$H = \Gamma_{1:n+1} T T^{-1} \Omega_{1:n+1} \tag{8.113}$$
>
> と書き直すことができるので，可制御行列と可観測行列をそれぞれ
>
> $$\widetilde{\Gamma}_{1:n+1} = \Gamma_{1:n+1} T, \quad \widetilde{\Omega}_{1:n+1} = T^{-1} \Omega_{1:n+1} \tag{8.114}$$
>
> と選ぶこともでき，式 (8.110) の分解は唯一ではない．ただし，T は状態変数の正則変換行列である．

式 (8.110) の分解を行うことができれば，可制御行列と可観測行列の第一要素から b と c をそれぞれ求めることができる．さらに，雑音が存在しない確定的な場合には，ハンケル行列のランクがシステム次数に対応する．そのため，最小次元で実現でき，**最小実現**（minimum realization）と呼ばれる．

さて，式 (8.112) で与えた可観測行列には

$$\Gamma_{2:n+1} = \begin{bmatrix} c^T A \\ c^T A^2 \\ \vdots \\ c^T A^n \end{bmatrix} = \begin{bmatrix} c^T \\ c^T A \\ \vdots \\ c^T A^{n-1} \end{bmatrix} A = \Gamma_{1:n} A \tag{8.115}$$

という性質があり，これはハンケル行列の**シフト不変**（shift invariance）構造と呼ばれる．したがって，

$$A = \Gamma_{1:n}^\dagger \Gamma_{2:n+1} \tag{8.116}$$

より行列 A を計算することができる．ただし，$\dagger$ は擬似逆行列である．

以上の手順によって，システムのインパルス応答データから状態空間モデルの係数行列 (A, b, c, d) を計算することができる．これが，Ho と Kalman によって提案された，インパルス応答からの最小実現の基本的な考え方である．ここではインパルス応答を利用したが，ステップ応答を利用したい場合には，それを微分（実際には差分）したものをインパルス応答の推定値として利用することになる．

これまでは雑音が存在しない確定的な場合を想定してきたが，実際には何らかの雑音が存在するため，ハンケル行列のランクからシステム次数を決定することが難しい場合がある．すなわち，雑音が存在する場合には，システム次数より高次のハンケル行列であってもフルランクになってしまうからである．

この問題点に対して，1970年代後半，Kung は **特異値分解**（SVD：Singular Value Decomposition）という手法を使うことによって，信号成分と雑音成分を分離する方法を提案した．ここでは Kung の方法を特異値分解法と呼ぶことにする．特異値分解法の手順をつぎにまとめる．

❖ Point 8.9 ❖ 特異値分解法

1. 対象のインパルス応答を，つぎに列挙する方法のいずれかを用いて求める．
   - インパルス信号を対象に加え，直接インパルス応答を測定する．
   - ステップ信号を対象に加え，ステップ応答を測定する．そして，それを差分することによりインパルス応答を得る．
   - 対象の入出力データからインパルス応答を推定する．たとえば，
     a) 相関解析法
     b) FIR モデルを用いた最小二乗法
2. インパルス応答列からハンケル行列を構成する．
3. ハンケル行列を特異値分解する．そして，特異値の大きさを参考にしてシステムの次数を選ぶ．
4. 最小実現に基づいて状態空間モデルを計算する．
5. 伝達関数が必要な場合には，次式より計算する．

$$G(z) = c^T(zI - A)^{-1}b + d \tag{8.117}$$

特異値分解に基づく状態空間モデル同定法は，インパルス応答（あるいはステップ応答）から対象の状態空間表現を同定できる有効な方法である．しかしながら，確定的なアプローチなので，インパルス応答に雑音が加わっている場合には，精度の高い同定結果が望めない場合がある．また，入力信号がインパルスに限定されるため，不安定システムへの適用は難しい．以上のような問題点を解決すべく提案された同定法が，次項で述べる部分空間法である．

8.9.2 部分空間法（4SID法）

前項で述べた特異値分解法に対して，部分空間法（**4SID法**（Sub Space-based State Space model IDentification method）と呼ばれることもある）は，通常の入出力データから状態空間モデルの同定を行うことができる有力なシステム同定法である．

ここでは，4SID法の詳細なアルゴリズムを与えることなく[8]，その利点と問題点だけを以下に列挙しよう．

利　点

- 4SID法は入出力データからシステム同定を行うことができるため，前述の特異値分解法と異なり，不安定システムに適用することができる．
- SVDやQR分解などの数値的に安定なアルゴリズムを利用しているため，計算精度が高い．
- 多項式ブラックボックスモデルに対する予測誤差法のように，非線形最適化計算を行うことなくシステム同定が行える．
- MIMOシステムへの拡張が容易である．

問題点

- 予測誤差法のようにパラメータ推定値の信頼区間に関する情報を提供できないため，モデルの品質に関する情報がない．

SITBでは，De Moorらによって1994年に提案されたN4SID法[9]を実行することが

---

[8]. 部分空間法の詳細については，足立修一著：MATLABによる制御のための上級システム同定（東京電機大学出版局，2004）の第11章，あるいは片山 徹著：システム同定——部分空間法からのアプローチ（朝倉書店，2004）などが参考になる．

[9]. N4SIDは"*enforce it*"のように発音する．

できる．それを以下にまとめた．なお，N4SID法は，式(6.57)〜(6.58)で与えたイノベーション表現モデルに基づいている．

```
>> m = n4sid(data)
```
または
```
>> m = n4sid(data,order)
```

8.10 データの前処理

ここでは第5章で述べた入出力データの前処理について，パラメータ推定法と関連づけて解説する．また，対応するSITBのコマンドも与える．

8.10.1 入出力信号のスケーリング

システム同定に用いる入力信号と出力信号の測定値の比は，ほぼ1になることが望ましいが，一般には，つぎのような理由で不適切な比になってしまうことがある．

- 通常，入出力変数は異なる物理量であるので，単位が違ったり，定格値に対する比で表現されている．
- 実システムにおいて，入出力信号はセンサ，アンプ，AD変換器などからなる直列回路の出力として得られるため，それぞれの要素のゲイン設定により入出力信号のレンジが異なってしまう．

このような理由のために入出力信号の大きさが極端に異なる場合，**スケーリング** (scaling) という方法が有効である．

❖ Point 8.10 ❖ スケーリング法

Step 1 出力信号 $y(k)$ を $y_s(k) = \alpha y(k)$ $(k = 1, 2, \ldots, N)$ のように変換する．ただし，α はスケーリング係数で，入出力の信号の大きさが同じになるようにユーザが決定する．

Step 2 $\{u(k), y_s(k)\}$ を新たな入出力信号として，最小二乗法を適用する．

Step 3 得られた推定値のうち，b パラメータに対応するものを α で割る．

8.10.2　データのマージ

測定データにアウトライアが含まれていたり，欠損データがあったり，状態が悪いデータが含まれていることが目視によって明らかな場合には，その部分のデータを利用せず，状態のよい部分のデータのみをマージ（合併）して利用する方法がある．そのような目的で，つぎのコマンドmergeが準備されている．

```
>> plot(data)      % 入出力データをプロットし，目視で異常データ区間を読み取る
>> datam = merge(data(1:100),data(125,200),data(250,300))
                   % 状態のよい三つのデータ区間を切り出し，マージする
>> m = pem(datam{[1 2]})        % パラメータ推定にデータ区間1,2を使用
>> compare(getexp(datam,3),m))  % モデル妥当性検証にデータ区間3を使用
```

8.10.3　データのフォーカス

前述したように，制御のためのシステム同定では，すべての周波数において完全なモデルを得ることが目的ではなく，着目する周波数帯域（多くの場合，中間周波数帯域）における同定精度が最も重要になる．そのような目的でつぎの属性Focが準備されている．

```
>> m = arx(data,[2 3 1],'Foc',[0.05 1])
    % 0.05〜1 rad/sの範囲を通過帯域とする帯域通過フィルタの適用
```

数値例を用いてデータの前処理の効果を確かめよう．図8.1に非常に状態の悪い出力信号の一例を示した．この入出力データを用いてシステム同定した結果（周波数特性）を図8.2に示した．図より，前処理を行うことによって，ほぼ真のシステムと同じ周波数特性が得られていることがわかる．

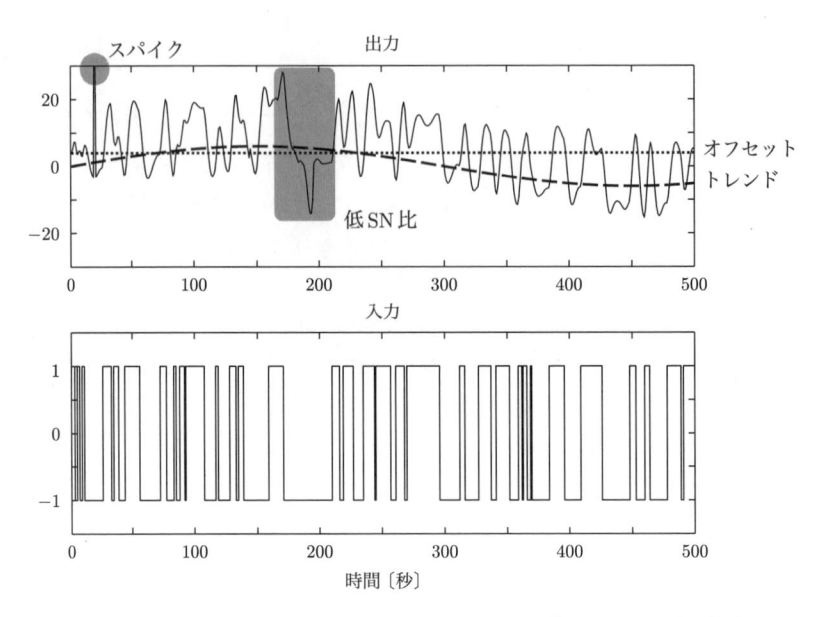

図8.1 オフセット（バイアス），トレンド，スパイク（アウトライア），雑音の多い部分などの影響を受けた出力信号（上段）と入力信号（下段）

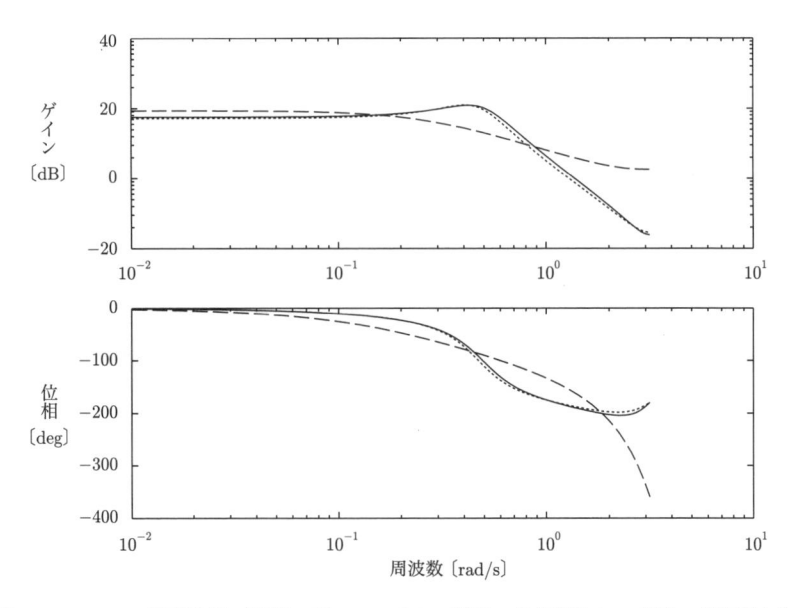

図8.2 システム同定結果（実線：真のシステム，破線：前処理なし，点線：前処理あり）

演習問題

8-1 行列 A のすべての固有値が正のときに限り，その2次形式は正定であることを証明せよ．

8-2 式 (8.76) と式 (8.77) を導出せよ．

8-3 LTI システムを同定する問題を考える．このとき，システムへの入力信号 $u(k)$ は

$$u(k) = v(k) + 0.6v(k-1) + 0.2v(k-2)$$

より生成されるとする．ただし，$\{v(k)\}$ は $N(0,1)$ に従う正規性白色雑音と仮定する．このとき，以下の問いに答えよ．

(1) 入力信号 $u(k)$ の分散を求めよ．

(2) 次数 2 の FIR モデルを用いて同定するとき，このモデルの入出力関係を線形回帰モデル形式で書け．また，シフトオペレータを用いた形式でも書け．

(3) FIR モデルの 2 個の未知パラメータを最小二乗法を用いて同定する場合の正規方程式を導出せよ．ただし，同定に利用するデータ数 N は十分大きいものとする．

(4) 正規方程式の行列（$\boldsymbol{R}(N)$ に対応するもの）の固有値を求めよ．

8-4 入力 $u(k)$，出力 $y(k)$ の LTI システムに雑音 $v(k)$ が加わるシステムを考える．いま，このシステムが次式のように記述されているとする．

$$\begin{cases} x(k+1) = fx(k) + u(k) \\ y(k) = hx(k) + v(k) \end{cases} \tag{8.118}$$

このとき，以下の問いに答えよ．

(1) 式 (8.118) から $x(k)$ を消去することにより，このシステムを記述する差分方程式を導け．

(2) (1) で得られたモデルの名称を記せ．

8-5 状態方程式

$$x(k+1) = Ax(k) + bu(k)$$
$$y(k) = c^T x(k) + du(k) + w(k)$$

で記述される離散時間システムについて，以下の問いに答えよ．

(1) 入力 u から出力 y までの伝達関数 $G(q)$ を求めよ．

(2) 白色性観測雑音 w から出力 y までの伝達関数 $H(q)$ を求めよ．

(3) 得られた対象の伝達関数モデルは，システム同定理論では何と呼ばれるモデルだろうか？　その名称とそのように呼ばれる理由を答えよ．

8-6 つぎの入力信号について考える．

$$u(k) = v(k) + \alpha v(k-1)$$

ただし，$v(k)$ は平均値 0，分散 σ_v^2 の白色雑音である．また，$|\alpha| < 1$ とする．このとき，以下の問いに答えよ．

(1) $u(k)$ の平均値と分散を求めよ．

(2) $u(k)$ の自己相関関数

$$\phi_{uu}(\tau) = \lim_{N \to \infty} \frac{1}{N} \sum_{k=1}^{N} u(k) u(k-\tau)$$

より構成される2次の自己相関行列

$$R = \begin{bmatrix} \phi_{uu}(0) & \phi_{uu}(1) \\ \phi_{uu}(1) & \phi_{uu}(0) \end{bmatrix}$$

を計算せよ．

(3) (2)で求めた自己相関行列 R の固有値を計算せよ．

(4) $\alpha = 0.9$ のときと $\alpha = 0.1$ のときの固有値を計算し，どちらのほうがシステム同定のための入力信号として適しているかを，その理由とともに記述せよ．

8-7 式 (8.106) の状態方程式について，以下の問いに答えよ．

(1) 伝達関数 $G(z)$ を求めよ．

(2) $G(z)$ をテイラー展開することにより，式 (8.107) のマルコフパラメータを導出せよ．

付録　インパルス応答から伝達関数への変換法

インパルス応答 $g = [g(1), g(2), \ldots, g(m)]^T$ を伝達関数モデルのパラメータ $\theta = [a_1, \ldots, a_n, b_1, \ldots, b_n]^T$ に変換する方法を与えよう．

$m \times 2n$ 行列

$$G = \begin{bmatrix} G_{11} & G_{12} \\ G_{21} & G_{22} \end{bmatrix}$$

を定義する．ただし，

$$G_{11} = \begin{bmatrix} 0 & 0 & \cdots & 0 & 0 \\ -g(1) & 0 & \ddots & \ddots & 0 \\ -g(2) & -g(1) & \ddots & & \vdots \\ \vdots & \ddots & \ddots & 0 & 0 \\ -g(n-1) & \cdots & -g(2) & -g(1) & 0 \end{bmatrix}$$

$$G_{21} = \begin{bmatrix} -g(n) & \cdots & -g(2) & -g(1) \\ -g(n+1) & \cdots & -g(3) & -g(2) \\ \vdots & \vdots & \vdots & \vdots \\ -g(m-1) & -g(m-2) & \cdots & -g(m-n) \end{bmatrix}$$

$$G_{12} = I_n, \quad G_{22} = O$$

とおいた．すると，θ の最小二乗推定値は次式より計算できる．

$$\hat{\theta} = (G^T G)^{-1} G^T g \tag{8.119}$$

第9章 逐次同定法

第8章では，主に多項式ブラックボックスモデルに対する一括処理形式のパラメータ推定法を与え，その性質について調べた．しかしながら，一括処理同定法では大量のデータ処理や逆行列演算を行わなければならないため，小規模な計算機システムでは実装化が難しい場合がある．また，適応制御，適応フィルタリング，あるいは適応予測などでは，オンラインでモデルパラメータを推定する必要がある．さらに，故障診断ではシステムや信号の特性の時間変化を検出しなければならない場合もある．そこで，本章では**逐次パラメータ推定**（recursive parameter estimation）あるいは**適応同定**（adaptive identification）と呼ばれる方法について述べる．

9.1 逐次最小二乗法

8.2節では，線形回帰モデルに対する一括処理最小二乗法を式(8.34)によって与えた．本節では，式(8.34)から時々刻々パラメータ推定値を更新する**逐次最小二乗法**（recursive least-squares method，以下ではRLS法と略記する）を導出しよう．

式(8.34)はつぎのように変形できる．

$$\widehat{\boldsymbol{\theta}}(N) = \left(\sum_{k=1}^{N} \boldsymbol{\varphi}(k)\boldsymbol{\varphi}^T(k)\right)^{-1} \left(\sum_{k=1}^{N} \boldsymbol{\varphi}(k)y(k)\right) \tag{9.1}$$

まず，行列 $\boldsymbol{P}(N)$ を

$$\boldsymbol{P}(N) = \left(\sum_{k=1}^{N} \boldsymbol{\varphi}(k)\boldsymbol{\varphi}^T(k)\right)^{-1} \tag{9.2}$$

とおき，これを**共分散行列**（covariance matrix）と呼ぶ．式(9.2)両辺の逆行列をとり，少し変形すると，

$$P^{-1}(N) = \sum_{k=1}^{N-1} \varphi(k)\varphi^T(k) + \varphi(N)\varphi^T(N)$$
$$= P^{-1}(N-1) + \varphi(N)\varphi^T(N) \tag{9.3}$$

が得られる．同様にして，

$$\sum_{k=1}^{N} \varphi(k)y(k) = \sum_{k=1}^{N-1} \varphi(k)y(k) + \varphi(N)y(N) \tag{9.4}$$

が得られる．式 (9.2) ～ (9.4) を式 (9.1) に代入して変形を行うと，つぎのようになる．

$$\begin{aligned}
\widehat{\boldsymbol{\theta}}(N) &= \boldsymbol{P}(N)\left(\sum_{k=1}^{N-1} \varphi(k)y(k) + \varphi(N)y(N)\right) \\
&= \boldsymbol{P}(N)\left\{\boldsymbol{P}^{-1}(N-1)\widehat{\boldsymbol{\theta}}(N-1) + \varphi(N)y(N)\right\} \\
&= \boldsymbol{P}(N)\left[\left\{\boldsymbol{P}^{-1}(N) - \varphi(N)\varphi^T(N)\right\}\widehat{\boldsymbol{\theta}}(N-1) + \varphi(N)y(N)\right] \\
&= \widehat{\boldsymbol{\theta}}(N-1) - \boldsymbol{P}(N)\varphi(N)\left\{\varphi^T(N)\widehat{\boldsymbol{\theta}}(N-1) - y(N)\right\} \\
&= \widehat{\boldsymbol{\theta}}(N-1) + \boldsymbol{P}(N)\varphi(N)\left\{y(N) - \varphi^T(N)\widehat{\boldsymbol{\theta}}(N-1)\right\}
\end{aligned} \tag{9.5}$$

このままでは式 (9.5) 中の $\boldsymbol{P}(N)$ をオンラインで計算することは困難である．そこで，つぎの補題を用意する．

> ❖ Point 9.1 ❖　逆行列補題（matrix inversion lemma）
>
> ある正則行列 $\boldsymbol{A}$ に対して次式が成立する．
>
> $$(\boldsymbol{A} + \boldsymbol{B}\boldsymbol{C})^{-1} = \boldsymbol{A}^{-1} - \boldsymbol{A}^{-1}\boldsymbol{B}(\boldsymbol{I} + \boldsymbol{C}\boldsymbol{A}^{-1}\boldsymbol{B})^{-1}\boldsymbol{C}\boldsymbol{A}^{-1} \tag{9.6}$$
>
> ただし，$\boldsymbol{B}, \boldsymbol{C}$ は適切な次元の行列（あるいはベクトル）である．

式 (9.3) に逆行列補題を適用すると，次式が得られる．

$$\begin{aligned}
\boldsymbol{P}(N) &= \left\{\boldsymbol{P}^{-1}(N-1) + \varphi(N)\varphi^T(N)\right\}^{-1} \\
&= \boldsymbol{P}(N-1) - \frac{\boldsymbol{P}(N-1)\varphi(N)\varphi^T(N)\boldsymbol{P}(N-1)}{1 + \varphi^T(N)\boldsymbol{P}(N-1)\varphi(N)}
\end{aligned} \tag{9.7}$$

さらに，式 (9.5) の右辺第 2 項に含まれる $\boldsymbol{P}(N)\varphi(N)$ は，式 (9.7) を用いるとつぎのように変形できる．

$$P(N)\varphi(N) = \left\{ P(N-1) - \frac{P(N-1)\varphi(N)\varphi^T(N)P(N-1)}{1 + \varphi^T(N)P(N-1)\varphi(N)} \right\} \varphi(N)$$

$$= P(N-1)\varphi(N) - \frac{P(N-1)\varphi(N)\varphi^T(N)P(N-1)\varphi(N)}{1 + \varphi^T(N)P(N-1)\varphi(N)}$$

$$= P(N-1)\varphi(N) \left\{ 1 - \frac{\varphi^T(N)P(N-1)\varphi(N)}{1 + \varphi^T(N)P(N-1)\varphi(N)} \right\}$$

$$= \frac{P(N-1)\varphi(N)}{1 + \varphi^T(N)P(N-1)\varphi(N)} \tag{9.8}$$

式 (9.8) を式 (9.5) に代入すると,

$$\widehat{\theta}(N) = \widehat{\theta}(N-1) + \frac{P(N-1)\varphi(N)}{1 + \varphi^T(N)P(N-1)\varphi(N)} \varepsilon(N) \tag{9.9}$$

が得られる. ただし, $\varepsilon(N)$ は予測誤差であり,

$$\varepsilon(N) = y(N) - \varphi^T(N)\widehat{\theta}(N-1) \tag{9.10}$$

とおいた. このようにして導出された式 (9.9), (9.10), (9.7) が RLS 法であり, 以下にまとめる.

❖ Point 9.2 ❖　RLS 法

(1) 初期値:パラメータ推定値 $\widehat{\theta}$ と共分散行列 P の初期値をそれぞれつぎのようにおく.

$$\widehat{\theta}(0) = \widehat{\theta}_0 \tag{9.11}$$

$$P(0) = \gamma I \quad (\text{ただし}, \gamma \text{は正定数}) \tag{9.12}$$

ここで, 同定対象に関する事前情報が利用可能であれば, それに従って $\widehat{\theta}_0$ を設定することができるが, 通常は $\mathbf{0}$ にすることが多い.

(2) 時間更新式: $k = 1, 2, \ldots, N$ の各時刻において, 次式を計算する.

$$\widehat{\theta}(k) = \widehat{\theta}(k-1) + \frac{P(k-1)\varphi(k)}{1 + \varphi^T(k)P(k-1)\varphi(k)} \varepsilon(k) \tag{9.13}$$

$$\varepsilon(k) = y(k) - \varphi^T(k)\widehat{\theta}(k-1) \tag{9.14}$$

$$P(k) = P(k-1) - \frac{P(k-1)\varphi(k)\varphi^T(k)P(k-1)}{1 + \varphi^T(k)P(k-1)\varphi(k)} \tag{9.15}$$

- **注意1** 式 (9.13) から明らかなように，RLS法は高等学校の数学で学んだ数列の漸化式の形式をとっている．
- **注意2** 一括処理最小二乗法では推定値を求めるときに逆行列演算が必要であったが，RLS法では逆行列補題を用いることにより逆行列演算を陽には行っていない．したがって，入力信号のPE性が弱く，逆行列がとりにくい最小二乗問題の場合でも，RLS法では何らかの解を与える．
- **注意3** 共分散行列の逆行列 $\boldsymbol{P}^{-1}$ の初期値は式 (9.3) より $\boldsymbol{0}$ であるので，$\boldsymbol{P}(0)$ は ∞ が理想的である．したがって，式 (9.12) の γ はできるだけ大きくすることが望ましく，通常は $10^3 \sim 10^4$ 程度の大きな値を用いることが推奨されている．しかしながら，γ をあまり大きく選定するとパラメータ推定値が発散する場合があるので，その選定には十分注意する必要がある．特に，SN比が悪い場合やモデル化誤差が大きい場合には，γ を小さく選定したほうがよい．このように，RLS法の場合，この γ は推定アルゴリズムのロバスト性に影響を与える調整パラメータである．

式 (9.13) から類推できるように，逐次パラメータ推定アルゴリズムの一般形は，つぎのように与えられる．

❖ Point 9.3 ❖　逐次パラメータ推定アルゴリズムの一般形

$$\widehat{\boldsymbol{\theta}}(k) = \widehat{\boldsymbol{\theta}}(k-1) + \boldsymbol{k}(k)\varepsilon(k) \tag{9.16}$$

$$\varepsilon(k) = y(k) - \widehat{y}(k) \tag{9.17}$$

ここで，$\widehat{\boldsymbol{\theta}}(k)$ は時刻 k におけるパラメータ推定値であり，$\widehat{y}(k)$ は時刻 $(k-1)$ までに入手可能な観測値に基づいた出力の1段先予測値である．また，$\boldsymbol{k}(k)$ は現在の予測誤差をパラメータ推定値の更新にどのくらい影響させるかを決定するゲインベクトルであり，通常つぎのように選ばれる．

$$\boldsymbol{k}(k) = \boldsymbol{Q}(k)\boldsymbol{\Psi}(k) \tag{9.18}$$

ただし，$\boldsymbol{Q}(k)$ は行列であり，$\boldsymbol{\Psi}(k)$ は1段先予測値 $\widehat{y}(k|\boldsymbol{\theta})$ の $\boldsymbol{\theta}$ に関する勾配（あるいは，勾配の近似）ベクトルである．すなわち，

$$\boldsymbol{\Psi}(k) = \frac{\mathrm{d}\widehat{y}(k|\boldsymbol{\theta})}{\mathrm{d}\boldsymbol{\theta}} \tag{9.19}$$

式 (9.16) と式 (9.13) を比較することにより，ARX モデルに対する RLS 法は，ゲインとして

$$k(k) = \frac{P(k-1)\varphi(k)}{1+\varphi^T(k)P(k-1)\varphi(k)} \quad (9.20)$$

を選んだものに対応することがわかる．また，ARX モデルのような線形回帰モデルの場合，

$$\widehat{y}(k) = \varphi^T(k)\widehat{\theta}(k-1) \quad (9.21)$$

であり，それを $\widehat{\theta}(k-1)$ に関して微分すると $\varphi(k)$ になるので，$\Psi(k) = \varphi(k)$ となる．よって，式 (9.18) の $Q(k)$ はつぎのようになる．

$$Q(k) = \frac{P(k-1)}{1+\varphi^T(k)P(k-1)\varphi(k)} \quad (9.22)$$

一方，線形回帰モデルでない場合には，正確な予測値と，現在の推定値 $\widehat{\theta}(k-1)$ に関する勾配を，逐次的に計算することはできない．そのような場合には，$\widehat{y}(k)$ と $\Psi(k)$ の近似値を代用することになる．更新が行われる適応ゲインと方向の双方に影響を与える行列 $Q(k)$ は，後述するようにいくつかの異なる方法によって選定される．

9.2 適応同定法

動特性が時間とともに変化する**時変システム**は，適応処理が必要とされる典型的な対象である．主な時変システムへの対処法を列挙すると，以下のようになる．

(1) 古いデータを捨てる
　　1. 過去のデータを指数的に忘却する
　　　　⟹ 忘却要素の利用
　　2. 現時点から一定時刻過去のデータのみを用いる
　　　　⟹ 矩形窓の利用
　　3. 共分散行列を周期的にリセットする
(2) パラメータの時間変化を確率的な変動としてモデリングする
　　　　⟹ カルマンフィルタの利用

本節では時変システムに対する適応同定法として (1)-1, (1)-2, (2)を以下で与えよう．

9.2.1 忘却要素を用いた RLS 法

時変システムのパラメータ推定を行う場合，過去のデータを指数的に忘却する方法が有効である．これは現時刻 k より τ サンプル以前の観測値に対して λ^τ の指数重みをかける方法であり，最小二乗法の評価関数

$$J(k) = \sum_{i=1}^{k} \varepsilon^2(i) \tag{9.23}$$

の代わりに[1]，新しい評価関数

$$I(k) = \sum_{i=1}^{k} \lambda^{k-i} \varepsilon^2(i)$$

を用いる．ここで，λ は**忘却要素**（forgetting factor）と呼ばれる 1 以下の正数であり，$0.97 \sim 0.995$ くらいにとられることが多い．また，

$$\tau = \frac{1}{1-\lambda} \tag{9.24}$$

より古い測定値に対する重みは約 0.3 より小さくなるため，この τ は**メモリホライズン**（memory horizon）と呼ばれる．たとえば $\lambda = 0.995$ のときは，$\tau = 200$ となる．すなわち，200 個以上過去のデータに対する重みは 0.3 より小さくなり，それらのデータはほとんど利用されないことになる．指数的忘却要素を図 9.1 に示した．

この場合，式 (9.13) 〜 (9.15) の RLS 法の時間更新式は，つぎのようになる．

❖ Point 9.4 ❖　忘却要素を用いた RLS 法

$$\hat{\boldsymbol{\theta}}(k) = \hat{\boldsymbol{\theta}}(k-1) + \frac{\boldsymbol{P}(k-1)\boldsymbol{\varphi}(k)}{\lambda + \boldsymbol{\varphi}^T(k)\boldsymbol{P}(k-1)\boldsymbol{\varphi}(k)} \varepsilon(k) \tag{9.25}$$

$$\varepsilon(k) = y(k) - \boldsymbol{\varphi}^T(k)\hat{\boldsymbol{\theta}}(k-1) \tag{9.26}$$

$$\boldsymbol{P}(k) = \frac{1}{\lambda}\left\{\boldsymbol{P}(k-1) - \frac{\boldsymbol{P}(k-1)\boldsymbol{\varphi}(k)\boldsymbol{\varphi}^T(k)\boldsymbol{P}(k-1)}{\lambda + \boldsymbol{\varphi}^T(k)\boldsymbol{P}(k-1)\boldsymbol{\varphi}(k)}\right\} \tag{9.27}$$

---

[1] 第 8 章での定義と異なり，ここでは右辺を N で割らない形式にした．

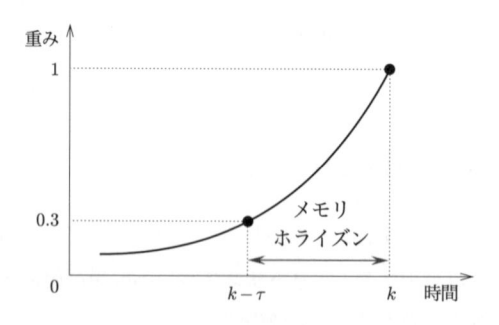

図9.1 指数的忘却

このアルゴリズムでは忘却要素を一定値としたが，対象が変化した過渡的な状況では忘却要素の値を自動的に小さくし，対象が変化しない定常的なときには1に近くしたほうが追従特性が向上する．そのために，**可変忘却要素** (VFF：Variable Forgetting Factor) を用いたRLS法が提案されている．それについて説明しよう．

式 (9.23) の評価関数では，時間の経過とともに $J(k)$ の値は増加していく．しかし，忘却要素を導入した評価関数 (9.24) は，

$$I(k) = \lambda(k)I(k-1) + \frac{\lambda(k)}{\lambda(k) + \boldsymbol{\varphi}^T(k)\boldsymbol{P}(k-1)\boldsymbol{\varphi}(k)}\varepsilon^2(k) \tag{9.28}$$

を満たす．適応的な機構を実現するために，

$$I(k) = I(k-1) = I^* \tag{9.29}$$

とおくと，可変忘却要素は次式のように与えられる．

$$\lambda(k) = \frac{1}{2}\left\{\mu(k) + \sqrt{\mu^2(k) + 4\xi(k)}\right\} \tag{9.30}$$

ただし，

$$\mu(k) = 1 - \xi(k) - \frac{\varepsilon^2(k)}{I^*} \tag{9.31}$$

$$\xi(k) = \boldsymbol{\varphi}^T(k)\boldsymbol{P}(k-1)\boldsymbol{\varphi}(k) \tag{9.32}$$

とおいた．ここで，I^* は追従速度を決定するためのユーザ指定のパラメータである．I^* を小さくしていくと追従性は向上するが，安定性は低下する．I^* を大きくしていくと，その逆になる．$I^* \to \infty$ のとき $\lambda = 1$ となり，通常のRLS法と一致す

る．式 (9.30) によって決定された $\lambda(k)$ を，式 (9.25)，(9.25) で λ の代わりに用いればよい．

9.2.2 矩形窓を用いた RLS 法

ここでは重みとして図 9.2 に示した矩形窓を用い，評価関数を

$$J_L(k) = \sum_{i=k-L+1}^{k} \varepsilon^2(i) \tag{9.33}$$

とする．これは現時刻 k からつねに一定時刻前までのデータに基づいて推定を行う方法で，矩形窓を用いた方法と呼ばれる．この考え方は**モデル予測制御**[2]の予測ホライズンに似ており，**移動ホライズン推定**（moving horizon estimation）と呼ばれることもある．

まず，正規方程式は次式で与えられる．

$$\boldsymbol{F}(k)\widehat{\boldsymbol{\theta}}(k) = \boldsymbol{g}(k) \tag{9.34}$$

ただし，

$$\boldsymbol{F}(k) = \sum_{i=k-L+1}^{k} \boldsymbol{\varphi}(i)\boldsymbol{\varphi}^T(i), \quad \boldsymbol{g}(k) = \sum_{i=k-L+1}^{k} \boldsymbol{\varphi}(i)y(i) \tag{9.35}$$

である．式 (9.35) より次式が得られる．

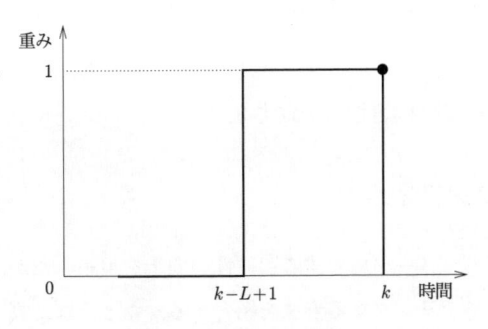

図 9.2 矩形窓による忘却

---

[2] Jan M. Maciejowski 著，足立・管野訳：モデル予測制御——制約のもとでの最適制御（東京電機大学出版局，2005）などが参考になる．

$$F(k) = F(k-1) + \varphi(k)\varphi^T(k) - \varphi(k-L)\varphi^T(k-L) \tag{9.36}$$

$$g(k) = g(k-1) + \varphi(k)y(k) - \varphi(k-L)y(k-L) \tag{9.37}$$

いま，

$$H(k) = F(k-1) - \varphi(k-L)\varphi^T(k-L) \tag{9.38}$$

とおくと，式 (9.36) は

$$F(k) = H(k) + \varphi(k)\varphi^T(k) \tag{9.39}$$

となる．式 (9.38)，(9.39) に逆行列補題を適用すると，矩形窓を用いた RLS 法のアルゴリズムが得られる．

> ❖ Point 9.5 ❖　矩形窓を用いた RLS 法
>
> $$\widehat{\boldsymbol{\theta}}(k) = \widehat{\boldsymbol{\theta}}(k-1) + \boldsymbol{P}(k)\varphi(k)\{y(k) - \varphi^T(k)\widehat{\boldsymbol{\theta}}(k-1)\}$$
> $$\qquad - \boldsymbol{P}(k)\varphi(k-L)\{y(k-L) - \varphi^T(k-L)\widehat{\boldsymbol{\theta}}(k-1)\} \tag{9.40}$$
>
> ただし，
>
> $$\boldsymbol{P}(k) = \boldsymbol{Q}(k) - \frac{\boldsymbol{Q}(k)\varphi(k)\varphi^T(k)\boldsymbol{Q}(k)}{1 + \varphi^T(k)\boldsymbol{Q}(k)\varphi(k)} \tag{9.41}$$
>
> $$\boldsymbol{Q}(k) = \boldsymbol{P}(k-1) + \frac{\boldsymbol{P}(k-1)\varphi(k-L)\varphi^T(k-L)\boldsymbol{P}(k-1)}{1 + \varphi^T(k-L)\boldsymbol{P}(k-1)\varphi(k-L)} \tag{9.42}$$

ここで，$P(k) = F^{-1}(k)$，$Q(k) = H^{-1}(k)$ とおいた．なお，$k - L = 1$ とおくと，このアルゴリズムは通常の RLS 法に一致する．

9.2.3　カルマンフィルタ

これまでは時変パラメータに対する追従性の向上を目指したが，ここでは時変パラメータの変化をモデリングする方法を紹介する．たとえば，真のパラメータがランダムウォーク (random walk) すると仮定すると，次式のようにモデリングできる．

$$\boldsymbol{\theta}^*(k) = \boldsymbol{\theta}^*(k-1) + \boldsymbol{\xi}(k-1) \tag{9.43}$$

ただし，$\theta^*(k)$ は時刻 k におけるパラメータの真値である．また，$\xi(k)$ は平均値 $\mathbf{0}$，自己相関行列

$$\mathrm{E}\left[\xi(k)\xi^T(k)\right] = R_\xi \tag{9.44}$$

の正規性白色雑音と仮定する．このような定式化をすると，システムパラメータは確率変数になるため，真のシステムは確率システムになる．これまでは，観測雑音などの確率的な外乱の影響のために同定対象は確率システムであると考えてきたが，ここでは同定対象自身の動特性が確率的であることに注意する．

さて，ARX モデルのように観測値が線形回帰モデル

$$y(k) = \varphi^T(k)\theta^*(k) + w(k) \tag{9.45}$$

で記述される場合について考える．このとき，つぎの Point 9.6 が重要である．

❖ **Point 9.6** ❖　パラメータ推定問題の状態空間定式化

式 (9.43)，(9.45) は，状態方程式

$$x(k+1) = x(k) + \xi(k) \tag{9.46}$$
$$y(k) = \varphi^T(k)x(k) + w(k) \tag{9.47}$$

に対応づけることができる．ただし，状態変数 $x(k)$ はパラメータの真値 $\theta^*(k)$ であり，$A = I$, $b = 0$, $c = \varphi(k)$, $d = 0$ である．また，$\xi(k)$ はシステム雑音，$w(k)$ は観測雑音に対応する．

このように，逐次パラメータ推定問題は状態空間表現を用いて定式化することができる．ここでは時変パラメータの推定問題を取り扱ったが，時不変パラメータの場合には式 (9.46) を次式とすればよい．

$$x(k+1) = x(k) \tag{9.48}$$

時変システム同定問題を状態空間表現によって定式化することによって，カルマンによって提案された有名な**カルマンフィルタ**（Kalman filter）を適用することができ，その結果，式 (9.18) のゲイン k の最適値を計算できる．ここでは導出過程を省略し，時間更新式のみをつぎにまとめる．

✤ Point 9.7 ✤　カルマンフィルタアルゴリズム

線形回帰モデルに対するカルマンフィルタの時間更新式は次式で与えられる．

$$\widehat{\boldsymbol{\theta}}(k) = \widehat{\boldsymbol{\theta}}(k-1) + \boldsymbol{k}(k)\varepsilon(k) \tag{9.49}$$

ただし，

$$\varepsilon(k) = y(k) - \widehat{y}(k) = y(k) - \boldsymbol{\varphi}^T(k)\widehat{\boldsymbol{\theta}}(k-1) \tag{9.50}$$

$$\boldsymbol{k}(k) = \boldsymbol{Q}(k)\boldsymbol{\varphi}(k) \tag{9.51}$$

$$\boldsymbol{Q}(k) = \frac{\boldsymbol{P}(k-1)}{\sigma_w^2 + \boldsymbol{\varphi}^T(k)\boldsymbol{P}(k-1)\boldsymbol{\varphi}(k)} \tag{9.52}$$

$$\boldsymbol{P}(k) = \boldsymbol{P}(k-1) + \boldsymbol{R}_\xi - \frac{\boldsymbol{P}(k-1)\boldsymbol{\varphi}(k)\boldsymbol{\varphi}^T(k)\boldsymbol{P}(k-1)}{\sigma_w^2 + \boldsymbol{\varphi}^T(k)\boldsymbol{P}(k-1)\boldsymbol{\varphi}(k)} \tag{9.53}$$

である．ここで，σ_w^2 は式 (9.45) 中の $w(k)$ の分散（スカラ量）である．

式 (9.49) 〜 (9.53) のカルマンフィルタアルゴリズムは，$\boldsymbol{R}_\xi$, σ_w^2, $\boldsymbol{P}(0)$, $\widehat{\boldsymbol{\theta}}(0)$ と入出力データ $\{u(k), y(k);\ k = 1, 2, \ldots\}$ によってすべて規定される．以上では，線形回帰モデルに対してカルマンフィルタアルゴリズムを構成したが，$\widehat{y}(k)$ を式 (9.50) 以外の方法で計算した一般的な場合にも適用できる．

さて，式 (9.49) 〜 (9.53) のカルマンフィルタアルゴリズムにおいて，$\boldsymbol{R}_\xi = \boldsymbol{0}$, $\sigma_w^2 = 1$ とおくと，Point 9.2 で与えた RLS 法に一致する．

✤ Point 9.8 ✤　RLS 法とカルマンフィルタの関係

RLS 法はカルマンフィルタの特殊な場合である．

9.3　システム同定と適応ディジタルフィルタリングの関係

適応ディジタルフィルタリング（ADF：Adaptive Digital Filtering）問題において，適応同定アルゴリズムは中心的な役割を果たす．そこで本節では，システム同定と適応ディジタルフィルタリングの関係について簡単に触れておこう．

図 9.3 に ADF 問題のブロック線図を示した．図において，$u(k)$, $y(k)$ はそれぞれディジタルフィルタの入出力信号であり，$d(k)$ は参照信号（望みの応答）である．

9.3 システム同定と適応ディジタルフィルタリングの関係　181

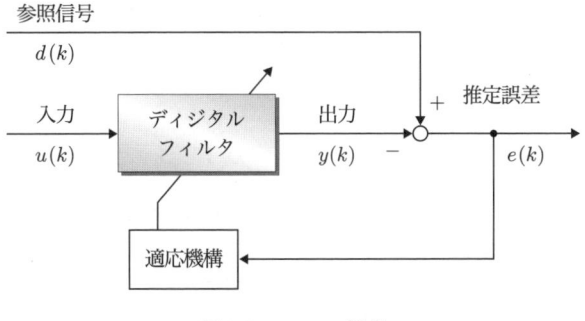

図9.3 ADFの構成

また,

$$e(k) = d(k) - y(k) \tag{9.54}$$

は推定誤差である．このとき，ADF問題はつぎのようになる．

> ❖ Point 9.9 ❖ 　ADF問題
>
> ディジタルフィルタの入出力信号 $u(k)$, $y(k)$ と参照信号 $d(k)$ が利用可能であるという仮定のもとで，推定誤差 $e(k) = y(k) - d(k)$ が何らかの意味で小さくなるように，ディジタルフィルタを記述するパラメータ $\boldsymbol{\theta}$ を求めることをADF問題という．

ここでは，ディジタルフィルタとしてFIRフィルタ

$$G(q) = g_1 q^{-1} + g_2 q^{-2} + \cdots + g_m q^{-m} \tag{9.55}$$

を選んだ場合について考えよう．このFIRフィルタを記述するパラメータは，

$$\boldsymbol{\theta} = [g_1, g_2, \ldots, g_m]^T \tag{9.56}$$

であり，推定誤差は，

$$e(k) = d(k) - G(q)u(k) = d(k) - \boldsymbol{\theta}^T \boldsymbol{u}(k) \tag{9.57}$$

となる．ただし，

$$\boldsymbol{u}(k) = [u(k-1), u(k-2), \ldots, u(k-m)]^T \tag{9.58}$$

とおいた．以上の準備のもとで，評価関数として予測誤差法の場合と同じように推定誤差の累積二乗和

$$J_N(\boldsymbol{\theta}) = \sum_{k=1}^{N} \{d(k) - \boldsymbol{\theta}^T \boldsymbol{u}(k)\}^2$$

$$= \sum_{k=1}^{N} \{d^2(k) - 2d(k)\boldsymbol{\theta}^T \boldsymbol{u}(k) + \boldsymbol{\theta}^T \boldsymbol{u}(k)\boldsymbol{u}^T(k)\boldsymbol{\theta}\} \tag{9.59}$$

を用いると，この評価関数を最小にするパラメータは，

$$\widehat{\boldsymbol{\theta}}(N) = \left(\sum_{k=1}^{N} \boldsymbol{u}(k)\boldsymbol{u}^T(k)\right)^{-1} \left(\sum_{k=1}^{N} \boldsymbol{u}(k)d(k)\right) \tag{9.60}$$

で与えられる．このように，FIRフィルタを用いたADF問題は，8.2節で述べたFIRモデルを用いたシステム同定問題と等価になる．特に，FIRフィルタは必ずBIBO (Bounded Input, Bounded Output) 安定[3]になるので，ADFを実システムに適用する場合には利用しやすい．しかしながら，前述したようにFIRフィルタは推定すべきパラメータ数が増大するという問題点も有する．

さて，ADF問題のパラメータ推定法としては**勾配法**（gradient method）がしばしば利用される．ここで，勾配法とは式(9.18)の行列$\boldsymbol{Q}(k)$を単位行列のスカラ倍としたものであり，これは大きく二つのタイプに分類できる．

(1) **非正規化勾配法**（UG：Unnormalized Gradient）── 式(9.18)において，

$$\boldsymbol{Q}(k) = \mu \boldsymbol{I} \tag{9.61}$$

とおいたものである．すなわち，

$$\widehat{\boldsymbol{\theta}}(k) = \widehat{\boldsymbol{\theta}}(k-1) + \mu \boldsymbol{\Psi}(k)\varepsilon(k) \tag{9.62}$$

ここで，μは**ステップ幅**（step size）パラメータと呼ばれる．これはアルゴリズムの安定性と収束性を左右する重要なパラメータである．

(2) **正規化勾配法**（NG：Normalized Gradient）── 式(9.18)において，

$$\boldsymbol{Q}(k) = \frac{\alpha}{\|\boldsymbol{\Psi}(k)\|^2} \boldsymbol{I} \tag{9.63}$$

---

[3] 有界な入力をシステムに印加したとき，その出力も有界になることであり，システムの安定性の最も基本的な定義である．

とおいたものである．すなわち，

$$\widehat{\boldsymbol{\theta}}(k) = \widehat{\boldsymbol{\theta}}(k-1) + \alpha \frac{\boldsymbol{\Psi}(k)}{\|\boldsymbol{\Psi}(k)\|^2} \varepsilon(k) \tag{9.64}$$

である．

ARX モデルや FIR モデルのような線形回帰モデルに対しては，非正規化勾配法は **LMS 法** (Least Mean Square method)，そして正規化勾配法は **NLMS 法** (Normalized LMS method)，あるいは学習的同定法と呼ばれている．特に，ここで考えている FIR フィルタでは，

$$\boldsymbol{\Psi}(k) = \boldsymbol{u}(k) \tag{9.65}$$

となるので，式 (9.62) はつぎのようになる．

❖ Point 9.10 ❖   FIR フィルタに対する LMS 法

時間更新式は，

$$\widehat{\boldsymbol{\theta}}(k) = \widehat{\boldsymbol{\theta}}(k-1) + \mu \boldsymbol{u}(k) \varepsilon(k) \tag{9.66}$$

で与えられる．ここで，推定値の平均値が真値に収束するための条件は

$$0 < \mu < \frac{2}{\lambda_{\max}} \tag{9.67}$$

であり，また二乗平均において収束するための条件は，

$$0 < \mu < \frac{2}{\displaystyle\sum_{k=1}^{m} \lambda_k} \tag{9.68}$$

である．ここで，λ_i は入力自己相関行列

$$\frac{1}{N} \sum_{k=1}^{N} \boldsymbol{u}(k) \boldsymbol{u}^T(k)$$

の固有値であり，$\lambda_{\max}$ は最大固有値を意味する．

注意　式 (9.67) の条件は，μ が式 (9.68) の条件を満たすと自動的に満たされるので，実際は式 (9.68) の条件を満たす μ を選定すればよい．

一方,式 (9.64) は FIR フィルタの場合,つぎのようになる.

> ❖ Point 9.11 ❖ 　FIR フィルタに対する NLMS 法
>
> 時間更新式は,
> $$\widehat{\boldsymbol{\theta}}(k) = \widehat{\boldsymbol{\theta}}(k-1) + \alpha \frac{\boldsymbol{u}(k)}{\|\boldsymbol{u}(k)\|^2} \varepsilon(k) \tag{9.69}$$
> で与えられる.ここで,推定値が二乗平均において収束するための条件は,次式で与えられる.
> $$0 < \alpha < 2 \tag{9.70}$$

NLMS 法は入力信号の大きさの正規化に基づいているため,数々の優れた性質をもつことが示されているが,特に収束速度が優れている.また,式 (9.69) と式 (9.66) を比較すると,NLMS 法は時変ステップ幅パラメータ

$$\mu = \frac{\alpha}{\|\boldsymbol{u}(k)\|^2} \tag{9.71}$$

をもつ LMS 法と解釈することもできる.

さて,式 (9.66),あるいは式 (9.69) から明らかなように,LMS 法,あるいは NLMS 法は各時刻ステップにおいて推定するパラメータ数 (m) に比例した積和演算を行うだけであるので,DSP (Digital Signal Processor) を用いて容易に実装化することができる(これに対して,最小二乗法では m^2 に比例した乗算が必要である).そのため,FIR フィルタに対する LMS 法 (NLMS 法) は,アクティブ騒音制御 (active noise control),適応等化器 (adaptive equalizer) など,適応ディジタル信号処理の分野で広く利用されている.なお,LMS 法と NLMS 法は最小二乗解を近似的に少ない演算量で計算する目的で開発されてきたが,これらのアルゴリズムは $\mathcal{H}_\infty$ フィルタリングの枠組みで解析され,推定アルゴリズムのロバスト性も示されている.

以上で述べた逐次推定アルゴリズム用の SITB コマンドの一般形を以下にまとめよう.

```
>> [thm,yh]=rfcn(z,nn,adm,adg)
```

ただし，z は入出力データ，nn はモデル構造であり，これは一括処理アルゴリズムのときと同じである．また，adm と adg は，適応機構と適応ゲインを決定するパラメータであり，つぎのように指定できる．

- adm='ff'; adg=lam：忘却要素を lam とした式 (9.13)，(9.14) の RLS 法
- adm='ug'; adg=gam：ゲインを gam とした式 (9.62) の非正規化勾配法
- adm='ng'; adg=gam：ゲインを gam とした式 (9.64) の正規化勾配法
- adm='kf'; adg=R1：カルマンフィルタアプローチ（すなわち，真のパラメータは共分散行列 R1 のランダムウォークをすると仮定）

そして，逐次パラメータ推定のためのコマンドもまとめておこう．

(1) rarx：arx コマンドの逐次版
(2) rarmax：armax コマンドの逐次版
(3) rpem：一般的な逐次予測誤差アルゴリズム
(4) rplr：rpem の変形である．これは逐次擬似線形回帰法（recursive pseudo-linear regression approach）として知られており，つぎに示すようないくつかの有名なアルゴリズムを特殊例として含んでいる．
   a) OE モデル（nn = [0 nb 0 0 nf nk]）に適用されたとき，
      i) HARF（'ff'-case）
      ii) SHARF（'ng'-case）
   b) ARMAX モデル（nn = [na nb nc 0 0 nk]）に適用されたとき，
      i) ELS（拡大最小二乗）法
(5) roe：oe コマンドの逐次版
(6) rbj：bj コマンドの逐次版

演習問題

9-1 式 (9.28), (9.30) を導出せよ.

9-2 式 (9.40) ～ (9.42) で与えた矩形窓を用いた RLS 法のアルゴリズムを導出せよ.

9-3 式 (9.6) で与えた逆行列補題を用いて,

$$\boldsymbol{P}^{-1}(k) = \lambda_1 \boldsymbol{P}^{-1}(k-1) + \lambda_2 \boldsymbol{\varphi}(k) \boldsymbol{\varphi}^T(k)$$

を $\boldsymbol{P}(k)$ に関する漸化式に変形せよ. ただし, $\boldsymbol{P} \in \mathcal{R}^{n \times n}$ は共分散行列, $\boldsymbol{\varphi} \in \mathcal{R}^{n \times 1}$ は回帰ベクトルである. また, λ_1 と λ_2 はスカラである.

第10章 モデルの選定法

本章では，モデルの選定法と得られたモデルの妥当性の検証法について，数値シミュレーション例を交えて説明する．

10.1 モデル構造の選定法

第6章で述べたパラメトリックモデルを用いてシステム同定を行う場合，問題となるのは，「いろいろなモデルがあるが，いったいどのモデルを用いるのがよくて，またモデル次数，むだ時間などはどのくらいにしたらよいのだろうか？」という点だろう．これは **構造同定**（structure identification）と呼ばれ，システム同定において最も重要で，しかも非常に対応が難しいステップの一つである．構造同定を行うためには，同定対象に関する物理的な事前情報をユーザが理解している必要がある．しかしながら，事前情報が利用できない場合も多い．以下では，そのような状況に対する構造同定について述べる．

構造同定の基本は複数のモデルの比較であり，これはつぎの二つのステップからなる．

Step 1　同定モデルの選定
Step 2　モデルを構成する多項式の次数，むだ時間の決定

まず，Step 1を行う際に重要な点をつぎにまとめておく．

❖ Point 10.1 ❖　同定モデル選定の基本的な指針
簡単なモデルから始め，次第に複雑なモデルにチャレンジする．

たとえば，ARX あるいは FIR モデルから出発し，必要があれば ARMAX，あるいは

BJモデルを利用する．これらのパラメトリックモデルの性質について，復習を兼ねて簡単にまとめておこう．

(1) **ARXモデル**： このモデルは
$$A(q)y(k) = B(q)u(k) + w(k)$$
で記述される．線形回帰モデルなので容易にパラメータ推定が行える．また，FIRモデル
$$y(k) = B(q)u(k) + w(k)$$
のように多数のパラメータを推定する必要がない．しかしながら，多項式$A(q)$は外乱特性の記述にも利用されるため，通常，低次のモデルではシステムの動特性を精度よく推定できない．そのため，実際のシステムの次数よりも高次のモデルを利用する必要がある．特に，SN比が悪い場合には，最小二乗法ではなく補助変数法を利用するほうが望ましい．

(2) **ARMAXモデル**： このモデルでは，
$$A(q)y(k) = B(q)u(k) + C(q)w(k)$$
のように多項式$C(q)$を導入しているため，ARXモデルより雑音のモデリングの柔軟性が高い．その代償として，最適化計算によって繰り返し計算で推定値を求めなければならない．

(3) **OEモデル**： このモデルは，
$$y(k) = \frac{B(q)}{F(q)}u(k) + w(k)$$
で記述され，システムの動特性を測定雑音と分離して推定できる．開ループ同定実験であれば，システムの動特性を正確に同定可能である．しかしながら，予測誤差から構成される評価関数の最小化は非線形最適化問題となるため，その計算には時間がかかり，また局所的最適点に陥る危険性もある．

ARXモデルのような式誤差モデルと，OEモデルのような出力誤差モデルとの比較を表10.1にまとめた．制御のためのシステム同定法としては，ARXモデルに代表される式誤差モデルが利用されることが多い．それに対して，時間応答シミュレーションが目的の場合には，出力誤差モデルが適している．

つぎに，Step 2のモデル次数，むだ時間の決定を行うためには，実際にパラメー

10.1 モデル構造の選定法

表10.1 式誤差モデルと出力誤差モデルの比較

	式誤差モデル（ARXモデル）	出力誤差モデル（OEモデル）
目的	過去の入出力信号に基づき，最小二乗の意味で1段先出力予測値を実際の出力信号に最も近づける	過去の入力信号に基づき，観測範囲全域にわたって，出力予測値を実際の出力信号に最も近づける
演算	線形演算	非線形演算
周波数特性	高域に重み	均一重み
問題点	推定値にバイアスが生じやすい	計算時間が長く，局所的最適値に陥ることもある
用途	実時間予測，制御	シミュレーション，診断
外乱	入力と雑音は同一の極を通過して出力に達するため，外乱が入力に近い部分に加わる場合に適している	外乱が観測雑音の位置に加わるようなモデル構成をしているので，外乱が出力に近い部分に加わる場合に適している

タ推定を行い，その結果得られる何らかの情報を用いることになる．すなわち，モデル次数とむだ時間が異なるいくつかのモデル構造より得られた推定結果を比較し，ある評価を最適にする次数の組を決定する．そこで，モデル次数の決定法について以下に示そう．

10.1.1 クロスバリデーション

クロスバリデーション（cross validation）とは，同定実験によって収集された入出力データを，モデル構築用のデータセットとモデル検証用のデータセットに2分割してモデル構造を決定する方法である．

クロスバリデーションの手順をつぎにまとめよう．

> ❖ Point 10.2 ❖　クロスバリデーションによるARXモデルの次数決定手順
>
> むだ時間を1と固定し，ARXモデルの次数を1から10まで変化させて最適な次数を決定する．
> 1. 入出力データの前半をモデル推定用データ（ze），後半をモデル妥当性検証用データ（zv）とする．

2. モデル推定用データ ze に最小二乗法を適用し，ARX モデルのパラメータを推定し，損失関数

$$V = \sum_{k=1}^{N/2} \varepsilon^2(k, \boldsymbol{\theta}) \tag{10.1}$$

を計算し，それぞれの次数に対する損失関数の値を V に格納する．

```
>> NN = struc(1:10, 1:10, 1); % NN = [na nb nk]
>> V = arxstruc(ze, zv, NN);
>> nn = selstruc(V,0);
>> th = arx(z,nn);
```

3. 妥当性検証用データ集合 zv に対する損失関数の値が最も小さくなるようなモデル構造を選ぶ．

```
>> nn = selstruc(V,0)
>> [nn, Vm] = selstruct(V,c)
```

ただし，

 c='plot' ：パラメータの総数に対する V の損失関数のグラフ
 c='aic' ：AIC を最小にする構造 nn を選択
 c='mdl' ：MDL を最小にする構造 nn を選択
 c=0 ：クロスバリデーション

クロスバリデーションは有効な方法であるが，パラメータ推定に全データの半分しか利用できないため，推定精度が劣化するという問題点をもつ．そこで，つぎにモデル構築用データセットとモデル検証用データセットが同一の場合について考えてみよう．

10.1.2　モデル構築用と検証用データセットが同一の場合

モデル構築用データセットとモデル検証用のデータセットが同一の場合には，モデル構造を複雑にすればするほど損失関数の値は小さくなる．そのため，モデルの複雑さ（すなわち，モデルを構成するパラメータ数）に関するペナルティを導入する必要があり，以下に示すような規範が提案されている．以下では，推定されるパラメータの総数を m，データ数を N，損失関数の値を V とする．

(1) **AIC**：次式で与えられる AIC（Akaike's Information Criterion，赤池情報量規範）は，最尤推定法で得られるモデルの悪さを測る尺度として，赤池によって提案された．

$$\text{AIC} = -2\ln(\text{最大尤度}) + 2 \times (\text{パラメータ数}) \tag{10.2}$$

このとき，AIC が小さいほどよいモデルであると見なす．AIC を計算するためには尤度の計算が必要になるが，予測誤差が正規性の場合には，次式のように簡単になる．

$$\text{AIC} = \ln\left[\left(1 + \frac{2m}{N}\right)V\right] \tag{10.3}$$

(2) **FPE**：これは**最終予測誤差**（Final Prediction Error）の略であり，赤池によって提案された．FPE は次式で定義される．

$$\text{FPE} = \frac{1 + m/N}{1 - m/N}\frac{1}{N}V \tag{10.4}$$

ここで，FPE は式誤差が白色である場合にしか適用できないことに注意する．たとえば，式誤差が白色である ARX モデル同定の場合には，FPE は有効であり，そのとき FPE は AIC と一致する．

(3) **MDL**：これは Minimum Description Length（最小記述長）の略であり，Rissanen により提案された．MDL は，

$$\text{MDL} = \left(1 + \frac{2m}{N}\log N\right)V \tag{10.5}$$

コラム7 ── 赤池弘次（1927〜2009）

赤池は 1952 年に東京大学理学部数学科を卒業し，統計数理研究所に入所，1986 年に統計数理研究所長に就任し，1994 年に退職した．彼は 1970 年代に AIC と呼ばれる情報量規準を提唱し，予測の視点に基づく新しい統計科学の方法を確立した．時系列解析の分野では，AR モデルに基づくスペクトル解析法，多変量時系列モデルなどのさまざまな業績がある．システム同定の分野でも AIC は非常に有名であり，おそらくシステム同定の研究者で最も世界で知られている日本人は "Akaike" であろう．AIC はもともとは An Information Criterion の略であったが，後に Akaike's Information Criterion と呼ばれるようになったそうである．

で与えられる．MDLは，データを符号化する際に複数の確率モデルが考えられる場合において，どのモデルを用いれば最も短くデータを圧縮できるかという問題に客観的な回答を与えてくれる．

以上で示した規範の値が最小になるモデルを選択することになる．

さて，雑音の影響が大きい場合には，前述したように，ARXモデルを用いた同定では，多項式 $A(q)$ にはシステムの極だけでなく，雑音モデルの極も含まれるため，推定すべきパラメータ数が非常に多くなる．このような場合には，つぎのように補助変数法を用いてシステムの動特性のみを推定したほうがよい．

```
>> V = ivstruc(ze, zv, NN)
```

以上で述べたモデル構造の決定法をつぎにまとめた．

❖ Point 10.3 ❖　モデル構造の決定手順

Step 1　**むだ時間の決定**：つぎに示すいずれかの方法でむだ時間を決定する．
- 相関解析法を用いてインパルス応答を推定し，むだ時間を読み取る．
- 低次（たとえば4次）のARXモデルに対して，たとえばクロスバリデーションを適用し，むだ時間を決定する．

Step 2　**システム次数の決定**：Step 1で選ばれたむだ時間を用いて，Point 10.2にまとめた手順でARXモデルの次数を決定する．

Step 3　**低次元化**：Step 2で決定された次数は高次である可能性が高いので，推定されたモデルの極と零点を z 平面上にプロットし，極零相殺の有無を探す．極零相殺があれば，それらを無視したモデルを低次元化する．

モデル構造を選定するときの基本的な指針をつぎにまとめておこう．

❖ Point 10.4 ❖　ケチの原理（principle of parsimony）

モデル構造を決定する際，ほぼ同等の性能であれば，次数が低い（パラメータ数が少ない）モデルを選ぶべきであることをケチの原理という．同じような意味の用語として，「オッカムの剃刀」（Occam's razor）がある．オッカムは14世紀の英国のスコラ哲学者であり，彼は「ある事柄を説明するためには，必要以上に多くの前提

を仮定するべきでない」と主張した．無用なひげはそり落とすべきであるということから，オッカムの剃刀と呼ばれるようになった．

前述した AIC や MDL などの情報量規範は，ケチの原理に基づいている．

10.2 モデルの妥当性の検証

本節ではモデルが妥当であるかどうかを検証するためのいくつかの項目についてまとめよう．

10.2.1 極零相殺のチェック

同定モデルの極・零点の位置を計算してみて，それらがあまりにも近い場合には，選定したモデルの次数が高すぎると考えるべきである．しかしながら，実システムを同定する場合，極と零点の配置には不確かさが存在するため，それらの位置が完全に一致することはない．そこで，近いかどうかを判定するときに，この不確かさ，すなわち極と零点の配置の信頼区間を計算して判断しなければならない．極と零点の信頼区間がオーバーラップしていたら，モデル次数を低くしたほうがよい．このチェック法は，ARX モデルを用いて同定が行われた場合に特に有用である．そして，極零相殺が多い場合には，ARMAX, OE, BJ モデルなどの利用が望ましい．

信頼区間を考慮した極零相殺のチェック
```
>> pzmap(m,'sd',1)
```
ただし，sd は確率的な不確かさの標準偏差を意味する．3番目の引数 1 は 1σ で不確かさを見積もることを意味する．

10.2.2 残差解析

次式で定義される残差（residual）の解析も，モデル妥当性の重要な判定材料である．

$$e(k) = H^{-1}(q)\{y(k) - G(q)u(k)\} \tag{10.6}$$

残差とはモデルを用いて説明することができない部分である．モデルが同定対象を正確に記述するためには，残差が白色で，入力と独立にならなくてはならない．このことを調べるSITBのコマンドをつぎにまとめた．

```
>> e = resid(m, ze)
>> plot(e)
```

これは，入出力データ ze とモデル m より残差 $e(k)$ を計算し，白色性と独立性の検定を行うものである．具体的には，$e(\cdot)$ の相関関数と，$e(\cdot)$ と $u(\cdot)$ の間の相互相関関数を遅れ25まで計算し，グラフ表示する．また，99%信頼区間も併せて表示する．

相関関数のグラフが信頼区間を大きくはずれているようであれば，そのモデルを採用することはできない．そのときには，以下のような点に注意する．

(1) 出力誤差モデルのようなモデル構造や補助変数法のような同定法では，雑音の特性 $H(q)$ はほとんど考えず，対象のダイナミクス $G(q)$ のみに焦点を当てている．したがって，主に $G(q)$ にのみ関心があるのであれば，$e(k)$ の白色性よりはむしろ $e(k)$ と $u(k)$ の独立性を重視すべきである．

(2) $e(k)$ と $u(k)$ が負の遅れにおいて相関をもったり，現在の $e(k)$ がそれより将来の $u(k)$ に影響を与えているような場合，出力フィードバックが存在している可能性が高い．しかしながら，これはモデルを拒否する理由にはならない．なぜならば，本書の範囲を超えてしまうが，ARXモデルの最小二乗法のように残差白色化を目的とするシステム同定法では，入力信号のPE性が確保されていれば，閉ループシステムの場合でも開ループシステムと同様に同定することができるからである．

(3) ARXモデルを用いたとき，最小二乗法では，$m = n_k, n_k+1, \ldots, n_k+n_b-1$ に対する $e(k)$ と $u(k-m)$ の間の相関を自動的に0にする．

10.2.3 雑音なしのシミュレーション

実際の入力によってモデルを駆動したときに，観測される出力が実際の出力を十分よく表現しているかどうかを判断したいときには，雑音なしのシミュレーション

を行えばよい．このことを調べる SITB のコマンドは以下のとおりである．また，1 段先予測値の比較を行う方法も併せて示した．

```
>> compare(zv,m)      % シミュレーション出力の比較
>> compare(zv,m,1)    % 1段先予測値の比較
```

10.2.4 モデルの不確かさの表示

確率的外乱によるモデルの変動（分散誤差）はさまざまな推定法によって評価され，グラフ表示できる．そして，「同じモデル構造で同じ入力系列を用いるが，異なる応答データ集合に基づいて同定手順を繰り返したとき，モデルはどのくらい変動するのであろうか？」という疑問に対する解答をこの変動は与えてくれる．分散誤差に起因する不確かさは，周波数・時間領域においてそれぞれつぎのように表示できる．

(1) 周波数領域における不確かさ（周波数応答）

```
>> bode(m,'sd',3,'fill')
```

(2) 時間領域における不確かさ

```
>> simsd(m,u)    % 10本の時間応答を作成
```

10.3　ヘアドライヤーの例題

ここでは，第2章で取り扱ったヘアドライヤーの例題を通して，モデル構造の決定法と妥当性の検証について見ていこう．なお，以下の手順は SITB の中に "iddemo3" として収められている．

まず，1,000個の入出力データをロードする．

```
>> load dry2
```

そして，前半の500個を推定用，後半の500個をモデル検証用にするため，入出力データを2分割する．

```
>> ze = dry2(1:500);   zr = dry2(501:1000);
```
つぎに，それぞれのデータからトレンドを除去する．
```
>> ze = detrend(ze);   zr = detrend(zr);
```
入出力データをプロットする（図10.1参照）．
```
>> plot(ze(200:350))
```
ここでは多項式ブラックボックスモデルとして，つぎのような式誤差モデルを仮定する．

$$y(k) + a_1 y(k-1) + \cdots + a_{n_a} y(k-n_a)$$
$$= b_1 u(k-n_k) + \cdots + b_{n_b} u(k-n_b-n_k+1) + e(k) \tag{10.7}$$

まず，むだ時間 n_k を推定する．このとき，対象は2次系（$n_a = n_b = 2$）とする．これは，対象が熱伝達系であるために高次ではなく低次で記述できるという物理的な判断である．SITBにはつぎのようなむだ時間推定のコマンドが用意されている．
```
>> delay = delayest(ze)   % このコマンドのデフォルトはna=nb=2
```
このコマンドを実行したところ，むだ時間は3と判断された．

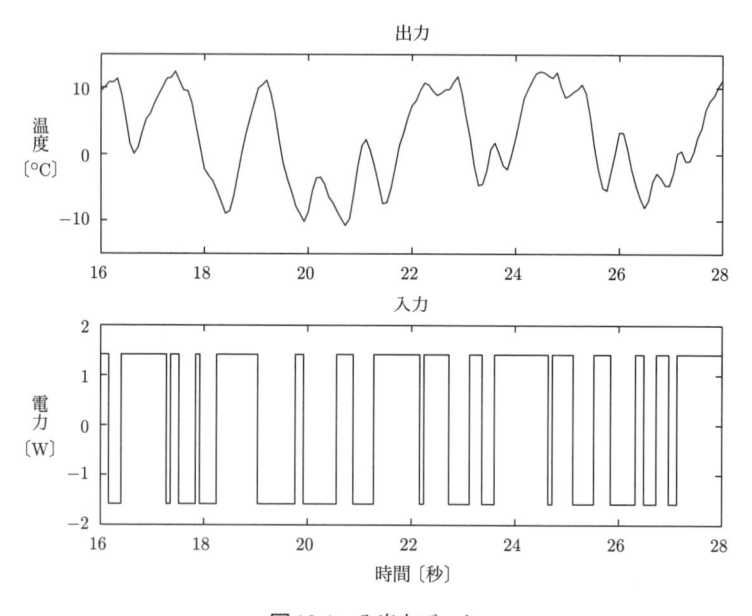

図10.1　入出力データ

n_k を1から10まで変化させ，その中で最も損失関数を小さくするむだ時間を見つける方法もある．

```
>> V = arxstruc(ze,zr,struc(2,2,1:10));
>> [nn,Vm] = selstruc(V,0);
>> nn = 2 2 3
```

これより，$n_a = 2$, $n_b = 2$, $n_k = 3$ が最も損失関数を小さくしていることがわかる．このとき，Vm の中にそれぞれの次数の組合せと，そのときの損失関数の対数値が，表10.2のように格納されている．表より，$n_k = 3$ のとき，損失関数の対数値は -1.8793 で最も小さくなっているので，むだ時間を3とする．

つぎは，$n_k = 3$ と固定し，n_a と n_b を1から10まで変化させてみる．すなわち，100通りの組合せに関して損失関数を計算する．

```
>> V = arxstruc(ze,zr,struc(1:10,1:10,3));
```

これより，最もよい組合せはつぎのようにして得られる．

```
>> nn = selstruc(V,0)
   nn = 10 4 3
```

以上より，$n_a = 10$, $n_b = 4$, $n_k = 3$ が最も損失関数を小さくしていることがわかる．しかしながら，ここで選ばれた次数は10次と，いま対象としているシステムの次数としてはあまりにも高次であるため，$n_a = 4$ とした4次系でARXモデルを用いて同定してみる．

表10.2　Vm の値

列	損失関数の対数	n_a	n_b	n_k
1	-0.1297	2	2	1
2	-1.3151	2	2	2
3	-1.8793	2	2	3
4	-0.2349	2	2	4
5	0.0076	2	2	5
6	0.0892	2	2	6
7	0.1951	2	2	7
8	0.2077	2	2	8
9	0.1725	2	2	9
10	0.1625	2	2	10

```
>> th4 = arx(ze,[4 4 3]);
```
その結果得られたモデルの極と零点をプロットする（図10.2参照）．
```
>> zpplot(th4,3)
```
ここで，引数の3は確率的な不確かさを3σで見積もっていることを意味する．図中には，推定された極が×で，零点が○で，そしてそれらの確率的な不確かさが楕円（実軸上は直線）で表されている．図より，複素共役な極と零点の対の不確かさの領域がクロスオーバーしているので，相殺してもよいことがわかる．

この結果より，2次系として最小二乗推定を再度行い，パラメータ推定値を計算する．
```
>> th2 = arx(ze,[2 2 3]);
```
このようにして同定された2次系のモデルがどのくらいの品質であるかを，時間応答シミュレーションを通して確かめよう．
```
>> compare(zr(150:350),th2,th4)
```
その結果を図10.3に示した．図中に示した適合率を見ると，4次モデルのときが89.29%であったのに対して，2次モデルに低次元化しても88.74%とほとんど値が変わっていないので，ケチの原理より2次モデルで十分であることがわかる．一方，

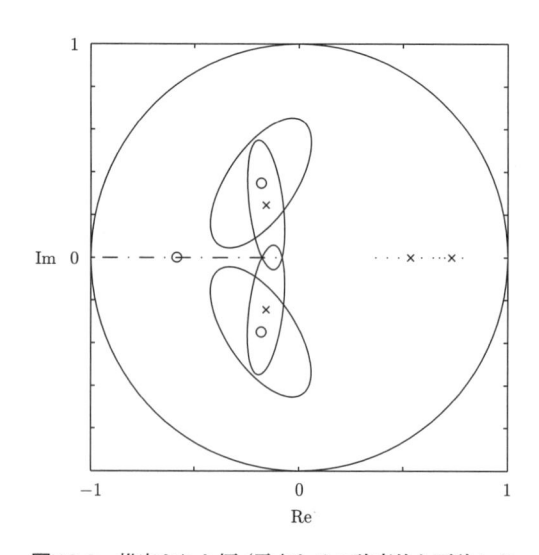

図10.2 推定された極／零点とその確率的な不確かさ

出力

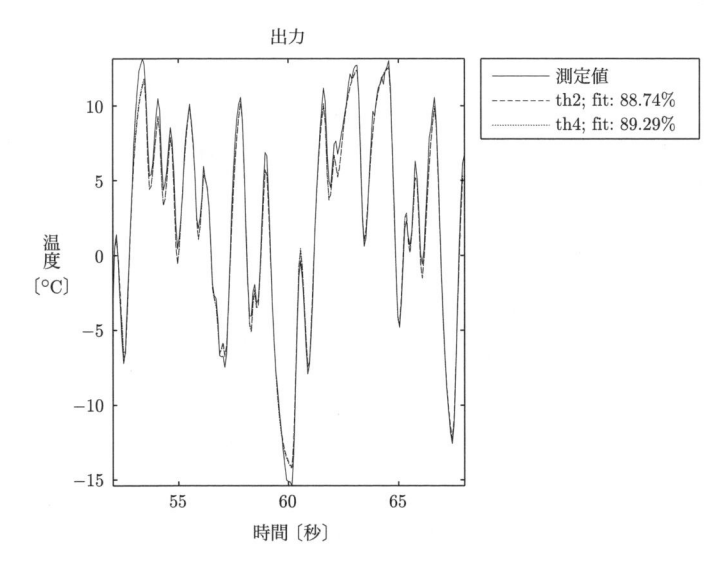

凡例:
── 測定値
---- th2; fit: 88.74%
······ th4; fit: 89.29%

図10.3 シミュレーションによるモデル妥当性の検証（実線：実際の出力，破線：2次モデル出力（適合率88.74%），点線：4次モデル出力（適合率89.29%））

対象となる熱伝達系は遅れ系であり振動系ではないので，複素共役極は無視してもよいという第一原理的な立場から，二つの実極で構成される2次モデルで十分であるとも考えられる．これは第2章の図2.9（p.31）のボード線図の考察からも明らかである．

以上のような手順で，$n_a = 2$，$n_b = 2$，$n_k = 3$が決定された．このような理由で，第2章の例題では式(2.3)のARXモデルの構造を利用した．

演習問題

10-1 MATLAB 読者が想定したシステムに対して，本章で与えたモデルの比較法を適用し，その結果について考察せよ．

第11章 MATLABを用いたシステム同定の数値例

本章では，MATLAB SITBを用いたシステム同定の数値例を示し，これまで説明してきたシステム同定理論に対する理解を深めよう．

11.1 さまざまなシステム同定法の比較

本節では，まず計算機上に同定対象であるシステムを構築し，そのシステムの入出力データを計算機上で生成する．そして得られた入出力データに対して，さまざまな同定法を適用する[1]．

11.1.1 シミュレーションデータの作成

同定対象は，つぎのARMAXモデルで正確に記述されると仮定する．

$$A(q)y(k) = B(q)u(k) + C(q)w(k) \tag{11.1}$$

ただし，

$$A(q) = 1 - 1.5q^{-1} + 0.7q^{-2}$$
$$B(q) = q^{-1} + 0.5q^{-2}$$
$$C(q) = 1 - q^{-1} + 0.2q^{-2}$$

とおいた．このシステムに対してさまざまな同定法を適用してみよう．

ここで考えている問題は，有限個の入出力データに基づいて，システムの伝達関数

$$G(q) = \frac{q^{-1} + 0.5q^{-2}}{1 - 1.5q^{-1} + 0.7q^{-2}} \tag{11.2}$$

を推定することである．

---

[1]. この例題はSITBのiddemo2に基づいて作成したものであり，例題6.3 (p.107) と同じシステムである．

11.1 さまざまなシステム同定法の比較

まず,このシステムを SITB で記述すると,つぎのようになる.

```
>> A = [1 -1.5 0.7];
>> B = [0 1 0.5];
>> m0 = idpoly(A,B,[1 -1 0.2],'Ts',0.25);
```

ここで,[1 -1 0.2] は多項式 $C(q)$ を表し,サンプリング周期 Ts は 0.25 秒とおいた.

つぎに,コマンド idinput を用いてシステムに加える入力信号を生成する.ここでは,1 と -1 の値を不規則にとる 2 値信号を入力とする.

```
>> u = idinput(350,'rbs');    % 350個の入力データを作成
>> u = iddata([],u,0.25);     % IDDATAオブジェクトを作成
```

この $u(k)$ をシステムに印加し,正規性白色雑音を加えることにより出力信号 $y(k)$ を計算する.

```
>> y = sim(m0,u,'noise')
>> z = [y u];
>> plot(z(1:100));
```

得られた入出力データを図 11.1 に示した.以下では,最初の 200 個の入出力データ

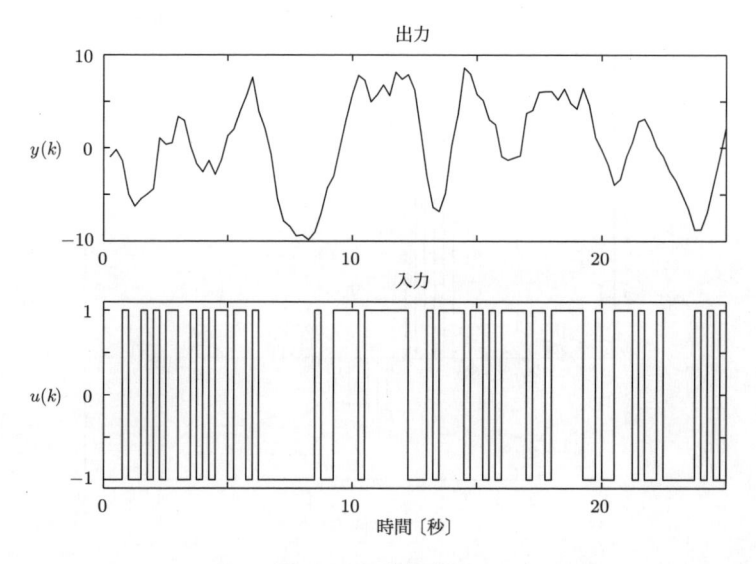

図 11.1 入出力データ

をモデル推定用に，残りの150個の入出力データをモデル検証用にする．

```
>> ze = z(1:200);
>> zv = z(201:350);
```

11.1.2　ノンパラメトリックモデル同定法の適用

(1) 相関解析法

まず，相関解析法によりインパルス応答を推定する．

```
>> impulse(ze);
```

推定結果を図11.2に示す．インパルス応答の推定は，構造同定の第一段階としてむだ時間の検出のために用いられることが多い．しかし，この例題ではむだ時間を導入しなかったため，正の時刻ですぐにインパルス応答が値をもつという結果が得られた．もちろん，インパルス応答モデルがほしい場合には，この段階でシステム同定を終了してもよいし，さらに，たとえば推定されたインパルス応答を用いて8.9節で述べた最小実現を行うことによって，対象の状態空間表現，さらには伝達関数表現を求めることもできる．

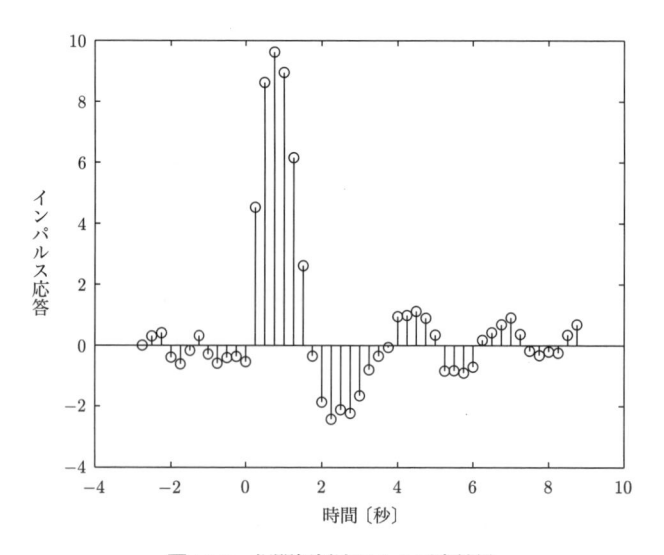

図11.2　相関解析法による同定結果

(2) スペクトル解析法

つぎに,スペクトル解析法を用いて周波数伝達関数を推定しよう.

```
>> GS = spa(ze);
>> bode(GS)
```

周波数伝達関数の推定値を図11.3に示した.図より,スペクトル解析法では高域においてゲインと位相が変動していることがわかる.

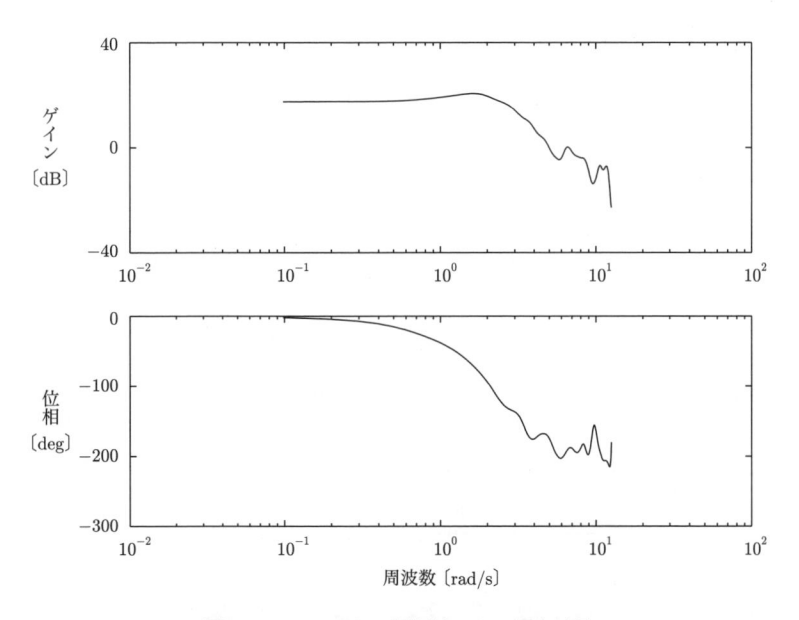

図11.3 スペクトル解析法による同定結果

11.1.3 パラメトリックモデル同定法の適用

(1) イノベーションモデルを用いた予測誤差法

まず,SITBでデフォルトの線形モデルを用いて推定する.これはイノベーションモデル(状態空間モデル)を予測誤差法pemを用いて推定する方法である.

```
>> m = pem(ze)
```

この同定法の詳細についての説明は省略する．ここで，モデル次数は自動的に選ばれ，この例では $n=4$ であった[2]．pem により得られた周波数特性とスペクトル解析法により得られた周波数特性を，図11.4で比較した．この段階では，ノンパラメトリック同定法であるスペクトル解析法と，パラメトリックモデル同定法である予測誤差法により推定された周波数特性の概形がほぼ一致していることがわかっただけで十分である．

(2) ARXモデルの最小二乗推定

2次 ARX モデルを仮定し，最小二乗法を用いて同定を行う．

```
>> mx2 = arx(ze,[2 2 1])
```

その結果，伝達関数の推定値はつぎのようになった．

$$\widehat{G}(q) = \frac{1.254q^{-1} + 0.6984q^{-2}}{1 - 1.259q^{-1} + 0.4853q^{-2}} \tag{11.3}$$

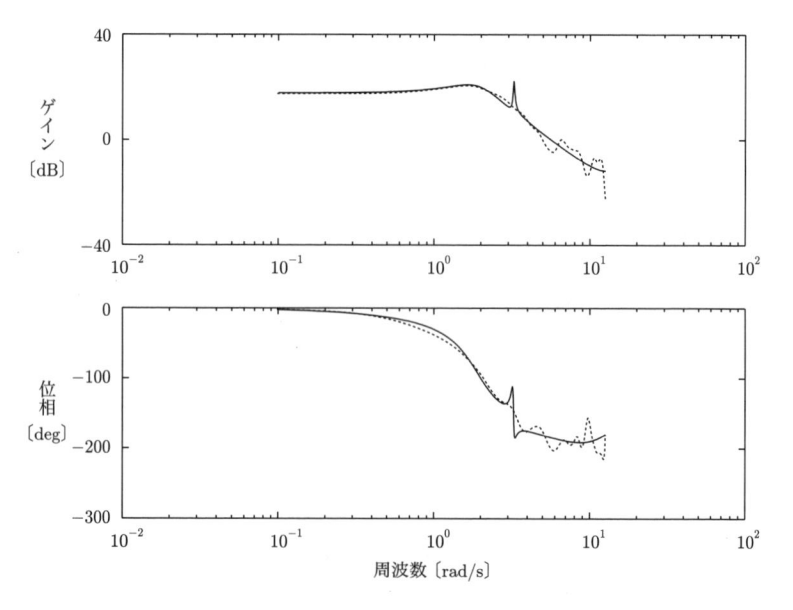

図11.4 予測誤差法（実線）とスペクトル解析法（点線）のボード線図の比較

---

[2] この計算機シミュレーションでは入力信号と雑音は乱数を用いて確率的に生成されているため，同定結果は毎回必ずしも一致しないことに注意する．SITBのマニュアルでは $n=9$ が選定されていた．

これを式 (11.2) と比較すると，パラメータ推定値に大きなバイアスが生じていることがわかる．

この同定結果と pem による結果とを，検証用データ zv に対する時間応答シミュレーションで比較してみよう．

```
>> compare(zv,m,mx2)
```

その結果を図 11.5 に示した．図中に適合率（fit）が表示されており，この数値から予測誤差法のほうがよい同定結果であることがわかる．

(3) OE モデルを用いた同定法

つぎに，出力誤差の最小化を行う OE モデルを用いた同定法を適用しよう．

```
>> mo2 = oe(ze,[2 2 1])
```

その結果，伝達関数の推定値はつぎのようになった．

$$\widehat{G}(q) = \frac{1.129q^{-1} + 0.4274q^{-2}}{1 - 1.498q^{-1} + 0.698q^{-2}} \tag{11.4}$$

分子多項式の推定精度はまだよくないが，分母多項式の推定値はほぼ真値に等しくなってきた．いま OE モデルを用いているので，雑音モデルは，

$$H(q) = 1$$

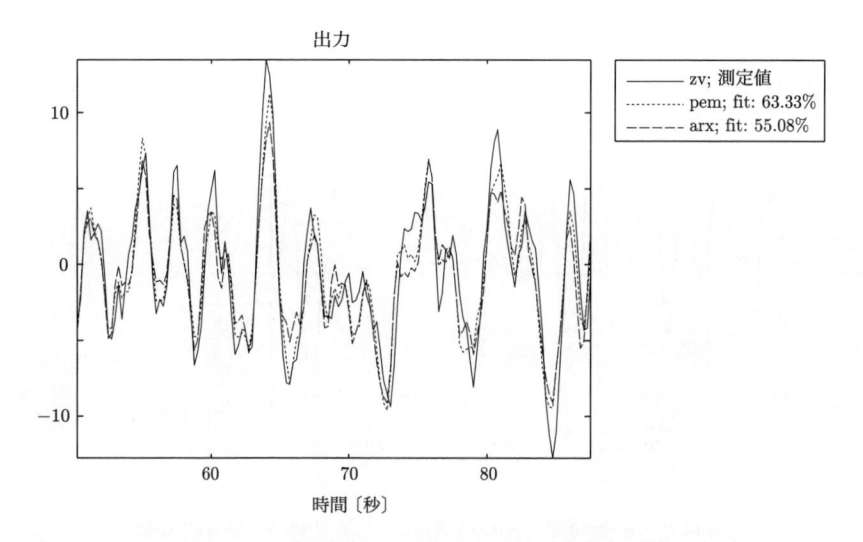

図 11.5 予測誤差法と ARX モデルの時間応答の比較

であることに注意する．oeによる時間応答シミュレーションをpem, arxのそれらと比較したのが図11.6である．図中に示された適合率より，oeによる同定結果は，pemによる結果と同程度によいことがわかる．

つぎに，oeによる同定結果の残差解析を行う．

```
>> resid(zv,mo2)
```

残差解析の結果を図11.7に示した．下段は残差と入力の相互相関関数を表している．図より，相互相関関数はすべて信頼区間（灰色の領域）の中に入っているので，残差と入力は無相関である．これより，対象の動特性Gの推定値は適切であると考えられる．一方，上段は残差の自己相関関数の図であるが，何点かは信頼区間をはずれている．そのため，残差は白色ではないことがわかる．これは雑音モデルHが適切でないことを示唆している．

また，残差の周波数特性を図示するためには，つぎのようにすればよい．

```
>> resid(zv,mo2,'fr')
```

この結果を図11.8に示した．点線は入力uから残差eまでの周波数伝達関数の推定値を表しており，灰色の領域は信頼区間を表している．図より，ほとんどすべての周波数帯域で推定値は信頼区間に入っている．

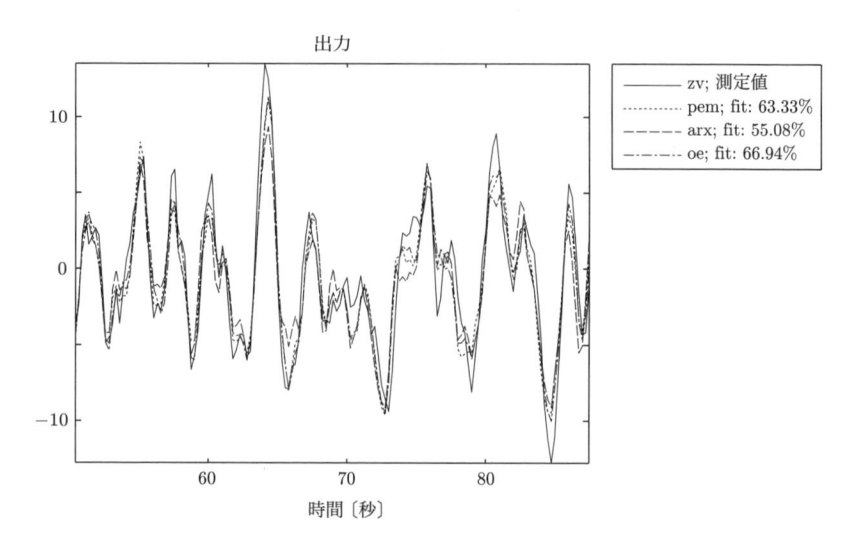

図11.6 予測誤差法，ARXモデル，OEモデルの時間応答の比較

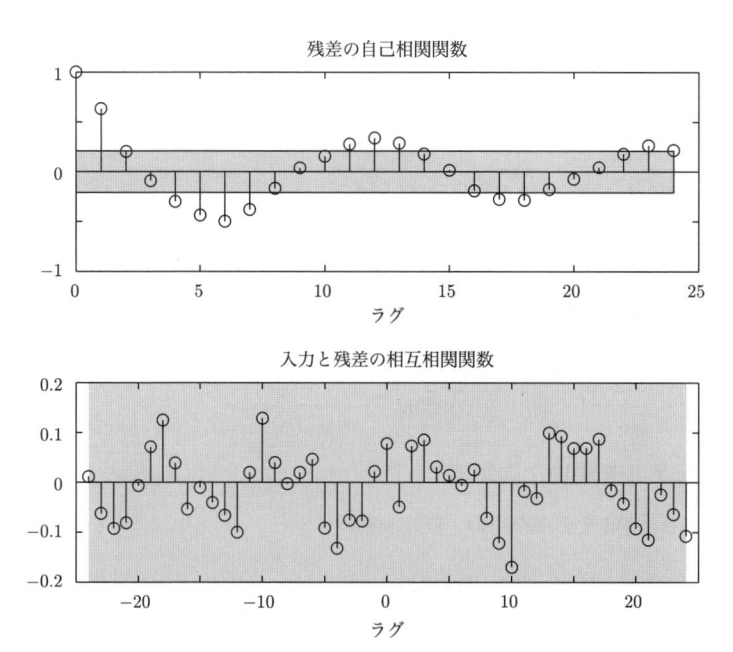

図11.7 OEモデルの残差解析（時間領域）

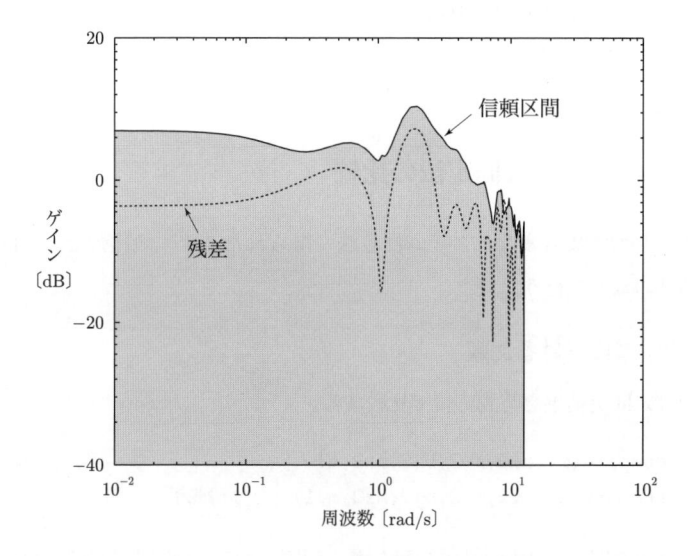

図11.8 OEモデルの残差解析（周波数領域）

(4) ARMAXモデルを用いた同定法

OEモデルでは雑音モデルに問題があったので，他の雑音モデルを試してみよう．ここでは2次ARMAXモデルを用いて同定を行う．

```
>> am2 = armax(ze,[2 2 2 1])
```

その結果，伝達関数と雑音モデルの推定値は，それぞれつぎのようになった．

$$\widehat{G}(q) = \frac{1.166q^{-1} + 0.3841q^{-2}}{1 - 1.489q^{-1} + 0.6876q^{-2}}$$
$$\widehat{H}(q) = \frac{1 - 0.9622q^{-1} + 0.2324q^{-2}}{1 - 1.489q^{-1} + 0.6876q^{-2}} \qquad (11.5)$$

(5) BJモデルを用いた同定法

つぎに，2次BJモデルを用いて同定を行う．

```
>> bj2 = bj(ze,[2 2 2 2 1])
```

その結果，伝達関数と雑音モデルの推定値は，それぞれつぎのようになった．

$$\widehat{G}(q) = \frac{1.235q^{-1} + 0.2814q^{-2}}{1 - 1.489q^{-1} + 0.6876q^{-2}}$$
$$\widehat{H}(q) = \frac{1 - 1.082q^{-1} + 0.1012q^{-2}}{1 - 1.641q^{-1} + 0.7156q^{-2}} \qquad (11.6)$$

11.1.4 さまざまな同定法の比較

以上で示したさまざまなシステム同定法で得られたモデルの比較を，時間領域と周波数領域の双方で行う．

(1) 時間領域における比較

それぞれの同定結果を時間応答で比較する．

```
>> compare(zv,am2,mo2,bj2,mx2,m)
>> compare(zv,am2,mo2,bj2,mx2,m,1)   % 1段先予測
```

これらの結果を図11.9と図11.10に示した．両図とも，どの同定法でも時間応答波形にほとんど差がないため，線が重なって見にくい図になっている．適合率を比較す

11.1 さまざまなシステム同定法の比較　209

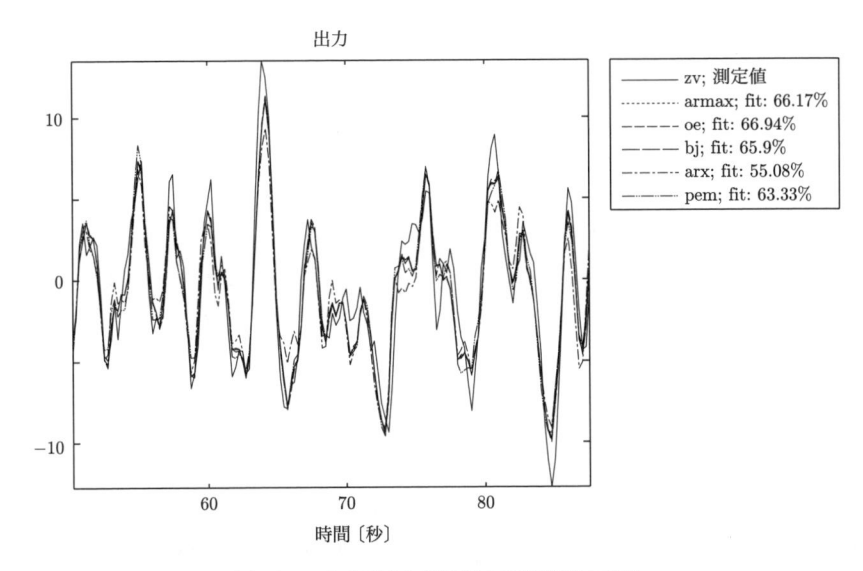

図11.9　さまざまな同定法の時間応答の比較

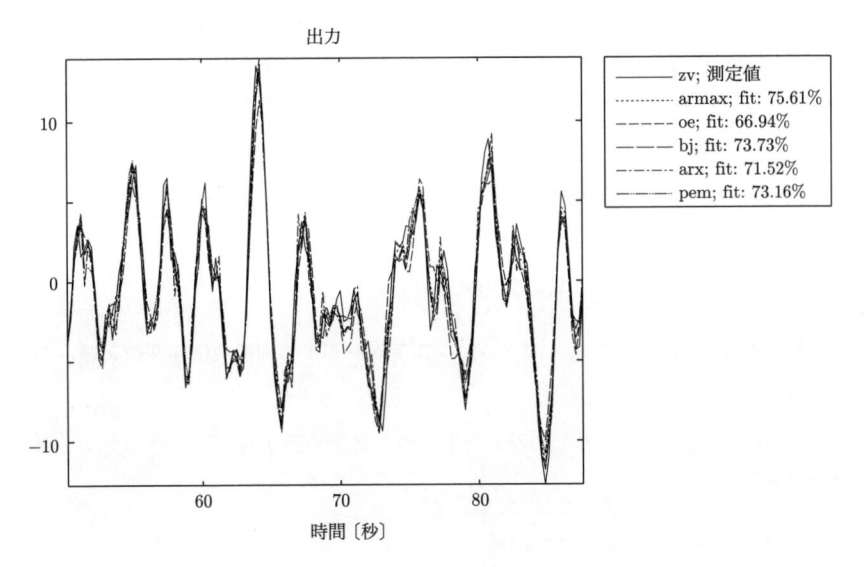

図11.10　さまざまな同定法の時間応答（1段先予測）の比較

ると，ARMAX モデルではよい結果が得られている．この例題では，真のシステムを ARMAX モデルで記述したので，この結果は妥当なものであると言える．

(2) 周波数領域における比較

それぞれの同定法による周波数伝達関数の同定結果を，ボード線図を用いて比較する．

```
>> bode(GS,m,mx2,mo2,am2,bj2);
>> legend('spa','PEM','arx','oe','armax','bj');
>> bode(GS('noise'),m('n'),mx2('n'),am2('n'),bj2('n'))
>> legend('spa','PEM','arx','armax','bj');
```

この結果を図 11.11 に示した．システムモデルの周波数伝達関数（上図）より，それぞれのゲイン特性と位相特性はほとんど同じに見えるが，ARX モデル同定だけは全帯域において他の同定法の結果と少しずれていることがわかる．式誤差が白色でないので，ARX モデルを用いて同定する場合には，真のシステム次数（この数値例では 2）ではモデル次数が足りず，より高次のモデルを用いて同定しなければならないことを示唆している．雑音スペクトルの推定結果（下図）からは，pem と armax の特性がほぼ同じであり，他の特性は異なっていることがわかるが，全体的に明確な結論を導くことはできない．

さて，この数値例では真のシステムが既知であるので，推定された ARMAX モデルと真のシステムを周波数領域で比較してみよう．

```
>> bode(m0,am2)
>> bode(m0('noise'),am2('noise'))
```

この結果を図 11.12 に示した．図より，システムモデルの周波数伝達関数と雑音のパワースペクトル密度関数ともに，ほとんど真値と一致していることがわかる．

最後に，ARMAX モデルと真のシステムのシステムモデルの極と零点を z 平面上にプロットしてみよう．

```
>> zpplot(m0,am2,'sd',3)
```

この結果を図 11.13 に示した．ここでは，推定された極と零点の不確かさを 3σ の信頼区間で評価した楕円（実軸上は直線）も表示した．図より，真のシステムの極と零

11.1 さまざまなシステム同定法の比較　211

(a) システムモデル（$\widehat{G}$）の周波数伝達関数

(b) 雑音モデル（$\widehat{H}$）のパワースペクトル密度関数

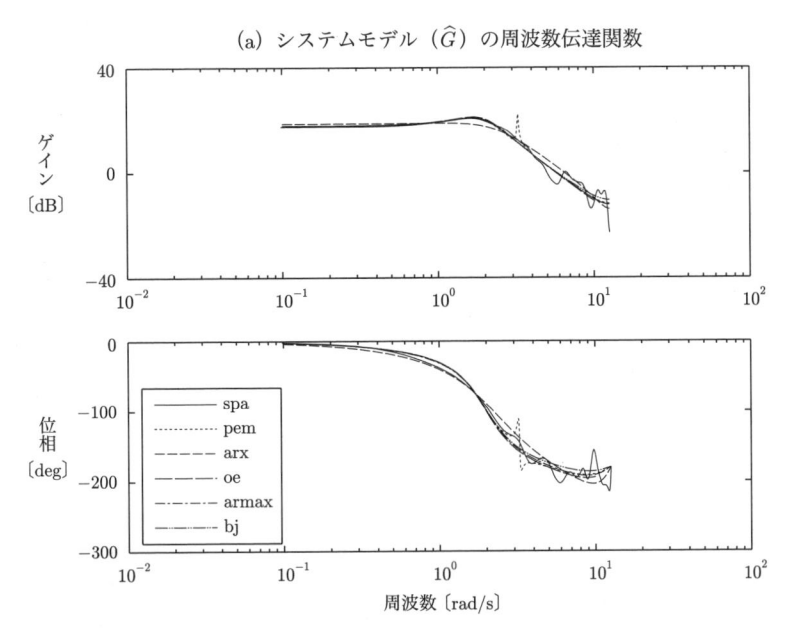

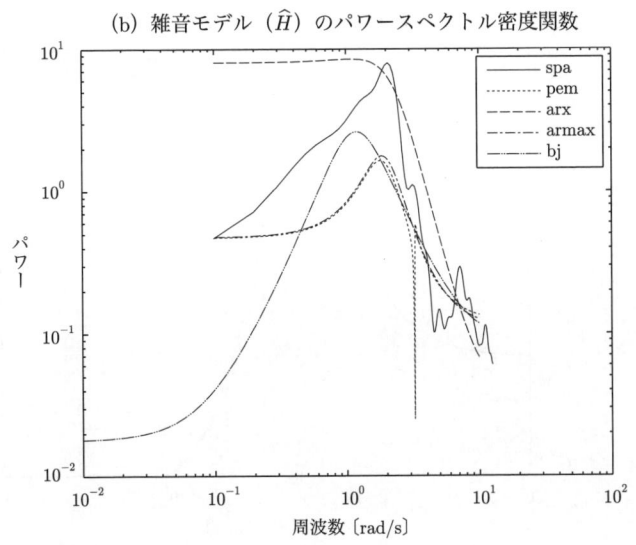

図 11.11　さまざまな同定法の周波数特性の比較

(a) システムモデルの周波数伝達関数

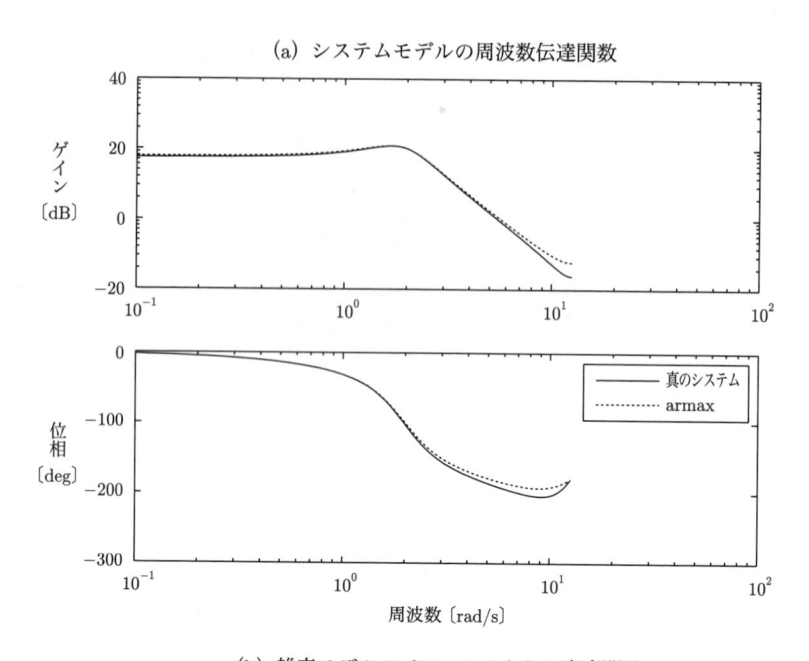

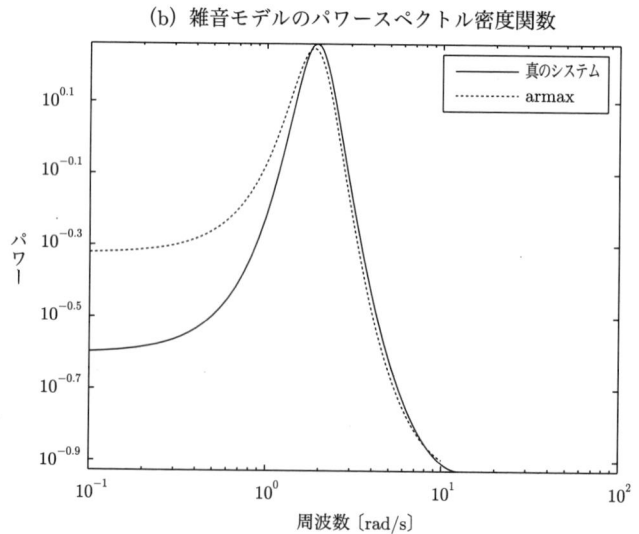

図11.12 推定されたARMAXモデルと真のシステムの比較

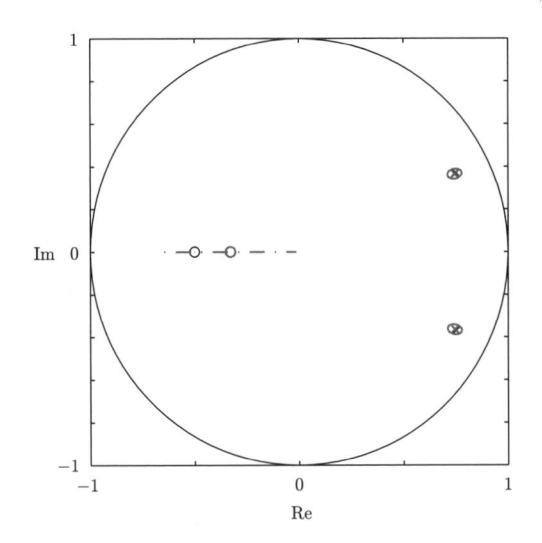

図11.13 推定されたARMAXモデル（灰色）と真のシステム（黒色）の極零配置の比較

点は，推定されたそれらの信頼区間の中にすべて入っており，推定されたARMAXモデルは真のシステムをよく近似していることがわかる．

この数値シミュレーション例では，真のシステムが既知だったので，得られたモデルの精度を真値と比較することによって検証できた．しかしながら，実システムのモデリングを行う場合，真のシステムは当然未知である．このように正解がわからないところがシステム同定問題の困難な点であり，それがシステム同定手順を複雑にしている理由でもある．この点については，次章でヘアドライヤーの例を用いて説明する．

11.2 逐次パラメータ推定

つぎに，第9章で述べた逐次パラメータ推定アルゴリズムを適用してみよう[3]．この例題は，同定対象は前節のiddemo2と同一であるが，入力と雑音の生成法が若干異なる．

---

[3] ここではSITBのiddemo5の一部を利用した．

Step 1 入出力データを生成する．

```
>> u = sign(randn(50,1));    % 入力
>> e = 0.2*randn(50,1);      % 雑音
>> th0 = idpoly([1 -1.5 0.7],[0 1 0.5],[1 -1 0.2]);
                             % ARMAX モデル
>> y = sim(th0,[u e]);       % 出力
>> z = iddata(y,u);
>> plot(z)                   % 入出力データのプロット
```

このように生成された入出力データを図11.14に示した．

Step 2 同定モデルとして，2次で，むだ時間1のOEモデルを用いる．すなわち，$n_b = n_f = 2$, $n_k = 1$とする．また，初期推定値の影響を取り除くために，忘却要素$\lambda = 0.98$を利用する．

```
>> thm1 = roe(z,[2 2 1],'ff',0.98);
```

Step 3 四つのパラメータの時刻履歴を表示する（図11.15参照）．図において，パラ

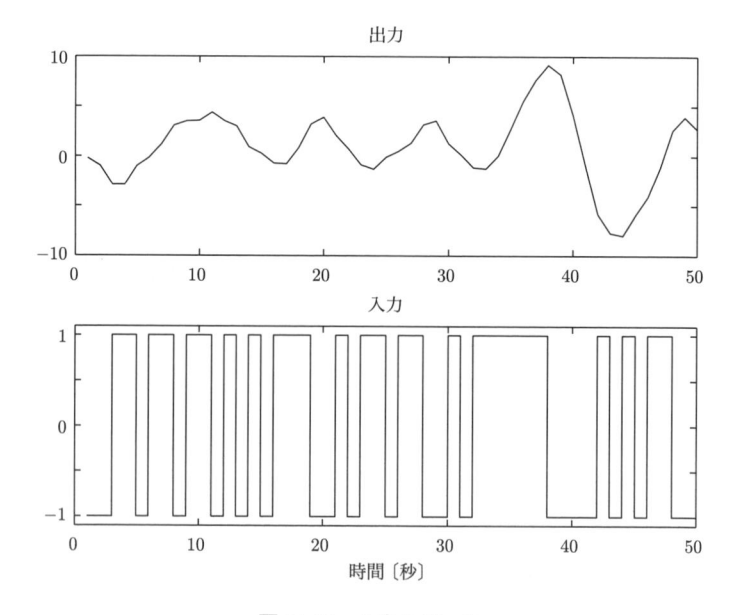

図 11.14　入出力データ

図11.15 のグラフ(パラメータ推定値、時間〔秒〕、par1〜par4、推定値、真値)

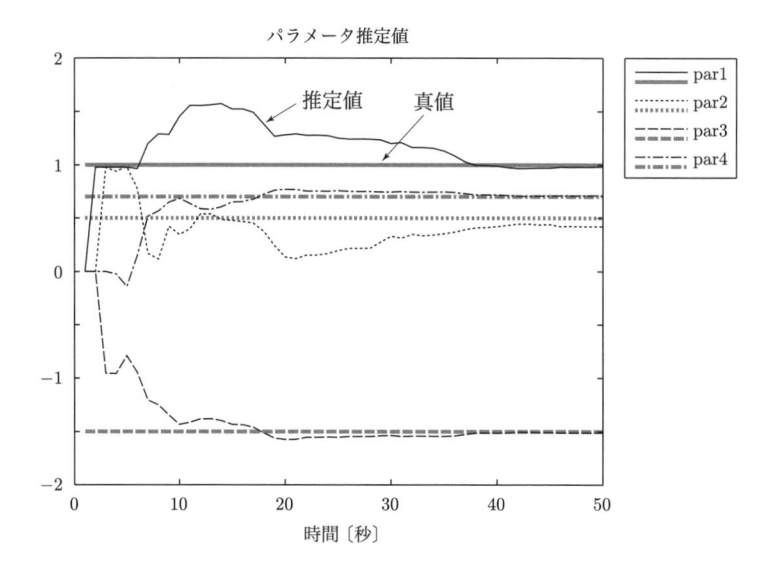

図11.15 出力誤差法によるパラメータ推定値

メータの真値を灰色の直線で示した.

```
>> plot(thm1), title('Estimated parameters')
>> legend('par1','par2','par3','par4','location',
         'southwest')
```

Step 4 つぎに,同定モデルとして2次ARMAXモデルを利用し,カルマンフィルタ法におけるrplr,すなわちELS法(拡大最小二乗法)を用いてパラメータ推定を行う.なお,パラメータの分散は0.001とした.

```
>> thm2 = rplr(z,[2 2 2 0 0 1],'kf',0.001*eye(6));
>> plot(thm2), title('Estimated parameters')
>> legend('par1','par2','par3','par4','par5','par6',
         'location','bestoutside')
>> axis([0 50 -2 2])
```

このとき,推定されたパラメータの時間変化を図11.16に示した.ELS法では雑音を記述する多項式 $C(q)$ のパラメータも同時に推定しているため,推定パラメータ数が増加していることに注意する.

パラメータ推定値

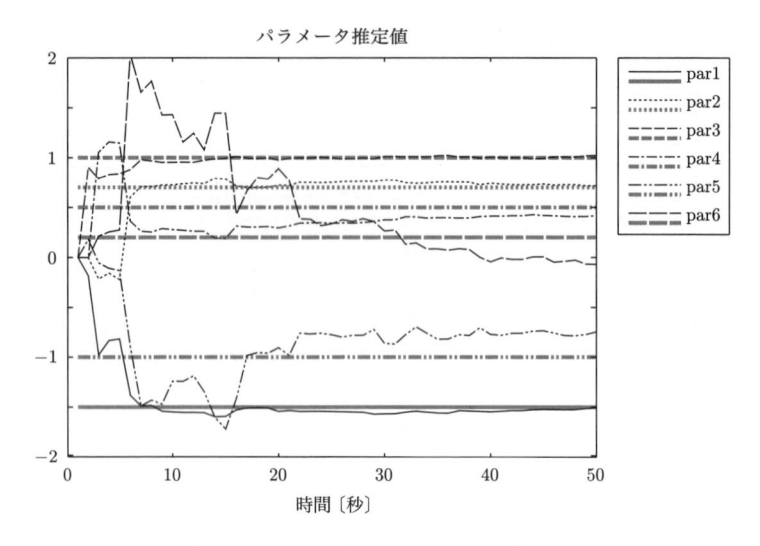

図 11.16　ELS 法によるパラメータ推定値

これまでは，データは一括してすべて利用できると仮定していた．以下では，実時間処理のために，各時刻においてデータがオンラインで収集される場合を想定したシミュレーションを行う．その手順は以下のとおりである．

1. 出力 y と入力 u が観測されるのを待つ．
2. たとえば，ARX モデルを用いた RLS 法の場合，つぎのようにパラメータの時間更新を行う．

```
>> [th,yh,p,phi]
      = rarx([y u],[na nb nk],'ff',0.98,'th',p,phi)
```

3. オンラインでパラメータを利用するときには，th を用いる．
4. 1. へ戻る．

この手順を MATLAB でプログラミングすると，つぎのようになる．

```
>> [th,yh,p,phi] = rarx(z(1,:),[2 2 1],'ff',0.98);
>> plot(1,th(1),'*',1,th(2),'+',1,th(3),'o',1,th(4),'*'),
>> axis([1 50 -2 2]),title('Estimated Parameters'),
        drawnow
>> hold on;
>> for kkk = 2:50
```

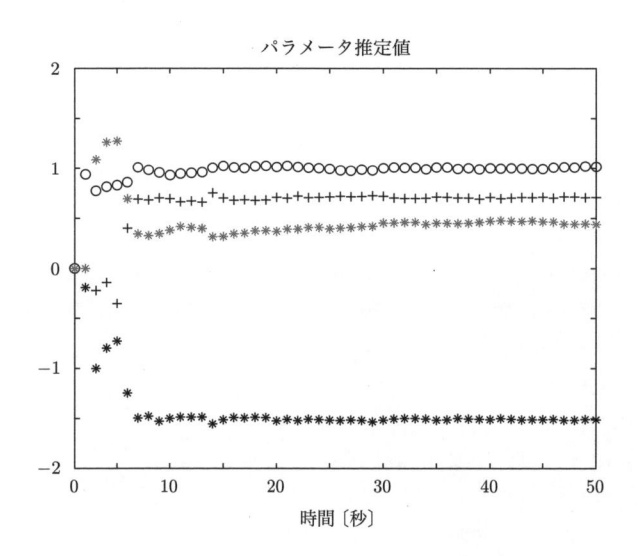

```
>> [th,yh,p,phi] = rarx(z(kkk,:),[2 2 1],'ff',0.98,th',p,
    phi);
>> plot(kkk,th(1),'*',kkk,th(2),'+',kkk,th(3),'o',kkk,
    th(4),'*',...,'erasemode','xor'),drawnow
>> end
```

逐次推定の様子を図11.17に示した．

図11.17　RLS法によるパラメータ推定値

11.3　状態空間モデルを用いたシステム同定

　本節では，これまでと同じ例題に対して，状態空間モデル同定法である特異値分解法と部分空間法を適用する．

(1) システムのインパルス応答を直接測定した場合

　インパルス応答の測定値に分散0.04の正規白色性雑音が混入していると仮定する．また，インパルス応答は30個利用できるものとする．

```
>> e = 0.2*randn(30,1)
```

```
>> ir1 = idsim([[1;zeros(29,1)] e(1:30)],m0)
>> [A1,B1,C1,sv1] = imp4sid(ir1,15,15);
>> sys1 = ss(A1,B1,C1,0,1);
>> tf(sys1)
```

ここで,特異値分解法を実行する関数"imp4sid"を以下に示す.なお,このプログラムは簡単のためSISOシステムにしか対応しておらず,直達項Dはゼロとおいた[4].ここで,A, B, Cは推定されるシステム行列,svはハンケル行列の特異値,htは入力として与えるインパルス応答,i, Nはそれぞれハンケル行列の行数と列数である.

```
>> function[A,B,C,sv]=imp4sid(ht,i,N)
   % ht:インパルス応答
   % i,N:ハンケル行列の行数と列数
   % sv:特異値
>> H=hankel(ht(2:i+1),ht(i+1:N+i));    % ハンケル行列の構成
>> [Q,S,V]=svd(H); sv=diag(S);         % 特異値分解の計算
>> semilogy(sv,'o')
>> n=input('Model order ?');
>> S_=S(1:n,1:n); Q_=Q(:,1:n); V_=V(:,1:n);
>> G=Q_*S_^(1/2);    % 可観測行列
>> W=S_^(1/2)*V_';   % 可制御行列
>> G1=G(1:i-1,:); G2=G(2:i,:); G3=G1'*G1;
>> A=inv(G3)*(G1'*G2); B=W(:,1); C=G(1,:);
```

測定されたインパルス応答と特異値を図11.18に示す.この特異値プロットを見ると,横軸(次数)が2と3の間で特異値の大きさが違うので,次数を2と判断することができる[5].そこで,$n=2$ としてシステム行列を計算し,それを伝達関数へ変換することにより,次式が得られた.

$$\widehat{G}(q) = \frac{0.9982q^{-1} + 0.6994q^{-2}}{1 - 1.526q^{-1} + 0.7385q^{-2}} \quad (11.7)$$

この雑音レベルでは,ほぼ真値に近い推定値が得られていることがわかる.

---
[4] 興味ある読者には,より洗練されたプログラムを作成していただきたい.
[5] しかし,次数が4と5の間でも大きさが違うので,次数を4と判断することも可能である.

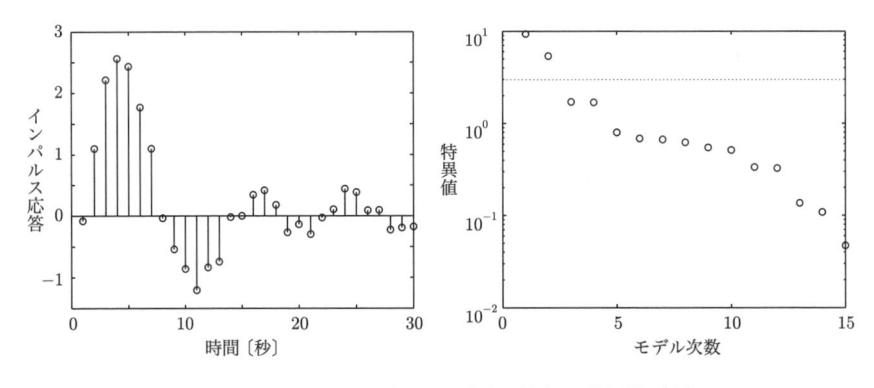

図 11.18 インパルス応答の測定値（左）と特異値（右）

(2) 入出力データからインパルス応答を最小二乗推定した場合

iddemo2 で作成した入出力データより，$n_b = 29$ の FIR モデルを最小二乗推定し，得られたインパルス応答を特異値分解法で利用する．なお，データ数を 350 とした．

```
>> th0 = idpoly([1 -1.5 0.7],[0 1 0.5],[1 -1 0.2]);
>> e2 = 0.2*randn(350,1); u2 = sign(randn(350,1));
>> y2 = sim(th0,[u2 e2]); z2 = iddata(y2,u2);
>> th2=arx(z2,[0 29 1]);
>> ir2=sim(th2,u1); stem(ir2)
>> [A2,B2,C2,sv2]=imp4sid(ir2,15,15);
>> sys2=ss(A2,B2,C2,0,1)
>> tf(sys2)
```

推定されたインパルス応答と特異値を図 11.19 に示す．この場合には，インパルス応答の推定精度がよいため，特異値プロットより次数が 2 であることがわかる．そして，$n = 2$ としてシステム行列を計算し，それを伝達関数へ変換することにより，次式が得られた．

$$\widehat{G}(q) = \frac{1.008q^{-1} + 0.4939q^{-2}}{1 - 1.501q^{-1} + 0.6998q^{-2}} \tag{11.8}$$

この場合，分母多項式の係数の推定値はほぼ真値に一致し，また分子多項式の推定値も真値に近づいていることがわかる．

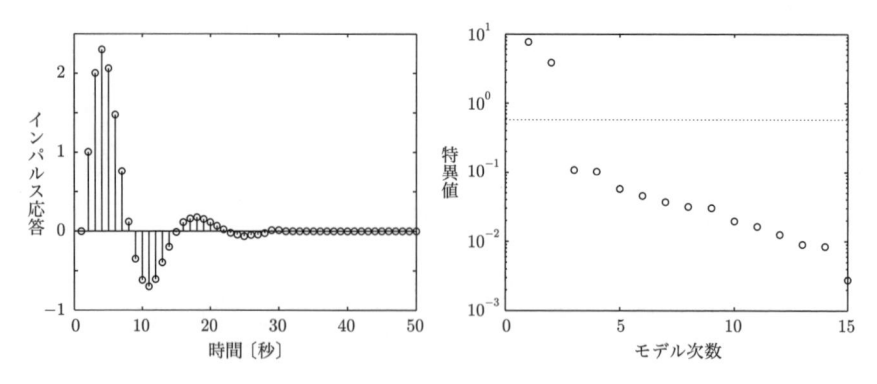

図 11.19　最小二乗法によるインパルス応答の推定値（左）と特異値（右）

(3) 4SID法

ここでは350個の入出力データに対して部分空間法（N4SID法）を適用する．

```
>> th3 = n4sid(z2);
>> tf(th3)
```

特異値を図11.20に示す．そして，$n=2$ としてシステム行列を計算し，それを伝達関数へ変換することにより，次式が得られた．

$$\widehat{G}(q) = \frac{1.009q^{-1} + 0.4757q^{-2}}{1 - 1.506q^{-1} + 0.7049q^{-2}} \tag{11.9}$$

N4SID法を用いると，分子・分母多項式の係数がほぼ正確に推定されていることがわかる．

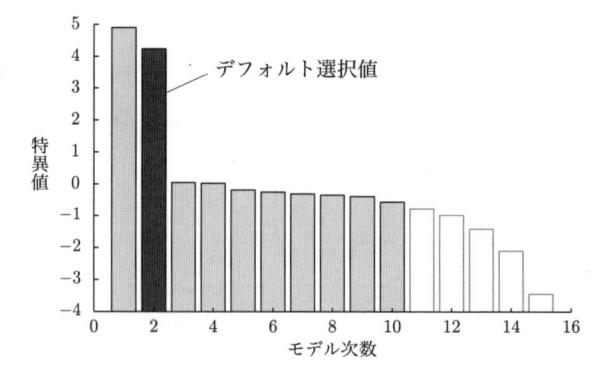

図 11.20　N4SID法により得られた特異値（縦軸は対数表示）

演習問題

11-1 **MATLAB** iddemo2 でモデル推定用に利用するデータ数を 1,000 個に増やして数値シミュレーションを行い，200 個のときの本文中の結果と比較せよ．

11-2 **MATLAB** 2 次系のシステムを構築し，それに適当な外乱を加えて入出力データを測定し，さまざまなシステム同定法を適用して同定を行い，結果について考察せよ．

11-3 **MATLAB** パラメトリックモデルを用いたシステム同定を行う際，本章では白色性信号を入力として利用していたが，有色性の入力を用いると同定精度はどのように変化するか，シミュレーションを行うことにより考察せよ．

11-4 **MATLAB** インパルス応答の測定値を用いて特異値分解法により状態空間モデルを求める数値例で，加える雑音の分散を増加させていくと，特異値プロットはどのように変化するかを調べよ．

11-5 **MATLAB** 部分空間法を用いて状態空間モデルの同定を行う際，利用するインパルス応答の個数を変化させると，同定結果がどのように変化するかを調べよ．

第12章 システム同定のシナリオ

本章では，これまで述べてきたシステム同定手順を振り返り，本書のまとめとして実践的なシステム同定のシナリオを与える．

12.1 システム同定のシナリオ

12.1.1 システム同定の実践的な手順

実システムに対してシステム同定理論を適用するための，システム同定の実践的な手順を以下にまとめよう．

Step 0　プリ同定

このステップでは，つぎに列挙するように，同定対象の動特性に関する大まかな情報を入手する．

- 対象が線形システムか，非線形システムか？
  $\Longrightarrow$ 線形システムであれば，本書でこれまで述べてきたシステム同定法を適用できる．一方，非線形システムの場合に対する決定的なシステム同定法はおそらく存在せず，非線形性に応じて異なる非線形システム同定法を適用することになる．たとえば，洋書であるが，O. Nelles: *Nonlinear System Identification* (Springer, 2001) は，非線形システム同定全般にわたって詳しく解説している．

- 開ループシステムか，閉ループシステムか？
  $\Longrightarrow$ 開ループシステムであれば，本書でこれまで述べてきたシステム同定法を適用できる．そうでない場合には，閉ループシステム同定法を適用する．たとえば，本書の続編である，足立修一著：MATLABによ

る制御のための上級システム同定（東京電機大学出版局，2004）の第12章などが参考になる．
- ステップ応答試験あるいは周波数応答法を用いて，対象の時定数，立ち上がり時間，バンド幅などの値を得る．
- ステップ応答試験あるいは相関解析法を用いて，対象のむだ時間を推定する．

Step 1　同定実験の設計

Step 0 の結果に基づいて以下の値を選定する．
- サンプリング周期
- 入力信号（周波数特性と振幅特性）

Step 2　同定実験

可能な限り長時間の入出力データを収集する．

Step 3　入出力データの調整

さまざまな調整法を適用する．特にデシメーションは有効である．

Step 4　システム同定法の適用（構造同定・パラメータ推定・妥当性検証）

つぎの四つの同定法を適用して，モデルを求める．
- スペクトル解析法による周波数伝達関数モデル（spa）
- 相関解析法によるインパルス応答モデル（cra, impulse）
- 4次 ARX モデルによる伝達関数モデル（arx4）（ただし，相関解析法によって推定されたむだ時間を使用する）
- 部分空間法による状態空間モデル（n4sid）（ただし，デフォルトのモデル次数を使用する）

これらの同定法は，つぎのように分類できる．
- ノンパラメトリック同定法（spa, cra）vs. パラメトリック同定法（arx4, n4sid）
- 無相関化（spa, cra, n4sid）vs. 白色化（arx4）
- 式誤差法（arx4）vs. 出力誤差法（n4sid）

そして，つぎに示すようにさまざまな側面において同定結果を比較する．

- 周波数領域（ボード線図）において，spa, arx4, n4sidを比較する．
- 過渡応答（ステップ応答）において，cra, arx4, n4sidを比較する．
- 時間応答において，測定出力，arx4, n4sidを比較する．

これら三つのグラフにおいて，それぞれの同定結果がほぼ一致していれば，システム同定問題は難しいものではない．たとえば，第2章で取り扱ったヘアドライヤーの例題（iddemo1）に対してこれらの比較を行ったものを，図12.1〜12.3に示した．いずれの図においても，それぞれの同定結果はほぼ一致していることがわかる．したがって，この例はシステム同定しやすいものであった．そのため，対象を（むだ時間）+（2次伝達関数）でモデリングできたのである．

　ヘアドライヤーの例題は実験データに基づくものであったが，それらは大学の教育・研究用の実験装置から得られた入出力データだった．そのため，それらは比較的状態のよい入出力データであった．しかしながら，通常，実システム同定問題は，ヘアドライヤーの例題とは異なり，さまざまな要因のために困難な問題になることが多い．

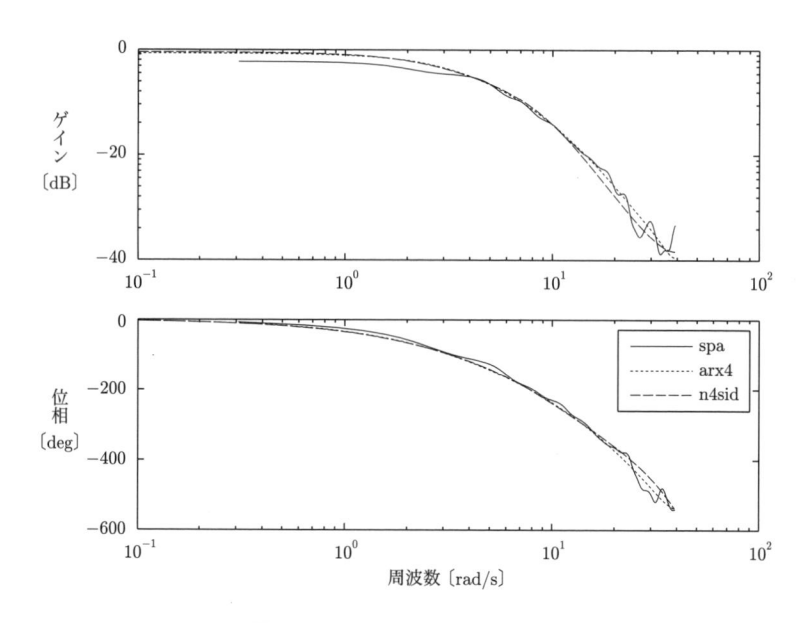

図12.1　周波数領域における比較

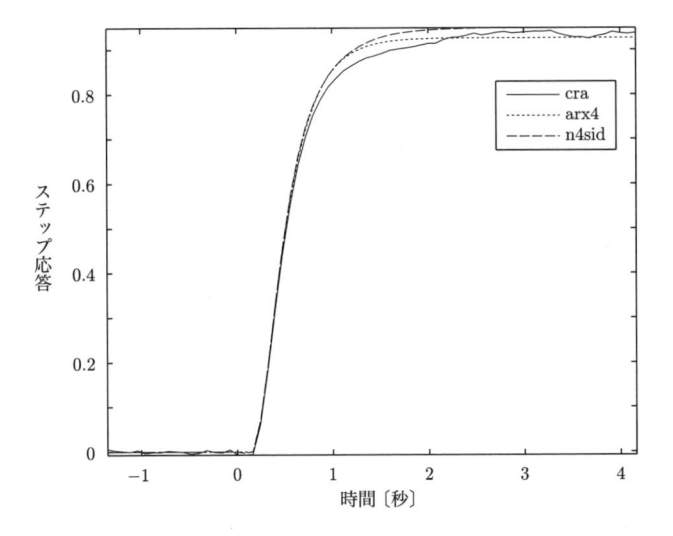

12.1 システム同定のシナリオ　225

図12.2　ステップ応答の比較

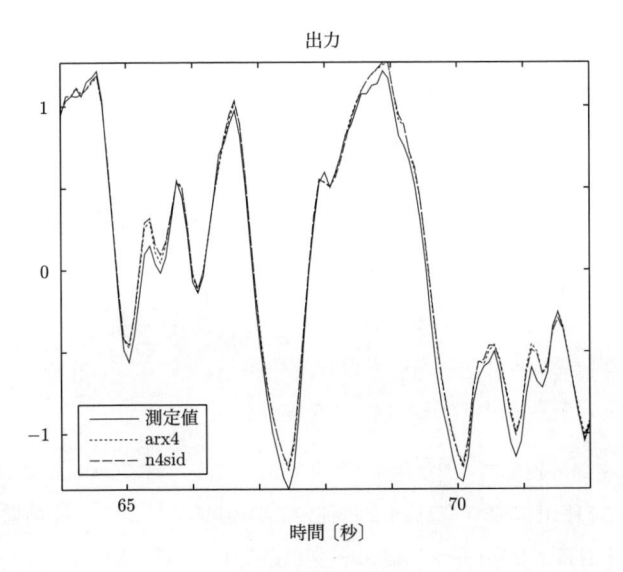

図12.3　時間応答の比較

12.1.2　困難なシステム同定への対処法

本項ではシステム同定が困難である原因とその対処法を列挙しよう．

☐　入出力データ

同定が難航する原因のほとんどは入出力データの問題であり，つぎのような状況が考えられる．そのときの対処法も併せて記す．

- 入力信号のPE性が不十分
  $\Longrightarrow$ 入力信号を選定しなおして，同定実験をやりなおす．
- SN比が非常に悪いデータ
  $\Longrightarrow$ 測定システムなどを改善して，同定実験をやりなおす．
- 非定常データ
  $\Longrightarrow$ 定常性が仮定できる条件のよいデータを切り出し，それを用いて同定を行う．
- 欠損データ，アウトライア
  $\Longrightarrow$ データが欠損している部分，あるいはアウトライアが存在する部分を取り除いてシステム同定を行う．本書では説明していないが，欠損データを推定する方法が提案されている．また，アウトライアが存在する場合に有効なM推定法と呼ばれるロバスト推定法も提案されている．
- サンプリング周期が不適切
  $\Longrightarrow$ サンプリング周期が短すぎる場合には，デシメーションを用いてサンプリング周期を長くする．

☐　対象

- 対象が時変システム
  $\Longrightarrow$ 忘却要素を用いた逐次同定法を適用する．

☐　フィードバックループの存在

- 残差の白色化に基づく arx4 と，他の三つの無相関化に基づく結果が大きく異なるときは，フィードバックループが存在する可能性が高い[1]．

---

[1] フィードバックループが存在するシステムに，たとえば相関解析法のような無相関化に基づく方法を適用すると，雑音と入力が相関をもってしまうために，システム同定結果はバイアスをもってしまう．

⟹ 閉ループシステム同定法を適用する．

☐ 雑音モデル
- 時間応答の図において n4sid のほうが arx4 よりも明らかに測定出力に近い場合，雑音（外乱）の影響が大きいことが多い．
  ⟹ ARX モデルよりも構造が複雑な ARMAX モデル，BJ モデルを利用する．

☐ モデル次数
- arx4 で時間応答の適合率が悪い場合には，8次 ARX モデル（arx8）を用いて再同定する．高次モデル同定で時間応答の適合率が向上しない場合には，非線形性が含まれている可能性が大きい．
  ⟹ 何らかの非線形システム同定法を適用する．

☐ 入力の追加
- 対象への入力信号を追加して MISO（多入力・1出力）システム同定を行うと，時間応答の適合率が向上する．

12.2 まとめ

　本書では，システム同定の基本的な手順を示し，各ステップについて理論的な背景を交えて紹介した．システム同定では，このような手順を計算機上にプログラミングする作業が重要である．そこで，その作業を支援するために開発された MATLAB の SITB によるプログラミングも併せて紹介した．MATLAB は諸刃の剣である．いますぐに実問題にシステム同定理論を適用したい企業などの技術者にとっては，MATLAB は非常に便利なツールになる．それに対して，大学などでシステム同定理論を学んでいる学生には，安易にブラックボックス化されたツールボックスを使うことになりかねない．ぜひブラックボックスの中身を解読し，自分でシステム同定の新しい M ファイルを，あるいはツールボックスを作っていただきたい．

　本書がきっかけになってシステム同定に興味をもったり，あるいはシステム同定理論を実問題に適用しようとされる方が一人でも増えれば，それは著者の望外の喜びである．システム同定理論は机上の空論ではなく，実データに適用されてはじめ

てその存在意義が生ずる．したがって，読者が実データ解析を通してシステム同定理論に精通していかれることを望んでやまない．

付録A　SITBのiddemo一覧

　SITB（System Identification Toolbox）の10個のデモンストレーションファイルiddemo1, 2, ..., 9, slの完成度は高く，これらのデモの内容をすべて理解できれば，システム同定の入門編は終了し，実践レベル，あるいは人に教えられるレベルまで達していると考えてよい．そのため，本書ではこれらのデモのうち，基本的なものであるiddemo1, 2, 3, 5を例題として活用した．この付録ではこれらのデモの内容について簡単にまとめておく．MATLAB Ver.7.5（R2007b）対応のSITB Ver.7.1に収められているiddemoを用いた．なお，作者はすべてL. Ljungである．

☐ **iddemo1：基本的なシステム同定手順の理解**（Rev.1.9.4.7，2007/05/18）
　ヘアドライヤーを模擬した実験装置から収集された入出力データを用いて，基本的なシステム同定の手順を与える．第2章で用いた．

☐ **iddemo2：さまざまなシステム同定法の比較**（Rev.1.9.4.5，2007/05/18）
　計算機上に人工的にシステムを構築し，そのシステムの入出力データにさまざまなシステム同定法を適用し，その同定結果について比較・検討する．第11章で用いた．

☐ **iddemo3：モデル構造の決定とモデルの妥当性評価**（Rev.1.8.4.5，2007/03/28）
　iddemo1で利用したヘアドライヤーを同定対象とし，同定モデル構造の決定と，得られたモデルの妥当性評価を行う．第10章で用いた．

☐ **iddemo4：離散時間信号のモデリング**（Rev.1.6.4.4，2007/05/18）
　Marpleのテストケースと呼ばれる離散時間信号に対して，さまざまなスペクトル推定法を適用し，得られた結果を比較する．ARモデルなどの時系列解析について学ぶデモである．

☐ iddemo5: 逐次同定アルゴリズム (Rev.1.6.4.4, 2007/03/28)

カルマンフィルタ，逐次最小二乗法などのさまざまな逐次同定アルゴリズムを紹介し，それらを用いて同定を行う．第11章で用いた．

☐ iddemo6: IDDATA/IDMODELオブジェクト (Rev.1.9.4.5, 2007/05/18)

システム同定ツールボックスにおける，データのためのIDDATAオブジェクトとモデルのためのIDMODELオブジェクトを紹介する．

☐ iddemo7: 状態空間モデルによる物理パラメータ推定 (Rev.1.9.4.3, 2007/05/18)

DCモータを具体的な同定対象として，状態空間モデルを用いて，構造が既知のモデルの物理パラメータ（時定数や定常ゲイン）を推定する問題を取り扱う．

☐ iddemo8: 入出力データの分割とマージ (Rev.1.8.4.4, 2007/05/18)

測定した入出力データが異常データを含む場合の対処法を与える．具体的には，不必要な部分を取り除いて全体のデータをいくつかの部分に分けるデータの分割と，分割したデータから全体のモデルを構成するマージからなる．

☐ iddemo9: 蒸気機関の多変数同定実験 (Rev.1.5.4.5, 2007/03/28)

実験室レベルの蒸気機関装置から収集された2入力・2出力の入出力データに対してシステム同定法を適用する．多変数システム同定の取り扱い方について学習する．

☐ iddemosl: 連続時間システムの同定 (Rev.1.6.4.8, 2007/05/18)

SIMULINK上に構成されたシミュレーションモデルの入出力データに対して，SITBを用いてシステム同定を行う．

なお，これらのデモンストレーションについての詳細は，本書の続編である，足立修一著：MATLABによる制御のための上級システム同定（東京電機大学出版局，2004）に記述されている．

付録B 便利なMATLABコマンド
——入出力データの連続時間モデルへのフィッティング

圧力，流量，温度などを制御するプロセス制御系では，制御対象を（連続時間低次遅れ系）＋（むだ時間）でモデリングすることが多い．SITBには，入出力データをこのような低次の連続時間モデルにフィッティングする便利なコマンドがある．それについて紹介しよう．まず，プロセスモデルの属性をつぎのような略号で定義する．

(1) P1D：最初の"P"はプロセスモデルを意味するので，以下のモデルのすべてにおいて最初に"P"がつく．つぎの"1"が極の個数，"D"がむだ時間があることを意味しており，次式の伝達関数を表している．

$$G(s) = \frac{K_p}{T_{p1}s + 1}e^{-T_d s} \tag{B.1}$$

(2) P0ID：極が0個で，"I"は積分器を意味し，むだ時間Dがあるシステムである．すなわち，

$$G(s) = \frac{K_p}{s}e^{-T_d s} \tag{B.2}$$

(3) P2ZU：極が2個で，それらは複素共役"U"であり，"Z"は零点が1個あることを意味している．すなわち，

$$G(s) = \frac{K_p \left(\frac{1}{T_\omega}\right)^2 (T_z s + 1)}{s^2 + 2\zeta \frac{1}{T_\omega}s + \left(\frac{1}{T_\omega}\right)^2} \tag{B.3}$$

を表している．ただし，$1/T_\omega = \omega_n$（ω_n：固有周波数）である．

(4) P3Z：極が3個，零点が1個あるプロセスで，その伝達関数は次式で与えられる．

$$G(s) = \frac{K_p(T_z s + 1)}{(T_{p1}s + 1)(T_{p2}s + 1)(T_{p3}s + 1)} \tag{B.4}$$

以上，四つの例を示したが，このコマンドは，極は3個まで，零点は1個だけに対応している．

第2章で扱ったヘアドライヤーの例題にこの方法を適用してみよう．この例題は，(2次遅れ系)+(むだ時間)でモデリングできることが示されたので，P2Dを用いて連続時間モデルにフィッティングする．

```
>> me=pem(ze,'P2D')
```

すると，つぎのような連続時間伝達関数が得られた．

$$G(s) = \frac{0.92839}{(0.28559s + 1)(0.11016s + 1)} e^{-0.16435s} \tag{B.5}$$

このようにして得られた連続時間モデルと，第2章で得られた2次の離散時間ARXモデル同定による結果を周波数領域で比較したのが図B.1である．高域において，ゲイン，位相ともにややずれがあるが，低域ではよく一致していることがわかる．

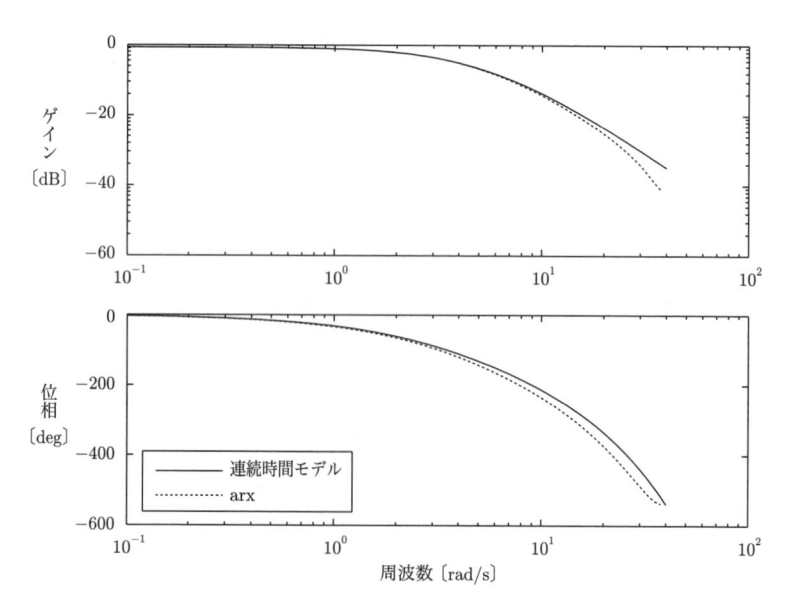

図B.1 ヘアドライヤーの例題——連続時間モデル（実線）とARXモデル同定（点線）の比較

演習問題の略解

第1章

1-1 略

1-2 $\dfrac{\mathrm{d}}{\mathrm{d}t}\begin{bmatrix} x_1(t) \\ x_2(t) \end{bmatrix} = \begin{bmatrix} 0 & 1 \\ \dfrac{2g}{l} & 0 \end{bmatrix}\begin{bmatrix} x_1(t) \\ x_2(t) \end{bmatrix} + \begin{bmatrix} 0 \\ -\dfrac{2}{l} \end{bmatrix} u(t)$

$y(t) = \begin{bmatrix} 1 & 0 \end{bmatrix}\begin{bmatrix} x_1(t) \\ x_2(t) \end{bmatrix}$

1-3 たとえば，極が $s = \pm\sqrt{2g/l}$ であり，不安定極が存在するので，制御対象は不安定である．

1-4 (1) $ml\ddot{x} + (J+ml^2)\ddot{\theta} = -C\dot{\theta} + mlg\theta, \quad (M+m)\ddot{x} + ml\ddot{\theta} = -D\dot{x} + u$

(2) $\dfrac{\mathrm{d}}{\mathrm{d}t}\boldsymbol{x}(t)$

$= \begin{bmatrix} 0 & 0 & 1 & 0 \\ 0 & 0 & 0 & 1 \\ 0 & -m^2l^2g/\Delta & -D(J+ml^2)/\Delta & mlC/\Delta \\ 0 & ml(M+m)g/\Delta & mlD/\Delta & -C(M+m)/\Delta \end{bmatrix}\boldsymbol{x}(t)$

$+ \begin{bmatrix} 0 \\ 0 \\ (J+ml^2)/\Delta \\ -ml/\Delta \end{bmatrix}u(t), \quad \boldsymbol{y}(t) = \begin{bmatrix} 1 & 0 & 0 & 0 \\ 0 & 1 & 0 & 0 \end{bmatrix}\boldsymbol{x}(t)$

ただし，$\Delta = (M+m)J + Mml^2$ とおいた．

1-5 **1-6** 略

第2章

2-1 たとえば,電気電子系の読者ならばRLC回路のような電気回路,機械系の読者ならばダンパ・質量・バネ系を同定対象とし,電圧を印加して,あるいは力を加えてそれに対する応答を計測し,それらを入出力データとしてシステム同定するような問題を考えればよい.

2-2 $\dfrac{100}{(s+1)(100s+1)}e^{-s} = \dfrac{100}{100s^2+101s+1}e^{-s}$

2-3 システム同定に利用する入出力データの個数と同定精度の関係を理解することが,この問題の目的である.最小二乗法により同定されたモデルに基づくステップ応答の例を下図に示した.利用できるデータ数が少ない場合,ステップ応答の幅,すなわち不確かさの範囲が広くなり,同定精度は劣化する.

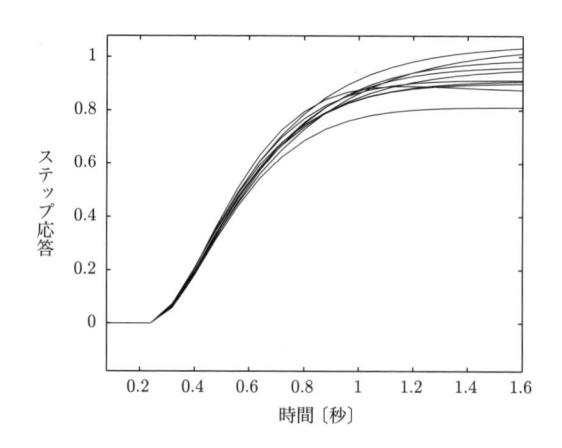

同定結果に基づくステップ応答の不確かさの範囲

第3章

3-1 略

3-2 (1) $\cos\omega_0 k = (e^{j\omega_0 k} + e^{-j\omega_0 k})/2$ より,次式が得られる.

$$U_N(e^{j\omega}) = \frac{1}{\sqrt{N}}\sum_{k=1}^{N}\frac{A}{2}\left[e^{j(\omega_0-\omega)k} + e^{-j(\omega_0+\omega)k}\right]$$

(2) 関係式
$$\frac{1}{N}\sum_{k=1}^{N} e^{2\pi jrk/N} = \begin{cases} 1, & r=0 \text{のとき} \\ 0, & 1 \leq r < N \text{のとき} \end{cases}$$
を用いると，次式が得られる．
$$|U_N(e^{j\omega})|^2 = \begin{cases} \dfrac{NA^2}{4}, & \omega = \pm\omega_0 = +\dfrac{2\pi}{N_0} = +\dfrac{2\pi\ell}{N} \text{のとき} \\ 0, & \omega = \dfrac{2\pi m}{N},\ m \neq \ell \text{のとき} \end{cases}$$

(3) 略

(4) $\phi_u(\tau) = \dfrac{A^2}{2}\cos\omega_0\tau$

(5) $S_u(e^{j\omega}) = \displaystyle\sum_{\tau=-\infty}^{\infty} \dfrac{A^2}{2}\cos(\omega_0\tau)e^{-j\omega\tau} = \dfrac{\pi A^2}{2}\{\delta(\omega-\omega_0) + \delta(\omega+\omega_0)\}$

3-3 定義より，白色雑音のパワースペクトルはすべての周波数にわたって一定値をとるが，その場合，信号のパワーは無限大になってしまう．そのような信号を物理的に作ることは不可能である．

3-4 試験の偏差値を計算するときには，正規性を仮定する．詳細は，統計学の教科書を参照して勉強されたい．たとえば，東京大学教養学部統計学教室編：統計学入門（東京大学出版会，1991）は統計学のよい入門書である．

3-5 **3-6** **3-7** 略

3-8 通常，信号は低周波帯域に大きなパワーをもち，高周波になるにつれてパワーが小さくなる．したがって，信号と（白色）雑音のSN比を周波数領域で考えると，低域ではSN比はよく，高域ではSN比は劣化する．このように，雑音は高域になるにつれて影響を増すので，高周波雑音と呼ばれることがある．

第4章

4-1 **4-2** 略（制御工学，あるいは線形システム理論の教科書を参照）

4-3 **4-4** **4-5** 略

4-6 $G(z) = \dfrac{T^2(z^2 + 2z + 1)}{4I(z^2 - 2z + 1)}$

双 1 次変換の最大の特徴は，安定性が保存されることである．詳しい比較については，ディジタル制御，あるいはディジタル信号処理のテキストを参照．

第5章

5-1 **5-2** 略

5-3 データを差分することは高域通過フィルタをかけることと同じであるので，高周波帯域に存在する SN 比の悪い雑音を増幅してしまう．

5-4 **5-5** **5-6** 略

第6章

6-1 略

6-2 ARMAX モデル

6-3 平坦なパワースペクトル密度をもつ白色雑音の周波数スペクトルをフィルタ H の周波数特性によって成形するから．

6-4 (1) ARMAX モデル
(2) (a) $\gamma_{yw}(0) = \lambda$, (b) $\gamma_{yw}(1) = (c-a)\lambda$, (c) $\gamma_{uy}(0) = 0$,
(d) $\gamma_{uy}(1) = b\mu$, (e) $\gamma_{yy}(0) = (b^2\mu + \lambda + c^2\lambda - 2ac\lambda)/(1-a^2)$,
(f) $\gamma_{yy}(1) = \{\lambda(ac-1)(a-c) - ab^2\mu\}/(1-a^2)$

6-5 (1) $x(k) = (1 - q^{-1} + 0.2q^{-2})w(k)$ (2) MA モデル (3) 2.04

6-6 (1) AR モデル (2) $c_i = (-a)^i b$ $(i = 0, 1, 2, \ldots)$ (3) $b^2/(1-a^2)$

6-7 $\widehat{y}(k|\boldsymbol{\theta}) = \begin{bmatrix} a_1 & a_2 & b_2 \end{bmatrix} \begin{bmatrix} -y(k-1) \\ -y(k-2) \\ u(k-2) \end{bmatrix} + 0.5u(k-1)$

6-8 ミニ・チュートリアル 2 (p.103) を参照．

第7章

7-1 **7-2** 略

7-3 スペクトル解析法を例にとって説明する．図7.1において，PE性条件を満たす外部信号rが印加できれば，外部信号と出力，外部信号と入力の相互スペクトル密度を用いて，次式より周波数伝達関数を推定できる．

$$\widehat{G}(e^{j\omega}) = \frac{\widehat{S}_{yr}(e^{j\omega})}{\widehat{S}_{ur}(e^{j\omega})}$$

第8章

8-1 略（線形代数の教科書を参照）

8-2 略

8-3 (1) 1.4

(2) $y(k) = \begin{bmatrix} b_1 & b_2 \end{bmatrix} \begin{bmatrix} u(k-1) \\ u(k-2) \end{bmatrix} + w(k)$

$y(k) = (b_1 q^{-1} + b_2 q^{-2}) u(k) + w(k)$

(3) $\begin{bmatrix} \gamma_u(0) & \gamma_u(1) \\ \gamma_u(1) & \gamma_u(0) \end{bmatrix} \begin{bmatrix} b_1 \\ b_2 \end{bmatrix} = \begin{bmatrix} \gamma_{uy}(1) \\ \gamma_{uy}(2) \end{bmatrix}$

$\begin{bmatrix} 1.4 & 0.72 \\ 0.72 & 1.4 \end{bmatrix} \begin{bmatrix} b_1 \\ b_2 \end{bmatrix} = \begin{bmatrix} \gamma_{uy}(1) \\ \gamma_{uy}(2) \end{bmatrix}$

(4) 0.68，2.12

8-4 (1) $y(k+1) = fy(k) + hu(k) + v(k+1) - fv(k)$ (2) OEモデル

8-5 (1) $G(q) = \boldsymbol{c}^T(q\boldsymbol{I} - \boldsymbol{A})^{-1}\boldsymbol{b} + d$ (2) $H(q) = 1$ (3) OEモデル

8-6 (1) 平均値0，分散$(1+\alpha^2)\sigma_v^2$

(2) $\boldsymbol{R} = \begin{bmatrix} 1+\alpha^2 & \alpha \\ \alpha & 1+\alpha^2 \end{bmatrix} \sigma_v^2$

(3) $\lambda = (1+\alpha^2 \pm |\alpha|)\sigma_v^2$

(4) $\alpha = 0.9$のとき$\lambda = 2.71\sigma_v^2, 0.91\sigma_v^2$，$\alpha = 0.1$のとき$\lambda = 1.11\sigma_v^2$，

$0.91\sigma_v^2$ となる．連立1次方程式を解く場合，行列の固有値の広がり（条件数＝最大固有値/最小固有値）が大きいほど，数値的に難しい問題になるため，$\alpha = 0.1$ のほうが同定入力信号として適している．これは $\alpha = 0.1$ のときのほうが白色性信号に近いという物理的な性質に対応している．

8-7 (1) $G(z) = \boldsymbol{c}^T(z\boldsymbol{I} - \boldsymbol{A})^{-1}\boldsymbol{b} + d$

(2) $G(z) = \boldsymbol{c}^T z^{-1}(\boldsymbol{I} - z^{-1}\boldsymbol{A})^{-1}\boldsymbol{b} + d$

$= d + \boldsymbol{c}^T\boldsymbol{b}z^{-1} + \boldsymbol{c}^T\boldsymbol{A}\boldsymbol{b}z^{-2} + \boldsymbol{c}^T\boldsymbol{A}^2\boldsymbol{b}z^{-3} + \cdots$

$= g(0) + g(1)z^{-1} + g(2)z^{-2} + g(3)z^{-3} + \cdots$

第9章

9-1 **9-2** 略

9-3 $\boldsymbol{P}(k) = \dfrac{1}{\lambda_1}\left\{\boldsymbol{P}(k-1) - \lambda_2 \dfrac{\boldsymbol{P}(k-1)\boldsymbol{\varphi}(k)\boldsymbol{\varphi}^T(k)\boldsymbol{P}(k-1)}{\lambda_1 + \lambda_1\boldsymbol{\varphi}^T(k)\boldsymbol{P}(k-1)\boldsymbol{\varphi}(k)}\right\}$

第10章

10-1 略

第11章

11-1 **11-2** 略

11-3 有色性の入力を用いると一般に同定精度が劣化することを確認できればよい．実際に利用できる入力は，白色性よりもむしろ有色性であることが多く，そのような実際的な場合に同定精度がどのような影響を受けるかを確認することが，この問題の目的である．また，有色性入力のパワースペクトルによって周波数重み関数も変化することを理解する．

11-4 略

11-5 インパルス応答の個数を増加させると一般に同定精度が向上するが，不必要に多く選んでもそれ以上改善されないことを確認できればよい．

参考文献

システム同定についてのテキスト

[1] 相良，秋月，中溝，片山：システム同定，(社)計測自動制御学会，コロナ社，1981.

[2] 中溝高好：信号解析とシステム同定，コロナ社，1988.

[3] 足立修一：ユーザのためのシステム同定理論，(社)計測自動制御学会，コロナ社，1993（絶版）.

[4] 片山 徹：システム同定入門，朝倉書店，1994.

[5] 片山 徹：システム同定——部分空間法からのアプローチ，朝倉書店，2004.

[6] 足立修一：MATLABによる制御のための上級システム同定，東京電機大学出版局，2004.

[7] L. Ljung : *System Identification — Theory for the User*, 2nd Edition, PTR Prentice Hall, 1999.

[8] T. Söderström and P. Stoica : *System Identification*, Prentice Hall, 1989.

[9] L. Ljung and T. Söderström : *Theory and Practice of Recursive Identification*, MIT Press, 1983.

[10] Yucai Zhu : *Multivariable System Identification for Process Control*, Elsevier Science Ltd., 2001.

[11] L. Ljung : *System Identification Toolbox — For Use with MATLAB* (Sixth Printing), The MATH WORKS Inc., 2004.

確率過程，信号とシステム

[12] 得丸, 添田, 中溝, 秋月：計数・測定――ランダムデータ処理の理論と応用, 培風館, 1982.

[13] A. V. Oppenheim and A. S. Willsky : *Signals and Systems*, Prentice Hall, 1983.

[14] 足立修一：信号とダイナミカルシステム, コロナ社, 1999.

[15] 足立修一：MATLABによるディジタル信号とシステム, 東京電機大学出版局, 2002.

逐次同定

[16] 片山 徹：新版 応用カルマンフィルタ, 朝倉書店, 2000.

[17] S. Haykin : *Adaptive Filter Theory* (4th Ed.), Prentice Hall, 2001.

索引

■ 数字

1次モーメント　40
1段先予測　97
　　——値　130
1入出力システム　59
2次
　　——形式　134
　　——定常　39
　　——モーメント　40
3シグマ範囲　46
4SID法　163
99%信頼区間　23

■ 英字

ADF　180
　　——問題　181
AIC　191
ARARMAXモデル　108
ARARXモデル　108
ARIMAモデル　101
ARMAXモデル　105, 188, 200, 208
ARMAモデル　100
ARXモデル　99, 103, 136, 145, 157, 179,
　　　　188, 189, 192, 204
ARモデル　100, 105

BJモデル　110, 208

DFT（離散フーリエ変換）　56
DSP　184

FIR
　　——フィルタ　181
　　——モデル　102, 136, 146
FPE　191

GBN　84

$i.i.d.$　48
iddemo1　32, 224, 229
iddemo2　200, 229
iddemo3　195, 229
iddemo5　230

LTIシステム　59

MAモデル　100
MBC　1
MDL　191
MIMO　59
M系列　78

N4SID法　163, 220
NLMS法　183

OEモデル　147, 188, 205

PE性　226
　　——の次数　73
PRBS　78

RLS法　170, 172

SISO　59
SITB　5, 229
SN比　77, 226
SVD　162
System Identification Toolbox　5
s領域　60

VFF　176

w.p.1　142

z変換　65, 66
z領域　65

■あ

アウトライア　89, 226
安定　23
　　──領域　63

一括最小二乗法　137
一致
　　──推定値　142
　　──性　144, 150
一般化
　　──2値雑音　84
　　──最小二乗モデル　108
移動ホライズン推定　177
イノベーション
　　──表現　112
　　──モデル　203
因果システム　25
インパルス応答　23, 26, 60, 95, 115, 160, 169

ウィーナー
　　──＝ヒンチンの定理　51, 68, 125
　　──＝ホッフ方程式　124
運動方程式　6

エネルギー　50
エルゴード性　40

遅れ系　25
オフライン最小二乗法　137
重みつき最小二乗法　149

■か

カーブフィッティング　31
回帰ベクトル　98
階段実験　72
ガウシアン　45
ガウス＝マルコフの定理　150
可観測行列　160
学習的同定法　183
拡張行列モデル　108
確定
　　──システム　59
　　──的信号　37
確率　36
　　──過程　36
　　──システム　58
　　──分布　38
　　──変数　36, 141
　　──密度関数　38, 152
重ね合わせの理　57
可制御行列　160
可同定性　76
　　──条件　140
可変忘却要素　176
カルマン　12, 13
　　──フィルタ　101, 179, 180
記憶システム　58
規格化周波数　63
擬似線形回帰モデル　106
期待値　38
逆行列補題　171
強定常　38
共分散
　　──関数　41, 44
　　──行列　156, 170
極零相殺　193

矩形窓　178
クラーメル＝ラオの下界　142
グレーボックスモデリング　5
クロスバリデーション　189

ケチの原理　192
結合確率密度関数　39
欠損データ　90, 226
現代制御　12

公称モデル　7, 14
構造同定　20, 187
勾配　135, 173
　　──法　182
古典制御　12
コヒーレンス関数　53

■さ

サーボアナライザ　122
最小
　　──位相系　31
　　──実現　161
　　──二乗法　131, 150
　　──分散推定値　142
最尤推定
　　──値　150

――法 151
雑音モデル 96
残差 193, 194
サンプリング周期 63, 82, 85, 226
時間
　　――応答シミュレーション 198
　　――平均 40
　　――領域 60
式誤差モデル 98, 189
時系列 37
　　――解析 100
試行 37
自己相関関数 39, 40, 44
システム 57
　　――同定 4, 9, 21, 94
　　――同定実験 20
事前情報 25
下に凸 132
実現問題 159
時定数 26
シフト
　　――オペレータ 66
　　――不変構造 161
時不変システム 58
時変システム 58, 174
シミュレータ 4
弱定常 39
集合平均 38
集中定数システム 59
周波数
　　――応答 61
　　――応答の原理 58, 120
　　――応答法 122, 140
　　――軸 63
　　――伝達関数 61, 158
　　――伝達関数モデル 120
　　――領域 61
出力誤差モデル 109, 189
準定常過程 69
詳細モデル 14
状態 61
　　――空間表現 61
　　――空間モデル 111
　　――方程式 159
信頼区間 194
推定 144

数学モデル 2, 11
スケーリング 90, 164
ステップ
　　――応答 26, 28, 60
　　――応答実験 71
　　――幅 182
スペクトル
　　――解析 54, 126
　　――解析法 30, 124, 126, 203
　　――推定 54
正規
　　――化勾配法 182
　　――過程 48
　　――性白色雑音 83
　　――白色性 150
　　――分布 45
　　――方程式 133, 137, 138
成形フィルタ 96
正則 134
正定 134
　　――値行列 134
静的システム 58
漸近的 156
線形
　　――化 7
　　――回帰モデル 99
　　――近似 7, 8
前進差分近似 67
尖度 47

双1次変換 70
相関
　　――解析法 115, 202
　　――関数 194
　　――係数 42
相互
　　――スペクトル密度 54
　　――スペクトル密度関数 51
　　――相関関数 41, 44
損失関数 190

■ た

第一原理モデリング 4, 14
大数の法則 48
対数尤度関数 150
多項式ブラックボックスモデル 96

たたみこみ
　　——積分　60
　　——和　26
立ち上がり時間　26, 87
多入出力システム　59

逐次
　　——最小二乗法　170
　　——パラメータ推定　170, 213
中心極限定理　47, 48

ディジタル信号　43
定常
　　——ゲイン　26
　　——信号　75
テイラー級数展開　7
データ
　　——の切り出し　90
　　——ベクトル　98
　　——前処理　88
適応
　　——ディジタルフィルタリング　180
　　——同定　170
適合　138
　　——率　27
デシメーション　91, 226
伝達関数　7, 60

動作点　8
同定　9
動的システム　58
倒立振子　5
トエプリッツ行列　73
特異値　218
　　——分解　162
　　——分解法　162, 218
独立　42
凸関数　132
トレンド　90

■ な

ナイキスト周波数　88

ニュートン＝ラフソン法　153

ノンパラメトリックモデル　95

■ は

パーセバルの定理　50
バイアス　147
　　——誤差　155
白色
　　——化フィルタ　105, 118
　　——雑音　37, 45
波高率　77
パラメータ推定　27, 130
パラメトリックモデル　95
　　——同定法　140
パワー　50
　　——スペクトル密度関数　50
ハンケル行列　73, 160
半正定　134
半負定　134

非最小位相系　32
非正規化勾配法　182
非線形性　77
非定常データ　226
評価関数　130
標準
　　——正規分布　45
　　——偏差　39
標本
　　——過程　38
　　——空間　36
　　——点　36

フィッティング　231
フーリエ
　　——解析　49, 62
　　——変換　49, 61
不感帯　77
不規則過程　36
不確かさ　198
物理モデリング　4
負定　134
　　——値行列　134
部分空間法　163
不偏
　　——推定値　141
　　——性　143, 149
ブラックボックス
　　——モデリング　4
　　——モデル　154

プリ
　——同定　20
　——フィルタリング　92
プロセス制御系　231
分散　39
　——関数　41, 44
　——誤差　155, 195
分布定数システム　59

ヘアドライヤー　22, 195, 224, 232
平均値　38, 40, 44
平衡点　7
平方完成　132
閉ループ同定実験　116, 117
ヘシアン　135, 154
ヘッセ行列　135, 154
ペリオドグラム　56

忘却要素　175, 214
飽和　77
補助変数法　151, 188
ホワイトボックスモデリング　4

■ ま

マージ　165
前処理　20
窓関数　126
マルコフ
　——推定値　142
　——パラメータ　160

見本
　——空間　36
　——点　36

無記憶システム　58
無相関　42
むだ時間　23, 32, 102, 196

メモリホライズン　175

モーメント　40
モデリング　1
モデル　1, 2
　——ベースト制御　1, 14
　——予測制御　177

■ や

ユークリッドノルム　135
有効
　——推定値　142
　——性　143, 149
有色性雑音　51, 151

予測誤差　106, 130
　——法　131, 153

■ ら

ラグ　39
ラプラス変換　7, 60
ランダム
　——ウォーク　178
　——加振実験　72

離散
　——時間システム　59
　——時間信号　43
　——時間フーリエ変換　54
　——フーリエ変換　125

零次ホールダ　64
連続時間
　——LTIシステム　59
　——システム　59
　——モデル　231

ロバスト制御　13, 15

■ わ

歪度　47

<著者紹介>

足立 修一 （あだち・しゅういち）

学　歴　慶應義塾大学大学院工学研究科博士課程修了，工学博士（1986年）
職　歴　㈱東芝総合研究所（1986～1990年）
　　　　宇都宮大学工学部電気電子工学科 助教授（1990年），教授（2002年）
　　　　航空宇宙技術研究所 客員研究官（1993年～1996年）
　　　　ケンブリッジ大学工学部 客員研究員（2003年～2004年）
　　　　慶應義塾大学理工学部物理情報工学科 教授（2006～2023年）
現　在　慶應義塾大学 名誉教授

システム同定の基礎

2009年9月10日　第1版1刷発行　　　　ISBN 978-4-501-11480-0 C3054
2024年7月20日　第1版8刷発行

著　者　足立修一
　　　　Ⓒ Adachi Shuichi 2009

発行所　学校法人 東京電機大学　〒120-8551 東京都足立区千住旭町5番
　　　　東京電機大学出版局　Tel. 03-5284-5386（営業）03-5284-5385（編集）
　　　　　　　　　　　　　　Fax. 03-5284-5387 振替口座00160-5-71715
　　　　　　　　　　　　　　https://www.tdupress.jp/

JCOPY　<（社）出版者著作権管理機構 委託出版物>
本書の全部または一部を無断で複写複製（コピーおよび電子化を含む）することは，著作権法上での例外を除いて禁じられています。本書からの複製を希望される場合は，そのつど事前に，（社）出版者著作権管理機構の許諾を得てください。また，本書を代行業者等の第三者に依頼してスキャンやデジタル化をすることはたとえ個人や家庭内での利用であっても，いっさい認められておりません。
［連絡先］Tel. 03-5244-5088, Fax. 03-5244-5089, E-mail: info@jcopy.or.jp

制作：㈱グラベルロード　　印刷：新灯印刷㈱　　製本：渡辺製本㈱
装丁：高橋壮一
落丁・乱丁本はお取り替えいたします。　　　　　　　　Printed in Japan

東京電機大学出版局出版物のご案内

MATLABによる
制御理論の基礎

野波健蔵 編著　　　　A5判　234頁

自動制御や制御工学のテキストを新しい視点から解説した。モデル誤差や設計仕様について述べ，MATLABを活用した例題や練習問題を豊富に掲載した。

MATLABによる
誘導制御系の設計

江口弘文 著　　　　A5判　240頁

3次元空間における飛翔体を対象に，現実的な誘導制御系の設計を解説。ニュートンの運動方程式の知識で理解できるように工夫し，すべての例題はMATLABを使って解析した。

MATLABによる
制御のためのシステム同定

足立修一 著　　　　A5判　214頁

実際にシステム同定を利用する初心者の立場に立って，制御系設計のためのシステム同定理論の基礎を解説。

MATLABによる
ディジタル信号とシステム

足立修一 著　　　　A5判　274頁

ディジタル信号とシステムの理論的側面についてわかりやすく解説。前半は線形システムの表現，離散時間フーリエ変換等を解説。後半はサンプリング，ディジタルフィルタ等応用例にも言及。

マルチボディダイナミクスの基礎
3次元運動方程式の立て方

田島 洋 著　　　A5判　210頁　CD-ROM付

動力学の中核である運動方程式の立て方を多様な方法で解説。3次元空間での運動方程式の立て方を詳しく解説。数学・力学の知識も解説。

MATLABによる
制御系設計

野波健蔵 編著　　A5判　330頁　CD-ROM付

『MATLABによる制御理論の基礎』の応用編として主要な制御系設計法の特徴と手順を解説し，実用的な視点からまとめた。

MATLABによる
制御工学

足立修一 著　　　　A5判　258頁

電気系学部生のために古典制御工学を扱ったテキスト。MATLAB環境のない読者も利用できるようオーソドックスな構成としてある。

MATLABによる
制御のための上級システム同定

足立修一 著　　　　A5判　338頁

『MATLABによる制御のためのシステム同定』の応用編。より高度な内容になっているが，具体的な内容をわかりやすく解説している。

MATLABによる
振動工学　基礎からマルチボディダイナミクスまで

小林信之・杉山博之 著　　A5判　240頁

振動工学を始めて学ぶ学生から，振動解析の知識を必要とする初級実務者を対象としたテキスト。主要な例題についてMATLABの計算例を示し，具体的に振動解析法を理解できるよう配慮している。

ナノスケールサーボ制御
高速・高精度に位置を決める技術

山口高司ほか 編著　　A5判　288頁　CD-ROM付

ハードディスク装置を例に取り「高速かつ高精度な位置決めサーボ技術」をわかりやすく解説。多分野への応用・活用ができるよう配慮してある。

＊ 定価，図書目録のお問い合わせ・ご要望は出版局までお願いいたします。
　　　　URL　http://www.tdupress.jp/

MK-014